Maximilian Metzner

Planung und Simulation taktiler, intelligenter und kollaborativer Roboterfähigkeiten in der Montage

FAU Studien aus dem Maschinenbau

Band 414

Maximilian Metzner

Planung und Simulation taktiler, intelligenter und kollaborativer Roboterfähigkeiten in der Montage

Dissertation aus dem Lehrstuhl für Fertigungsautomatisierung und Produktionssystematik (FAPS) Prof. Dr.-Ing. Jörg Franke

Erlangen
FAU University Press
2023

Bibliografische Information der Deutschen Nationalbibliothek:
Die Deutsche Nationalbibliothek verzeichnet diese Publikation in der Deutschen Nationalbibliografie; detaillierte bibliografische Daten sind im Internet über http://dnb.d-nb.de abrufbar.

Bitte zitieren als
Metzner, Maximilian. 2023. *Planung und Simulation taktiler, intelligenter und kollaborativer Roboterfähigkeiten in der Montage.* FAU Studien aus dem Maschinenbau Band 414. Erlangen: FAU University Press. DOI: 10.25593/978-3-96147-612-1.

Der vollständige Inhalt des Buchs ist als PDF über den OPUS-Server der Friedrich-Alexander-Universität Erlangen-Nürnberg abrufbar:
https://opus4.kobv.de/opus4-fau/home

Verlag und Auslieferung:
FAU University Press, Universitätsstraße 4, 91054 Erlangen

Druck: docupoint GmbH

ISBN: 978-3-96147-611-4 (Druckausgabe)
eISBN: 978-3-96147-612-1 (Online-Ausgabe)
ISSN: 2625-9974
DOI: 10.25593/978-3-96147-612-1

Planung und Simulation taktiler, intelligenter und kollaborativer Roboterfähigkeiten in der Montage

Der Technischen Fakultät
der Friedrich-Alexander-Universität
Erlangen-Nürnberg

zur
Erlangung des Doktorgrades Dr.-Ing.

vorgelegt von

Maximilian Metzner

aus Bamberg

Als Dissertation genehmigt
von der Technischen Fakultät
der Friedrich-Alexander-Universität Erlangen-Nürnberg

Tag der mündlichen Prüfung: 07. Juli 2022

Gutachter: Prof. Dr.-Ing. Jörg Franke
Prof. Dr.-Ing. Alexander Verl (Universität Stuttgart)

Inhaltsverzeichnis

Formelzeichen- und Abkürzungsverzeichnis

A	Approach – Anfahrtsphase
AK	Abweichungskategorie
AV	Augmented Virtuality
BI	Benutzerinformation
CAD	Computer Aided Design
CEE	Cyclic Event Evaluation – Ereignisgesteuerter Simulationsablauf
DA	Domain Adaption
DB	Detektionsbereich
DHM	Digital Human Model – Digitales Menschmodell
DI	Domain Identifikation
DMM	Digitales Menschmodell
DNN	Deep Neural Network – Tiefes neuronales Netz
DR	Domain Randomization
ESD	Electrostatic Discharge – Elektrostatische Entladung
FBG	(elektronische) Flachbaugruppe
GAN	Generative Adversarial Network
GAÜ	Geschwindigkeits- und Abstandüberwachung
GKE	Ganzkörpererfassungssystem
gt	Ground Truth
H	Hersteller
HE	Handerfassungssystem
HF	Handführung
HiL	Hardware-in-the-Loop – Testverfahren unter Nutzung realer Steuerungssoftware und -hardware
HMD	Head-Mounted Display
HMI	Human-Machine Interface – Mensch-Maschine-Schnittstelle
I	Insertion – Fügephase
ICP	Iterative Closest Point

IoU	Intersection over Union – Schnittmenge durch Vereinigungsmenge
ISK	Inhärent sichere Konstruktion
KMS	Kraft-Momenten-Sensor
LBR	Leichtbauroboter
LKB	Leistungs- und Kraftbegrenzung
M	Materialzuführungskanal
MCD	Mechatronics Concept Designer – Physiksimulationsmodul in der Siemens NX Software
MKS	Mehrkörpersimulation
ML	Machine Learning – Machinelles Lernen
MRK	Mensch-Roboter-Kollaboration
MRL	Maschinenrichtlinie
OLP	(Roboter-)Offlineprogrammierung
OPC UA	Open Platform Communication Unified Architecture – Standardprotokoll für Datenaustausch
OPT	Open PTrack – Bibliothek zum Mensch- und Objekttracking
PCL	Point Cloud Library
RANSAC	Random Sample Consensus – Verfahren zur ermittlung elementarer Geometrien in Punktwolken
RCS	Robot Controller Simulation – Robotersteuerungssimulation
RGB	Red, Green, Blue – Farbbild
RGB-D	Red, Green, Blue, Depth - Farbbild mit Tiefeninformation
ROS	Robot Operating System
RT	Ray-Tracing – Renderingverfahren auf Basis physikalischer Strahlensimulation
RTDE	Real-Time Data Exchange – Protokoll für die Echtzeitdatenerfassung
S	Search – Suchphase
SBH	Sicherheitsbewerteter, überwachter Halt
SC	Spielecontroller
SEU	Spieleentwicklungsumgebung

SfM	Structure-from-Motion – Verfahren zur 3D-Rekonstruktion aus Farbbildern unterschiedlicher Blickwinkel
SiL	Software-in-the-Loop – Testverfahren unter Nutzung realer Steuerungssoftware
SLAM	Simultaneous localization and mapping - Verfahren zur iterativen Umgebungserfassung bei gleichzeitiger Selbstlokalisierung
SPS	Speicherprogrammierbare Steuerung
SSP	Single-Shot Pose
TCP	Tool Center Point – Werkzeugmittelpunkt
TCP/IP	Transmission Control Protocol / Internet Protocol – Netzwerkverbindungsprotokoll
THD	Through-hole device – (elektronisches) Durchsteckbauelement
ToF	Time-of-Flight, Messverfahren zur Abstandsbestimmung auf Basis der Signallaufzeit
TSE	Technische Schutzeinrichtung
UG	Unterstützungsgrad
VIBN	Virtuelle Inbetriebnahme
VR	Virtual Reality
VR	Virtual Reality
WT	Werkstückträger

Bildverzeichnis

Tabellenverzeichnis

1 Einleitung

Die vorliegende Arbeit verfolgt das übergeordnete Ziel der wirtschaftlichen Steigerung des Automatisierungsgrads in der industriellen Montage durch hochflexible Roboteranwendungen. Der Fokus liegt dabei auf der effizienten, systematischen Planung derartiger Systeme unter Zuhilfenahme digitaler Werkzeuge, um einen skalierbaren Einsatz zu ermöglichen. Hierbei werden drei Befähiger für eine weitergehende Automatisierung manueller Montagesysteme aufgedeckt. Die Mensch-Roboter-Kollaboration ermöglicht die flächenneutrale Integration automatisierter Systeme in manuellen Arbeitsbereichen. Die definierte Handhabung ungeordneter Teile erleichtert eine derartige Integration durch Vermeidung von Umstellungen der Materialanlieferform. Die erweiterte Offline-Programmierung von Industrierobotern dient einerseits der grundsätzlichen Nutzbarkeit derartiger Methoden in bestehenden Fertigungssystemen und andererseits der effizienten Erweiterung des Fähigkeitenportfolios bei Erhaltung der Flexibilität des vormals manuellen Prozesses. Obwohl für die identifizierten Automatisierungsbefähiger wissenschaftliche Vorarbeit besteht und diese technisch umsetzbar sind, finden sie in der industriellen Praxis kaum Anwendung. Grund hierfür sind fehlende geeignete Planungs- und Simulationsmethoden, die jedoch die Voraussetzung für einen wirtschaftlichen Einsatz darstellen. Solche Systeme werden im Rahmen dieser Arbeit konzeptioniert, methodisch eingeordnet und umgesetzt. Die Implementierungen werden anhand realer Anwendungsfälle in der Elektronikproduktion validiert und hinsichtlich ihrer Anforderungserfüllung evaluiert.

1.1 Motivation und Hintergrund

Die industrielle Produktion als ein Grundpfeiler der deutschen Wirtschaft ist geprägt durch globale Megatrends, technologische Fortentwicklungen und lokale Rahmenbedingungen [1]. Diese betreffen insbesondere die Montage, welche aufgrund ihres überproportionalen Einflusses auf Kosten und als Schnittstelle zum Kunden sowohl Kernkompetenz als auch Wettbewerbsfaktor vieler Industrieunternehmen darstellt [2].

Einerseits verlangt eine weiter fortschreitende Globalisierung eine Erhöhung der Kosteneffizienz einheimischer Standorte, um gegenüber Konkurrenten und anderen Standorten, gerade in Niedriglohnländern, wettbewerbsfähig zu bleiben. Eine Abwanderung der Montage in Niedriglohnländer ist sowohl aus Gründen des Informations- und Umweltschutzes, der

Flexibilität als auch aus gesamtwirtschaftlicher Sicht der Hochlohnländer, nicht wünschenswert [2]. Gleichzeitig führen ein gerade in Deutschland ausgeprägter demografischer Wandel, gepaart mit einem Fachkräftemangel technischer Berufe, zu einem Engpass an qualifiziertem Personal und somit einer tendenziellen Kostensteigerung für die manuelle Montage an lokalen Standorten. Eine Produktivitätssteigerung in der Montage ist daher geboten.

Diesem Effekt gegenüber steht der Wandel vom Verkäufer- zum Käufermarkt in vielen industriellen Bereichen. Dieser geht mit immer weitergehender Produktindividualisierung bis hin zum kundenindividuellen Produkt einher [3]. Diese Individualisierung drückt sich durch eine hohe Variantenzahl und Komplexität in der Montage aus. Gleichzeitig werden Produktlebenszyklen zusehends kürzer. Dies führt zu einem hohen Flexibilitätsbedarf in der industriellen Montage sowie der Wertschöpfungskette insgesamt.

Die Einflüsse auf die Montage münden letztlich in einem Spannungsfeld zwischen Produktivität und Flexibilität, welches durch die klassisch etablierten Montageformen, starr automatisiert und manuell, jeweils nur unzureichend aufgelöst werden kann. Zur Steigerung der Produktivität bei geforderter Flexibilität ist daher eine Flexibilitätssteigerung automatisierter Montagesysteme und eine synergetische Kombination dieser mit manuellen Systemen vonnöten. Der technische Fortschritt gerade im Bereich der Robotik bietet entsprechendes Lösungspotenzial durch Automatisierungstechnologien. Derartige Montagesysteme sind jedoch derzeit, trotz ihres hohen Potentials, nur vereinzelt in Anwendung [4].

1.2 Zielsetzung

Ziel dieser Arbeit ist die gezielte Erforschung universellen Methodiken zur wirtschaftlichen Steigerung des Automatisierungsgrads industrieller Montagesysteme bei gleichzeitiger Beibehaltung der geforderten Flexibilität. Dies soll durch die synergetische Kombination manueller und automatisierter Montageformen unter Nutzung der Technologien aus dem Bereich der Mensch-Roboter-Kollaboration (MRK) sowie der adaptiven und intelligenten Robotik erreicht werden.

Für eine effiziente Planung und den Betrieb solcher Montagesysteme sind effektive Planungs- und Optimierungswerkzeuge und -methoden unabdinglich, jedoch derzeit nicht verfügbar. Gerade im Bereich der aufwandsarmen Planung hybrider und intelligenter Robotersysteme besteht Handlungsbedarf zur Befähigung einer Nachrüstung vorhandener Systeme durch effiziente Inbetriebnahme sowie der Sicherstellung einer hohen Flexibilität im Betrieb. Gleichzeitig ist eine frühzeitige Einbindung der Mitarbeiter in den Planungsprozess sicherzustellen, um die notwendige Akzeptanz sicherzustellen und Einarbeitungszeiten zu verringern.

Die definierten Methoden werden anhand von Anwendungsfällen in der Elektronikproduktion, einem zentralen Segment der deutschen Industrie, exemplarisch durch Anwendung validiert und evaluiert [5]. Hierfür werden kommerzielle, in der Industrie etablierte Planungswerkzeuge für einen Einsatz bei der Planung, Inbetriebnahme und Optimierung hochflexibler Systeme befähigt.

1.3 Vorgehensweise und Aufbau der Arbeit

Zur Schaffung eines Grundverständnisses sowie zur Identifikation des Handlungsbedarfs werden im zweiten Kapitel Grundlagen der Montage definiert. Hierbei wird zuerst ein Fokus auf die verschiedenen Arten der Montage, mit besonderem Hinblick auf robotergestützte und hybride Systeme, gelegt. Anschließend werden etablierte Vorgehen und Werkzeuge für die Planung der verschiedenen Montagesystemarten vorgestellt und evaluiert. Abschließend werden Automatisierungsbefähiger auf Basis einer Analyse der vom Menschen eingebrachten Fähigkeiten in der Montage ermittelt. Darauf aufbauend werden anhand einer Evaluation des aktuellen Stands der Forschung und Technik in diesen Feldern weiterführende Handlungsbedarfe für die effiziente Planung flexibler Automatisierungssysteme ermittelt und Anforderungen an zu entwickelnde Methodiken abgeleitet.

Effiziente, umfassende Vorgehensmodelle und Werkzeuge sind Voraussetzung für die wirtschaftliche Planung und den Einsatz von Montagesystemen. Industriell etablierte Verfahren und Werkzeuge sind dabei jedoch entweder auf den Einsatz für manuelle oder einfache automatische Systeme spezialisiert und bieten daher wenig Einsatzpotenzial für die Planung von Hybridsystemen oder komplexeren Roboterapplikationen. In der Forschung postulierte Ansätze dagegen basieren auf Planungs- und Steuerungsarchitekturen, die industriellen Ansprüchen durch fehlende Realitätstreue oder vereinfachte Annahmen nicht genügen. Eine umfassende Planungsmethodik sowie ein passender Werkzeugeinsatz werden im Rahmen der Arbeit definiert.

Die flexible Verrichtung hochpräziser Montagevorgänge auf Basis sensomotorischen Feedbacks ist eine Kernfähigkeit des Menschen in der Montage. Die Übertragung auf Robotersysteme wird durch eine systematische Analyse möglicher Genauigkeitseinflüsse sowie der Entwicklung eines Modells hierzu begründet. Auf dieser Basis werden Strategien der Kalibrierung und Kompensation definiert, welche eine robuste Präzisionsmontage ermöglichen. Zusätzlich wird mittels einer Bibliothek die Wiederverwendbarkeit solcher Strategien sichergestellt. Um eine kontinuierliche Prozessverbesserung zu unterstützen, wird ein datengetriebenes Verfahren zur vorausschauenden Kompensation von Abweichungseinflüssen erarbeitet.

Ebenfalls zentral für die Steigerung des Automatisierungsgrads ist der Transfer der visuellen Fähigkeiten des Menschen auf das technische System. Insbesondere die Erkennung und Lokalisierung ungeordnet angelieferter Teile sowie die visuelle Montageprüfung sind hierbei kritisch. Mittels eines entwickelten Frameworks werden dabei eine Auslegung sowie ein Test derartiger Systeme virtuell ermöglicht. Hierzu wird eine Simulation unter Einbindung der realen Algorithmen sowie der Erzeugung realistischer Sensordaten in einer alle relevanten Prozesse abdeckenden Simulation umgesetzt. Die erzeugten Daten können weiterhin für das Trainieren auf maschinellem Lernen fußender Routinen genutzt werden. Auch eine Methodik zum Transfer in die reale Domäne mittels eines neuen Active-Learning-Ansatzes wird vorgestellt.

Um eine reale Umsetzbarkeit hybrider Systeme im Maßstab manueller Systeme zu ermöglichen, umfasst eine entwickelte Planungsmethodik weiterführende Aspekte der Umsetzung, wie eine virtuelle Inbetriebnahme sowie eine virtuelle Risikobeurteilung, die über den derzeitigen Stand der Technik hinausgehen. Die entwickelte den Menschen integrierende virtuelle Inbetriebnahme macht dabei eine Übertragbarkeit der Vorteile der klassischen Virtuellen Inbetriebnahme auf hybride Systeme möglich und befähigt gleichzeitig die geforderte frühzeitige Mitarbeitereinbindung und -schulung.

Die erarbeiteten Methoden werden durch Umsetzung und praktische Anwendung im Bereich der Elektronikproduktion validiert und die Ergebnisse der Implementierung vorgestellt. Anhand dieser erfolgt eine Evaluation des Grads der Planungsunterstützung der Verfahren für derartige Systeme.

In einem Ausblick werden schließlich Implikationen einer durch die vorgeschlagenen Methoden befähigte Steigerung des Automatisierungsgrads in der industriellen Montage beleuchtet und weitergehende Handlungsbedarfe identifiziert.

2 Grundlagen und Herausforderungen im Bereich intelligenter und hybrider Montagesysteme

Im folgenden Kapitel werden die Grundlagen der vorliegenden Arbeit sowie der Stand der Forschung und Technik relevanter Bereiche dargestellt. Aufbauend auf den Grundlagen der Industrierobotik mit einem Fokus auf dessen charakteristische Eigenschaften, die Feld der Leichtbaurobotik und Mensch-Roboter-Zusammenarbeit sowie die Programmierung wird auf das grundlegende Vorgehen und verfügbare Werkzeuge der Montageplanung eingegangen. Dabei wird die Planung automatisierter, manueller und gemischter Systeme (hybrid) separat beleuchtet. Anhand der Eigenschaften und Fähigkeiten des Menschen werden anschließend nötige Technologien für die weitergehende Automatisierung identifiziert und definiert.

2.1 Robotergestützte Montagesysteme

Im Bereich der flexiblen Montageautomatisierung spielen robotergestützte Montagesysteme eine herausragende Rolle. Diese Systeme bestehen aus mindestens einem Industrieroboter, einer Steuerung sowie Peripheriekomponenten wie Sensorik und weiterer Aktorik.

2.1.1 Grundlagen der Industrierobotik

Ein Roboter ist nach DIN EN ISO 10218-1 definiert als „automatisch gesteuerter, frei programmierbarer Mehrzweck-Manipulator, der in drei oder mehr Achsen programmierbar ist […]" [6]. Die Hauptaufgabe eines Roboters ist daher die definierte Handhabung von Werkzeugen oder Werkstücken [7]. Die Lage des Endeffektors im Raum wird dabei als Werkzeugmittelpunkt (*Tool Center Point* – TCP) bezeichnet [7]. Generell können verschiedene Roboterbauformen hinsichtlich des Aufbaus ihrer kinematischen Kette unterschieden werden. Diese wird definiert durch die fakultative Kombination aus rotatorischen und linearen Achsen, welche mittels starren Gelenken verbunden sind. Die kinematische Kette kann hierbei offen, also seriell, oder geschlossen und somit redundant ausgeführt sein. [2]

Die Ausführungen dieser Arbeit beziehen sich auf industrielle Knickarmroboter, also Roboter mit einer seriellen Kinematik aus rotatorischen Gelenken. Die häufigste Bauform in diesem Bereich nimmt der Sechsachs-Knickarmroboter ein, der in seiner Kinematik dem menschlichen Arm nachempfunden ist, und durch seine sechs resultierenden Freiheitsgrade Punkte in seinem kugelförmigen Arbeitsraum in beliebiger Orientierung anfahren kann. [2]

Der serielle Aufbau des Manipulators führt neben einer hohen Flexibilität jedoch auch zu einem Genauigkeitsverlust, da sich die Ungenauigkeiten der einzelnen Gelenke durch die kinematische Kette hindurch aufsummieren. Der Aufbau als Ganzes weist gegenüber geschlossener Kinematiken weniger Steifigkeit auf. Die Genauigkeit von Industrierobotern wird in die Wiederhol- und Absolutgenauigkeit, bezogen auf Punkte, Bahnen oder Geschwindigkeiten unterteilt [8]. Da in der robotergestützten Montage insbesondere die Punktgenauigkeit relevant ist, beziehen sich die weiteren Ausführungen auf diese.

Die Wiederholgenauigkeit ist dabei definiert als die durchschnittliche Abweichung der erreichten Ist-Positionen des Roboters zueinander. Die Wiederholgenauigkeit sowie ihre Prüfung ist in ISO 9283 genormt [8]. Die Absolutgenauigkeit hingegen bezeichnet die durchschnittliche Abweichung der erreichten Ist-Positionen zu einer vorgegebenen Soll-Position im kartesischen Raum. Grundsätzlich ist daher die Wiederholgenauigkeit betragsmäßig deutlich geringer, also besser als die Absolutgenauigkeit. Einflüsse auf die Genauigkeit von Industrierobotern werden von BUSCHHAUS ausführlich dargestellt sowie in Bezug auf Montagesysteme in Abschnitt 2.1.4 detailliert [9].

2.1.2 Programmierung von Industrierobotern

Grundsätzlich werden bei der Programmierung von Industrierobotern Online- und Offline-Verfahren unterschieden. Online-Verfahren bezeichnen dabei eine Programmierung des Roboters am System selbst. Es werden dabei Teach-In-, Master-Slave- und Play-Back-Methoden unterschieden. [10]

Teach-In Methoden nutzen ein Bedienpanel des Roboters für die Programmierung am realen System. Bei der Master-Slave-Methode wird der Roboter durch einen passiven, vom Bediener manipulierbaren Kinematikaufbau ferngesteuert. Beim Play-Back-Verfahren führt der Bediener den Roboter direkt zu den definierten Punkten und speichert diese ins Programm. Vorteile der Online-Verfahren stellen die inhärente Berücksichtigung von Ungenauigkeiten des Manipulators sowie von Umgebungsbedingungen dar, weshalb hier auf Basis der Wiederholgenauigkeit geplant werden kann. Nachteilig wirkt sich der hohe Zeitbedarf am realen System aus, der zu langen Inbetriebnahme- und Umrüstzeiten führt und die Erstellung komplexer und im Voraus getesteter Programme verhindert.

Bei Offline-Verfahren wird die Steuerung ohne Roboteranbindung vorprogrammiert und später auf den Roboter übertragen. Hierbei werden textuelle und grafische Verfahren unterschieden.[10]

Bei der textuellen Programmierung werden die Befehle für den Roboter direkt, oftmals in herstellerspezifischer Syntax, programmiert. Bei grafischen Verfahren wird ein virtueller Roboter anhand einer in einem Softwaretool erstellten Planungsumgebung programmiert, und das so generierte Programm im Nachgang in die Herstellersyntax übersetzt. Da bei beiden Verfahren definierte Soll-Punkte im kartesischen Raum als Planungsgrundlage dienen, ist hier die Betrachtung der Absolutgenauigkeit des Roboters relevant. Auch die Abweichungen der digitalen Planungswelt zur real umgesetzten Anwendung stellen hier eine Herausforderung dar. [11]

Eine Mischform bildet die sensorbasierte Programmierung, bei der offline programmierte Programme im Betrieb, also online, durch Sensordatenintegration adaptiert und somit an die Bedingungen der tatsächlichen Applikation angepasst werden. [10]

2.1.3 Leichtbaurobotik und Mensch-Roboter-Kollaboration

Die Mensch-Roboter-Kollaboration (MRK) wird in DIN EN ISO 10218-2 definiert als der Betrieb eines speziell konstruierten Roboters, welcher für definierte Aufgaben mittels erforderliche Schutzmaßnahmen den Arbeitsraum mit einem Menschen teilt [12]. Dieser gemeinsame Raum wird als Kollaborationsraum bezeichnet. Hierbei werden vier unterschiedliche Betriebsarten definiert und in DIN ISO/TS 15066 weiter spezifiziert[12, 13]:

1. Sicherheitsbewerteter überwachter Halt (SBH)
2. Handführung (HF)
3. Geschwindigkeits- und Abstandsüberwachung (GAÜ)
4. Leistungs- und Kraftbegrenzung (LKB)

Beim sicherheitsbewerteten überwachten Halt wird der Aufenthalt des Bedieners im Kollaborationsraum sowie die Position des Roboters überwacht. Halten sich beide zeitgleich im Kollaborationsraum auf, wird der Roboter mittels eines Sicherheitshalts nach [6] gestoppt und darf selbstständig erst nach Verlassen des Bedieners wieder anlaufen. Ein Aufenthalt des Bedieners im sonstigen Arbeitsbereich des Roboters ist auszuschließen.

Die Handführung bezeichnet die Nutzung einer nahe des Endeffektors montierten handbetätigten Komponente, um Bewegungsbefehle an den Roboter zu übertragen.

Die Geschwindigkeits- und Abstandsüberwachung basiert auf einer durchgängigen Überwachung des Abstands von Roboter und Bediener. Wird der Mindestabstand unterschritten, stoppt der Roboter. Der Mindestabstand ist abhängig von der Robotergeschwindigkeit, welche in diesem Betriebsmodus variabel sein kann. Ein selbstständiges Wiederanfahren des Roboters ist nur zulässig, wenn der Mindestabstand wiederhergestellt ist.

Der Modus Leistungs- und Kraftbegrenzung erlaubt als einziger den absichtlichen oder unabsichtlichen physischen Kontakt des Bedieners mit dem laufenden Robotersystem sowie eventueller Werkstücke. Hierbei werden speziell konstruierte Robotersysteme eingesetzt, welche durch inhärent sichere Konstruktion oder sicherheitsbezogene Steuerungssysteme eine ausreichende Risikominderung erlauben. Kräfte und Drücke physischer Kontakten müssen menschliche biomechanische Grenzwerte einhalten und werden im Rahmen der Risikobeurteilung ermittelt [13].

Rechtlich sind MRK-Systeme dabei den Regelungen des ProdSG, im Besonderen der 9. ProdSV, als nationale Umsetzung der europäischen Richtlinie für Maschinen unterworfen [14–16]. Insbesondere gelten hierbei die Gestaltungsleitsätze für die Sicherheit von Maschinen [17]. Diese erfordern eine Beachtung der für Robotersysteme zutreffenden Regelungen der DIN EN ISO 10218 [6, 12] sowie spezieller Detaillierungen in der DIN ISO/TS 15066 [13]. Sicherheitsbezogene Teile der Steuerungen sind dabei analog zu DIN EN ISO 13849 auszugestalten [18]. Die Anordnung von Schutzeinrichtungen ist dabei in DIN EN ISO 13855 festgelegt [19], Sicherheitsabstände gegen das Erreichen von Gefährdungsbereichen oder zur Vermeidung von Quetschungen in DIN EN ISO 13857 bzw. DIN EN ISO 13854 [20, 21]. [22, 23]

Auf Basis dieser Regelungen ist eine Risikobeurteilung des Systems durch den Hersteller vorzunehmen und diese derart zu mindern, bis ein vertretbares Restrisiko erreicht wurde. Die Risikobeurteilung dieser Systeme schließt jeweils die Betrachtung einer bestimmungsgemäßen Verwendung, als auch die vernünftig vorhersehbare Fehlanwendung des Systems durch den Bediener ein [12]. Der Betreiber der Anlage ist weiterhin zu einer Gefährdungsbeurteilung nach BetrSichV verpflichtet, die nicht durch den

Nachweis einer CE-Zertifizierung durch den Hersteller entfällt [24]. Diese betrifft nicht nur die Anlage selbst, sondern auch alle vom konkreten Anwendungsort und der Anwendung resultierenden Gefährdungen.

Auch im Kontext der Mensch-Roboter-Kollaboration wurden infolge der normativen Vorgaben Robotersysteme entwickelt, die durch inhärente Sicherheit eine Zusammenarbeit mit dem Menschen prinzipiell erlauben [25]. Um auftretende Kontaktkräfte und -drücke zu reduzieren, setzen diese Roboter zur passiven Kollisionsfolgenminderung oftmals auf Leichtbauverfahren, wodurch die bewegten Massen reduziert werden [26]. Diese Leichtbauroboter (LBR), in dieser Abhandlung beschränkt auf Knickarmbauweise, integrieren zusätzliche Sensorik zur Überwachung der Momente der einzelnen Gelenke zum Ziel einer Leistungs- und Kraftüberwachung [27]. Werden vorher spezifizierte Grenzwerte, beispielsweise durch eine Kollision, überschritten, führt der Roboter einen Sicherheitshalt durch [25]. Derartige Systeme erlauben daher prinzipiell die Umsetzung von MRK, insbesondere des Modus LKB. Aufgrund der Leichtbauweise weisen LBR jedoch spezifische Nachteile auf. Insbesondere der durch geringere Steifigkeiten verursachte Genauigkeitsverlust sowie die begrenzte Traglast, schränken mögliche Einsatzszenarien ein.

2.1.4 Genauigkeitseinflüsse robotergestützter Montageprozesse

Robotergestützte Montagesysteme sind inhärent vielen Einflüssen unterworfen, die die resultierende Genauigkeit des Montageprozesses definieren. Zur Ermittlung dieser wird auf die aus dem Bereich der statistischen Prozessoptimierung mittels der *Six Sigma*-Methodik bekannte 6M-Methode nach ISHIKAWA zurückgegriffen [28]. Dabei werden die Einflussdimensionen Mensch, Milieu, Maschine, Methode, Material und Management unterschieden.

Nach BUSCHHAUS sind hierbei für roboterbasierte Prozesse mit hohen Genauigkeitsanforderungen insbesondere die Dimensionen Milieu, Material, Methode und Maschine relevant [9]. Auf robotergestützte Montageprozesse übertragen, beschreibt Milieu die Zellkomponenten, also die Materialzuführung, die Zuführung des Werkstücks sowie die geometrische Abhängigkeit dieser zueinander sowie zum Manipulator. Material betrifft das Montageobjekt und das Grundbauteil, Methode den Prozess an sich und Maschine den Manipulator sowie den Greifer

Besondere Relevanz erhalten diese Einflüsse bei der Verwendung von Methoden der Offline-Programmierung (OLP) sowie bei der flexiblen, hybriden Automatisierung hochpräziser Montageprozesse. Bei OLP-Verfahren sind insbesondere die geometrische Abhängigkeit der Zellkomponenten zueinander sowie die Vorgabe absoluter Wegpunkte entscheidend für die resultierende Genauigkeit [11]. Bei entsprechenden Anforderungen werden diese Einflüsse durch die Kalibrierung des Arbeitsbereichs mittels Messpunkten oder die Verfeinerung zentraler Interaktionspunkte durch Online-Teach-In-Verfahren kompensiert [10, 11]. Letzteres bewirkt, dass statt der Absolutgenauigkeit die Wiederholgenauigkeit des Roboters bestimmend für die Prozessgenauigkeit wird. Problematisch hierbei ist der erhöhte Inbetriebnahmeaufwand. Dieser tritt zudem für jeden neu definierten Interaktionspunkt, beispielsweise bei der Einführung neuer Varianten, erneut auf. Eine weitere Möglichkeit zur Vermeidung systematischer Abweichungen ist die Verwendung absolut kalibrierter Manipulatoren, was sich jedoch in deutlich höheren Kosten äußert. Absolut kalibrierte LBR sind derzeit nicht am Markt verfügbar.

Nach der Kompensation dieser systematischen Abweichungen verbleiben variable und stochastische Einflüsse durch die Material- und Werkstückzuführung, Toleranzen der Fügeteile an sich, mögliches Spiel im Greifer sowie die Wiederholgenauigkeit des Manipulators. Für hochpräzise Montagesysteme, beispielsweise im Bereich der Mikromontage, werden diese Einflüsse durch enge Tolerierung sowie die Erhöhung der Steifigkeit des Manipulators sowie der weiteren Anlagenteile erzielt. Derartige Methoden sind für eine flexible oder gar hybride Automatisierung nicht einsetzbar, da sie einerseits zu kostenintensiv und andererseits oftmals nicht mit der im vorigen Abschnitt definierten Anforderungen an hybride Automatisierung vereinbar sind.

Aktuelle Forschungsansätze beschäftigen sich daher mit der dynamischen, steuerungs- und regelungstechnischen Kompensation der Abweichungen während des Betriebs. Diese werden in Abschnitt 3.1 in Bezug auf ihre Eignung für die in Abschnitt 2.3.2 definierten Automatisierungsbefähiger detailliert diskutiert.

2.2 Werkzeuge und Methoden der Montagesystemplanung

Im folgenden Abschnitt werden grundlegende Vorgehen zur Planung automatisierter, manueller sowie hybrider Montagesysteme betrachtet. Hierdurch soll insbesondere die Inkompatibilität der Methoden zur Planung automatisierter sowie manueller Montagesysteme aufgezeigt und das entstehende Spannungsfeld für hybride Systeme erläutert werden. Weiterhin lässt sich feststellen, dass das Planungsvorgehen sowie die genutzten Methoden für die Planung automatisierter Montagesysteme derzeit die Planung intelligenter Montagesysteme, wie sie für die weitergehende Automatisierung komplexerer manueller Tätigkeiten nötig sind, derzeit nur unzureichend berücksichtigen.

2.2.1 Digitale Entwicklung automatisierter Montagesysteme

Automatisierte Montagesysteme sind naturgemäß mechatronische Systeme, deren Entwicklung in VDI 2206 systematisiert ist [29]. Hierbei wird ausgehend von definierten Anforderungen zuerst ein Systementwurf gebildet, und anschließend domänenspezifisch ausgearbeitet. Nach der darauffolgenden Systemintegration besteht das realisierte System. Die Anforderungserfüllung dieses Systems wird dabei kontinuierlich durch eine Modellbildung und -analyse parallel zur Entwicklung sichergestellt. [29]

Für die Planung von Produktionssystemen wird ein iteratives Durchlaufen der Entwicklungsmethodik mit ansteigendem Detaillierungsgrad empfohlen. Insbesondere Methoden der digitalen Fabrik, also digitale Simulationen, sind hier für Modellbildung und -analyse zu betrachten. [29] Diese werden in VDI 3633 anwendungsspezifisch dargelegt [30].

Für die Planung und Entwicklung robotergestützter Montagesysteme bieten sich dabei insbesondere Werkzeuge des *Computer-Aided Design* (CAD), der Mehrkörpersimulation (MKS), insbesondere die 3D-Kinematiksimulation, sowie Physiksimulation an. [29]

Zentral beim Einsatz von Simulationen ist die Verifikation und Validierung der Modelle. Verifikation beschreibt dabei, ob das Modell entsprechend der Spezifikationen korrekt implementiert wurde. Validierung dagegen definiert die Validität der Abbildung des realen Systems im erstellten Model. Eine Übersicht des Modells ist in Bild 1 dargestellt. [31]

Bereits beim Systementwurf (1.1) können Methoden der Kinematiksimulation eine Layoutplanung unterstützen. Zu betrachtende Aspekte sind hierbei insbesondere die Erreichbarkeit der relevanten Interaktionspunkte sowie die Kollisionsfreiheit des Bewegungsraums. Da zu diesem Zeitpunkt nur ein Konzept der Anlage besteht, dient die Simulation zu diesem Zeitpunkt der Definition der Gestaltungsfreiräume der mechanischen Konstruktion (1.2.1). Während der domänenspezifischen Ausarbeitung treten insbesondere für Robotersysteme interdisziplinäre Abhängigkeiten auf, die durch eine durchgängige Datenbasis und digitale Planungswerkzeuge unterstützt werden. So ist für die OLP des Roboters, welche 1.2.3 zuzuordnen ist, das exakte mechanische Layout der Anlage und deren Komponenten (1.2.1) Grundlage. Die damit direkt in Verbindung stehende Entwicklung der Anlagensteuerung (SPS) besitzt naturgemäß wechselseitige Beziehung zum Elektronikdesign (1.2.2).

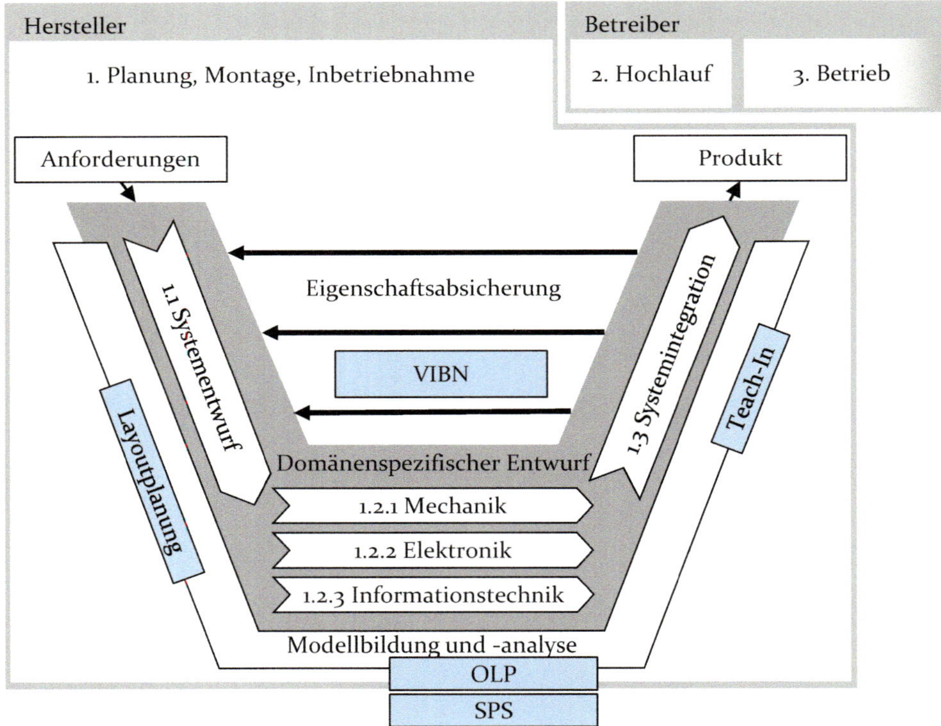

Bild 1: Entwicklungsmethodik mechatronischer Systeme nach VDI 2206, eingeordnet in den Lebenszyklus von Produktionsanlagen nach WIENDAHL ET AL., ergänzt um roboterspezifische Tätigkeiten; in Anlehnung an [29, 32]

Zur Unterstützung der Systemintegrationsphasen können die hierbei erstellten Simulationsmodelle für die Validierung der OLP und schließlich durch funktionale Erweiterung um Verhaltensmodelle zur virtuellen Inbetriebnahme genutzt werden [P1]. Die virtuelle Inbetriebnahme beschreibt nach Wünsch den Test der Anlagensteuerung anhand eines Simulationsmodells [33]. Im Zuge der Inbetriebnahme des Systems wird das Roboterprogramm mittels Online-Verfahren (Teach-In) kalibriert.

Grundsätzliche Prämisse der genutzten Methoden ist ein definierter Programmablauf sowie ein bekanntes und modellierbares Verhalten aller Komponenten, die diesen beeinflussen. Schon bei sensorbasierter Roboterprogrammierung ist eine Absicherung der Systemeigenschaften nur beschränkt möglich, da verhaltensbedingende Sensorsignale fehlen. Intelligente automatisierte Systeme bis hin zu autonomen Systemen weisen teilweise nicht-deterministisches Verhalten auf, welches eine vorherige Absicherung des Systemverhaltens mit etablierten Simulationsmethoden verhindern.

Im Bereich intelligenter Robotersysteme, insbesondere der Sensordatenverarbeitung und autonomen Robotersteuerung, gewinnen beispielsweise *Machine Learning* (ML)-Methoden basierend auf *Deep Neural Networks* (DNN) signifikant an Bedeutung [P2, P3]. DNNs generieren ihr Ergebnis $(\mathbf{y}|\mathbf{x})$ im Gegensatz zu klassischen, deterministischen Programmen nicht über eine Abfolge definierter Abfragen und Regelkataloge. Vielmehr wird ein Eingangssignal durch eine Struktur in Schichten angeordneter künstlicher Neuronen verarbeitet und ein Ausgangssignal generiert. Die Schichten des Netzes sind dabei mittels gewichteter Kanten verbunden, durch die über Aktivierungsfunktionen definierte Signale übertragen werden. [34]

Im Bereich der Sensordatenverarbeitung bieten *Convolutional Neural Networks* (CNN) großes Potenzial [35, P4]. CNNs basieren meist auf dem Ansatz des überwachten Lernens. Bei diesem Verfahren sind in der Lernphase des DNN sowohl der Eingangsvektor $\mathbf{x}$ als auch der richtige, beziehungsweise gewünschte Ausgangsvektor $\mathbf{y}$ (*Label*) bekannt. Zuerst wird der Eingangsvektor in die Eingangsschicht des Netzes eingegeben und durch das Netzwerk verarbeitet. Das resultierende, an der Ausgangsschicht erzeugte Ausgangssignal $\boldsymbol{y}_{i,Ist}$ wird mit dem gewünschten Signal $\boldsymbol{y}_{i,Wahr}$ verglichen. Anhand der ermittelten Fehlerfunktion wird nun mittels einer Fehlerrückführung (engl. *Backpropagation*) das Netz rückwärts durchlaufen und die Gewichtungen der einzelnen Neuronen anhand ihres Einflusses auf den entstandenen Fehler angepasst [34, 36]. Somit wird sichergestellt, dass bei erneutem Durchlauf derselben Eingangsdaten ein Ergebnis mit geringerem

Fehlerwert generiert wird. Durch die iterative Verarbeitung vieler, für die Anwendung möglichst repräsentativer und insgesamt erschöpfender, Datenpaare werden die Gewichtungen im Netz somit derart angepasst, dass nur noch ergebnisrelevante Merkmale des Eingangssignals zu einem zunehmend richtigeren Ausgangssignal verarbeitet werden. [34]

Zusammenfassend basiert die Funktionalität von per überwachtem Lernen trainierten DNNs, also insbesondere auch CNNs, maßgeblich auf den für das Training verwendeten Daten. Das durch das Lernen entstandene Modell ist meist nicht mehr interpretierbar und stellt somit eine Komponente nicht-vorhersagbaren Verhaltens dar. Da die Trainingsdaten meist erst im Betrieb der Anlage erfasst werden können, ist eine vorherige digitale Absicherung des Systems hier derzeit nicht möglich. Generell ist durch die fehlende Vorhersagbarkeit von Einflussauswirkungen meist nur noch eine stochastische Analyse des aufgebauten Systems mittels Testreihen sinnvoll.

2.2.2 Werkerintegrierte Planung manueller Montagesysteme

Für die Planung manueller Montagesysteme ist neben der Ermittlung und Optimierung der Leistungsdaten, wie der Prozesszeiten, insbesondere auch die Ergonomie der Arbeitsplätze zentral. Diese bezieht sich einerseits auf die physische, aber auch die psychische Belastung des Menschen während der Arbeit. Um das Erfahrungswissen der Montagemitarbeiter direkt in neue Planung einfließen zu lassen, werden manuelle Systeme zumeist mittels interaktiver Workshops geplant [37]. Mittels vereinfachter Aufbauten, beispielsweise aus Kartonagen oder Holz, können dabei Bewegungsabläufe, Prozesszeiten und Störeinflüsse transparent gemacht und direkt verbessert werden. [38, 39] Das nach mehreren Optimierungen resultierende Aufbaukonzept wird anschließend gegebenenfalls digitalisiert und mechanisch nachgebaut. Teilweise wird zur Dokumentation ergonomischer Aspekte sowie der Feinanalyse weiterhin eine Menschsimulation durchgeführt [40–42]. Die Menschsimulation stellt eine Sonderform der Kinematiksimulation dar, bei der der menschliche Bewegungsapparat hinsichtlich seiner Freiheitsgrade nachmodelliert wird [43]. Die anthropometrischen Daten des Menschen können dabei an den zu simulierenden Menschen angepasst werden. Aufgrund der oft geringeren Komplexität manueller Montagesysteme und der inhärenten menschlichen Flexibilität wird teilweise auf eine digitale Planung und Eigenschaftsabsicherung verzichtet [44].

2.2.3 Planung hybrider Montagesysteme

Hybride Montagesysteme bezeichnen Mischformen aus manuellen und automatisierten Arbeitsinhalten innerhalb eines Systems [2]. Bei hybriden Systemen mit physischer Trennung der Arbeitsräume findet eine getrennte Planung der beiden Systemarten analog den oben ausgeführten Methoden statt. Ist keine derartige Trennung vorhanden, liegt also ein MRK-System nach Abschnitt 2.1.3 vor, sind beide Planungssichten relevant und jeweils voneinander abhängig [P5]. Da MRK-Systeme die technische Komplexität eines Robotersystems beinhalten, ist auch hier eine digitale Planung und Validierung des Systems unerlässlich. Eine rein digitale Planung verhindert jedoch die Einbindung der ebenfalls in dem System arbeitenden Mitarbeiter. Dies ist nicht nur nachteilig für die möglichst verschwendungsarme Arbeitsplatzgestaltung durch Einbezug des Erfahrungswissens, sondern mindert auch die Akzeptanz [44]. Diese ist jedoch für den erfolgreichen Einsatz von MRK-Systemen entscheidend [23, 45].

Die Unvereinbarkeit der Planungsmethoden resultiert in der Unfähigkeit der synergetischen Kombination von Mensch und Roboter als Hauptziel der MRK. So können unter Einbezug des Fertigungspersonal oft nur einfache Anlagen geplant werden, was mögliche Einsatzszenarien beschränkt. Die digitale Planung komplexer Systeme ermöglicht jedoch keine Einbindung des später damit zusammenarbeitenden Personals und führt somit zu Akzeptanzproblemen [P6]. Dieses auf den Planungsmethoden begründete Spannungsfeld ist in Bild 2 dargestellt.

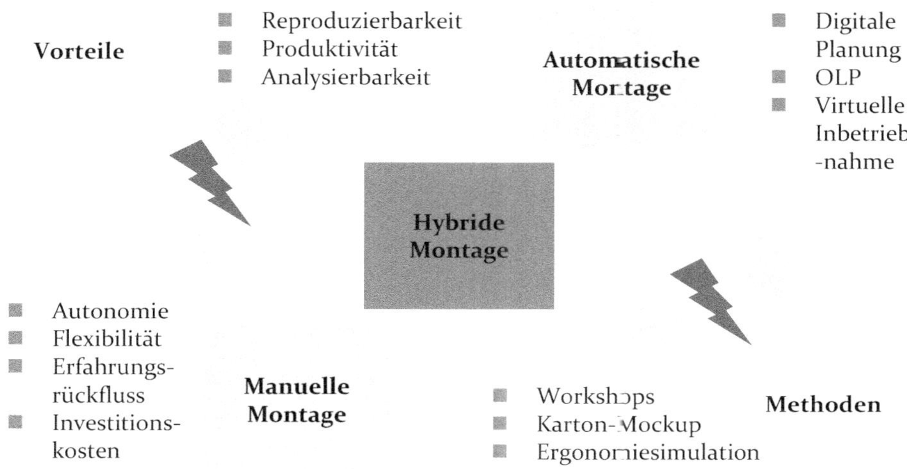

Bild 2: Spannungsfeld der Planung hybrider Montagesysteme

2.3 Befähiger für die flexible Montageautomatisierung

Automatisierte Systeme werden aufgrund ihrer Produktivität und daraus folgenden Wirtschaftlichkeit sowie der gleichbleibend hohen Qualität eingesetzt. Manuelle Montagesysteme kommen, außer bei Kleinstproduktionen, nur dann zur Anwendung, wenn das menschliche Fähigkeitenportfolio explizit für die Montageaufgabe erforderlich ist. Eine weitergehende Automatisierung setzt somit zwangsläufig die Integration menschlicher Fähigkeiten in automatisierte Systeme oder zumindest die Nachbildung der relevanten resultierenden Eigenschaften voraus. Dies ist insbesondere bei der nachträglichen Automatisierung bedeutend, da hier ein vormals manueller Prozess mit seinem Anforderungsprofil automatisiert wird. Falls aufgrund besonderer Prozessanforderungen eine Automatisierung derzeit nicht möglich oder wirtschaftlich ist, so ist zumindest die Kombination dieser verbleibenden manuellen Prozesse mit automatisierten Systemen im Sinne einer Zusammenarbeit zu ermöglichen.

Im folgenden Kapitel werden die für die Montage relevantesten menschlichen Fähigkeiten anhand der resultierenden Eigenschaften definiert und in konkrete Befähiger für eine flexible Automatisierung nach menschlichem Vorbild übersetzt.

2.3.1 Relevante menschliche Fähigkeiten in der Montage

Die menschlichen Fähigkeiten gliedern sich auf in sensorische, motorische und kognitive Fähigkeiten. Der Mensch verfügt nach gängiger Definition der subjektiven Sinneserfahrung über fünf Sinne: Sehen, Hören, Fühlen, Schmecken sowie Riechen [46]. Für die Serienmontage sind davon insbesondere das Sehen und Fühlen sowie teilweise das Hören bedeutsam [47].

Eine weitergehende Automatisierung erfordert den Transfer der genannten menschlichen Eigenschaften auf automatisierte Systeme. Sensorisch kann das zwei- und dreidimensionale Sehen durch optische Sensoren abgebildet werden. Das dreidimensionale Sehen wird technisch durch 3D-Kamerasysteme (RGB-D) imitiert. Die Berechnung der Tiefeninformation kann grundsätzlich entweder durch Stereoskopie, strukturiertes Licht, Time-of-Flight (ToF)-Ansätze, Interferometrie oder Lichtfeldkameras erfolgen. Für eine detaillierte Ausführung der zugrundeliegenden Prinzipien sei auf [48] verwiesen.

Das Fühlen, also die Wahrnehmung von Widerständen, kann mittels sogenannter Kraft-Momenten-Sensoren (KMS) emuliert werden. Meist werden hierbei durch Dehnungsmessstreifen verformungsabhängige Widerstandsänderungen aufgezeichnet und hieraus die zugrundeliegende Deformation und damit die einwirkenden Kräfte und Momente approximiert. Die Sensoren können entweder zwischen Roboterhandwurzel und dem Werkzeug, in allen Gelenken oder an der Roboterbasis montiert sein. Erstere Anordnung bietet den Vorteil einer genauen Überwachung am Werkzeug auftretender Kräfte und Momente, lässt jedoch keine Überwachung der Roboterkinematik an sich zu.

Die in der Montage genutzten motorischen Fähigkeiten des Menschen umfassen das manuelle Greifen, die Manipulation mittels eines oder beider Arme sowie gegebenenfalls die Lokomotion.

Die manuelle, also wörtlich übersetzt händische, Montage nutzt den Bewegungsapparat der oberen Extremitäten, bestehend aus Armen und Händen. In dieser Arbeit wird, analog zur Robotik, das Handgelenk als dem Arm zugehörig angenommen. Kinematisch entspricht der Arm dann einer offenen Kette mit sieben rotatorischen Freiheitsgraden: drei Freiheitsgrade im Kugelgelenk der Schulter, zwei im Ellenbogengelenk sowie zwei im Handgelenk. Die Hand besitzt abzüglich des Handgelenks dann 21 Freiheitsgrade: fünf im Daumen sowie vier für jeden weiteren Finger [49]. Motorisch kann der Arm somit durch einen Knickarmroboter imitiert werden. Die motorische Imitation der Hand ist Gegenstand aktueller Forschung, für die wirtschaftliche industrielle Automatisierung jedoch meist unnötig, da die der menschlichen Hand inhärente Flexibilität in der Serienproduktion nicht umfassend benötigt wird [50–53]. Industriell werden Greifprozesse zumeist mechanisch oder pneumatisch, seltener auch elektrisch, hydraulisch oder adhäsiv, umgesetzt [54].

Die Übertragung der menschlichen Fähigkeit in der Montage erfordert neben der reinen sensorischen und aktorischen Nachbildung vor allem ein Nachempfinden der durch die einmalige menschliche kognitive Leistungsfähigkeit bedingte Adaptions- und Reaktionsfähigkeit. Eine funktionale Nachbildung des kognitiven Apparats ist zum heutigen Stand jedoch technisch unmöglich [55, 56]. Daher erfolgt eine Analyse der aus der kognitiven Leistungsfähigkeit gewonnenen, für die Montage relevanten Fähigkeiten und eine technische Annährung dieser.

Diese betreffen insbesondere die Fähigkeit zur ad hoc-Adaption an neue Gegebenheiten wie Veränderungen im Produktionsprozess, beispielsweise bei einem Variantenwechsel. Weiterhin relevant ist die Fähigkeit des Menschen, durch sensomotorisches Feedback Montagevorgänge ausführen zu können, die anspruchsvoller als die inhärente Genauigkeit des Bewegungsapparats sind. Diese beiden Aspekte werden im Abschnitt 2.3.2 im Hinblick auf ihre technische Transferierung auf Robotersysteme betrachtet.

Weiterhin ist der Mensch in der Lage auf wechselnde oder zufällige Umgebungsbedingungen zu reagieren [2] . Im Rahmen der Montage ist dabei insbesondere die Fähigkeit zur definierten Aufnahme unsortiert angelieferter Teile und Werkstücke von Bedeutung [57]. Das technische Äquivalent dieser Fähigkeit wird in Abschnitt 2.3.3 detailliert. Dafür notwendige Fähigkeiten werden auch für die Prüfung der Montage genutzt, weshalb ein derartiger Einsatz ebenfalls betrachtet wird.

Da auch mit der Imitation der beschriebenen Fähigkeiten Prozesse verbleiben können, die keine Automatisierung zulassen oder diese unwirtschaftlich wäre, sind weiterhin auch die technischen Systeme derart auszugestalten, dass sie einen Mischbetrieb mit Menschen im selben System im Sinne einer MRK zulassen. Diese Anforderung wird in 2.3.4 dargelegt.

Ziel ist insgesamt die Ermöglichung automatisierter manueller Montageinhalte ohne grundlegende Änderung des Montagesystems an sich, also unter Beibehaltung des Prozesses, der Materialzuführungen sowie der meist weitere Menschen beinhaltenden Umgebung, wie in Bild 3 visualisiert.

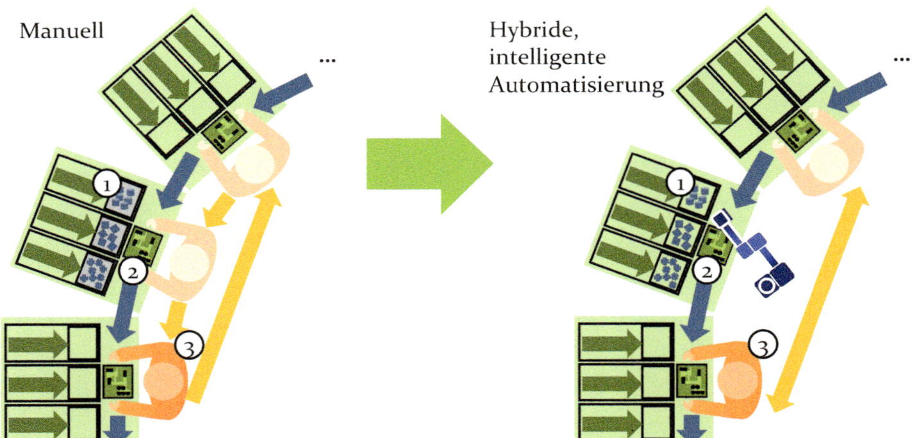

Bild 3: Automatisierung eines manuellen Arbeitsplatzes in einem Montagesystem durch intelligente kollaborative Robotik unter Beibehaltung der Materialandienungsform (1), des Prozessablaufs (2) sowie des umgebenden Montagesystems (3)

2.3.2 Sensorintegrierende Roboter-Offline-Programmierung

Ein menschlicher Montagearbeiter ist in der Lage, auch komplexe Montagevorgänge direkt, gegebenenfalls nach einer kurzen Einweisung oder Übergabe der Prozessbeschreibung, durchzuführen. Hierbei wird in der Regel kein oder nur ein kurzer Stillstand der Produktion verursacht. Der Mensch nutzt hierbei seine sensomotorischen Fähigkeiten aus Tast- und Sehsinn. Während er dabei zuerst mehr Zeit benötigt, stellt sich nach mehrmaliger Durchführung ein Lerneffekt ein, der zu einer kontinuierlichen Prozessverbesserung hinsichtlich der Zykluszeit, jedoch auch der Qualität führt.

Auf technische Systeme übertragen bieten sich hinsichtlich der Ad-hoc-Produktionsfähigkeit zwei grundlegende Konzepte an: die Offline-Vorbereitung eines direkt ausführbaren Roboterprogrammes im Sinne der OLP, siehe 2.1.2, sowie die automatische Synthese des neuen Roboterprogramms aus Elementarfähigkeiten zur Laufzeit. Während die automatische Programmsynthese höchste Flexibilität bietet, da sie grundsätzlich die Montage auch individueller Produkte in gegen eins tendierender Stückzahl oder die Handhabung zufälliger Objekte ermöglicht, ist der Aufwand zur Erstellung solcher angepasster Elementarfähigkeiten mit sehr hohem Aufwand verbunden. Weiterhin können derart generierte Programme nur durch Änderung des gesamten Fähigkeiten- oder Zuordnungs-Frameworks umgesetzt werden. In industriellen Serienproduktionen, die am ehesten Ziel einer weitergehenden Automatisierung sind, werden dagegen gleichartige Prozesse in gewissen Variationen wiederholt durchgeführt. Für derartige Prozesse bietet sich die OLP an. Diese ist jedoch limitiert durch die in 2.1.4 diskutierten Genauigkeitseinflüsse, die eine reale Kalibrierung oder ein Teach-In des Systems erfordern, was der Zielstellung eines Ad-hoc-Einsatzes des Programms entgegensteht. Auch ist die Erstellung komplexer, gegebenenfalls sensorgeführter Montageprozesse rein offline meist nicht möglich, da entsprechende Routinen und Regeln für deren Auswahl nicht systematisch zur Verfügung stehen.

2.3.3 Definierte Handhabung ungeordnet bereitgestellter Teile

Ein weiterer Befähiger der flexiblen Montageautomatisierung stellt die Handhabung ungeordnet bereitgestellter Teile dar. Dies bezeichnet Teile, deren translatorische sowie rotatorische Freiheitsgrade nicht vollständig definiert sind, also einen niedrigen Ordnungszustand besitzen und die daher eine zufällige Pose einnehmen können. Da die Erhöhung des Ordnungszustands eines Materials grundsätzlich mit Aufwand und somit Kosten verbunden ist, ist eine ungeordnete Materialbereitstellung in der manuellen Montage weit verbreitet. Eine nachträgliche Automatisierung wird daher durch die Übertragung dieser Fähigkeit auf das automatisierte System unterstützt. Diese Anwendungsart wird als Griff in die Kiste *(Bin Picking)* bezeichnet. Diese Anwendung wird zumeist unter Nutzung zwei- oder dreidimensional bildgebender Verfahren gelöst. Dementsprechend bieten sich derartige Verfahren der Objekterkennung und -lokalisierung auch an, um eine Prüfung des Montagevorgangs zu realisieren. Die Vollständigkeitskontrolle und Prüfung der Einbaulage kann somit als vereinfachter Fall einer Poseschätzungsaufgabe im Sinne des *Bin-Picking* gesehen werden.

2.3.4 Direkte industrielle Mensch-Roboter-Zusammenarbeit

Wie in Abschnitt 2.3.1 dargelegt, ist eine vollständige Nachbildung menschlicher Fähigkeiten technisch nicht möglich. Daraus folgt, dass eine vollständige Automatisierung manueller Montageprozesse im Sinne einer vollständig autonomen Produktion ebenfalls nicht möglich ist. Ziel ist somit die weitestgehende, wirtschaftliche Automatisierung. Da die verbleibenden manuellen Tätigkeiten im selben Montagesystem verbleiben, resultieren naturgemäß hybride Montagesysteme. Die strikte räumliche Trennung manueller und automatisierter Prozesse ist dabei nicht zielführend. Einerseits würde diese in einem gesteigerten Flächenbedarf, andererseits aber auch in einer Unterbrechung des Prozessflusses resultieren.

Vielmehr ist die Ermöglichung einer Zusammenarbeit der verbleibenden menschlichen Arbeitskräfte und Roboter im Sinne einer MRK, wie in Abschnitt 2.1.2 beschrieben, somit Grundvoraussetzung. Erst dadurch wird eine direkte Automatisierung einzelner manueller Arbeitsschritte in modernen Montagesystemen, wie in Bild 3 dargestellt, ermöglicht.

3 Stand der Technik und Forschungsbedarf integrierter Planungsmethoden

Im folgenden Abschnitt werden Anforderungen an Planungsmethoden und -werkzeuge für jede der drei in Kapitel 0 definierten Automatisierungsbefähiger hergeleitet und mit dem Stand der Forschung und Technik verglichen. Darauf aufbauend, werden bestehende Forschungsbedarfe in diesem Bereich definiert, welche im Rahmen dieser Abhandlung betrachtet und gelöst werden sollen.

3.1 Realitätsintegrierte Roboter-Offline-Programmierung und selbstständige Programmadaption

Der Bereich der realitätsintegrierten Offlineprogrammierung kann in drei Teilbereiche untergliedert werden: die Realitätserfassung als Basis für die Offlineprogrammierung, die Vorgehensweise zum Ausgleich von Ungenauigkeiten und Abweichungen sowie die automatische Programmadaption zur selbstständigen Verbesserung im Betrieb. Ziel ist die vom Robotersystem entkoppelte Generierung von Roboterprogrammen, auch für komplexeste Fügevorgänge, welche ohne weitere Anpassung direkt auf dem Roboter lauffähig sind und systematische Abweichungen selbstständig und dauerhaft kompensieren.

3.1.1 Realitätsintegration in Planungsumgebungen

In der industriellen Praxis erfolgt die Planung von Produktionssystemen zumeist anhand von Layoutplänen, die letztlich eine Kumulation des ursprünglichen Fabrikzustands sowie aller historischen Änderungen darstellen. Ausgehend vom baulichen Grundriss der Fabrik und zusätzlichen Installationen weiterer Gewerke (Klimatechnik, Medienanschlüsse) wird ein Gebäudeplan erstellt. In diesen werden dann beispielsweise geplante und umgesetzte Produktions-, Lagerflächen und Wege eingezeichnet (Groblayout). Diese werden im Feinlayout mit Planzeichnungen der Produktionssysteme inklusive Maschinen, Arbeitsplätzen und Fördertechnik detailliert. [58] Änderungen in der realen Fabrik werden manuell im Layoutplan angepasst. [59]

Auf dem Anlagenlevel erfolgt die Planung ebenfalls virtuell, auf Basis des bereits Ungenauigkeiten unterworfenen Groblayouts. Hierbei kommen meist vereinfachte Idealmodelle zum Einsatz, welche dann als Vorlage für die reale Umsetzung dienen. Aufgrund der fehlenden Rückführung ergeben sich grundsätzlich Abweichungen des Planungsstands zum realisierten Modell. Diese für die Roboterprogrammierung relevanten Abweichungen können in makroskopische Abweichungen, die sich beispielsweise durch Änderungen im Aufbau ergeben, sowie mikroskopische Abweichungen durch fertigungsbedingte Abweichungen einzelner Komponenten sowie Toleranzen der Bauteile unterschieden werden. Letztgenannte Abweichungen fallen zumeist in dieselbe oder kleinere Größenordnung wie die Absolutgenauigkeit verbreiteter Industrieroboter, weshalb ihre Kompensation oftmals nur im Prozess selbst möglich ist.

Die makroskopische Abweichungskompensation erfolgt durch ein Online-Teach-In der Roboterposen, die Kalibrierung relevanter Anlagenteile durch Anfahren mittels robotergeführter Messspitze oder mittels Bildverarbeitungssystemen (*Visual Servoing*) [11]. Diesen Ansätzen ist gemein, dass sie erst nach dem vollständigen Aufbau der Anlage in der Inbetriebnahmephase durchgeführt werden können und diese entsprechend verlängern. Weiterhin werden die Abweichungen nicht direkt im virtuellen Planungsmodell übernommen, weshalb bei erneuter Programmausleitung aufgrund von Produkt- oder Prozessänderungen erneut eine Kalibrierung des generierten Programms notwendig wird.

Ein Vorgehen basierend auf der messtechnischen Aufnahme des Ist-Standes und dessen Integration in die Planung zum Zwecke der Roboterprogrammerstellung ist derzeit nicht beschrieben. Verfahren der 3D-Aufnahme werden unter anderem bei der Navigation mobiler Roboter, dem Griff in die Kiste oder der Baustellenfortschrittsüberwachung eingesetzt. Bei derartigen Aufnahmen werden Punktwolken, also eine Menge ungeordneter Punkte mit definierten Raumkoordinaten und gegebenenfalls Farbinformationen, der aufgenommenen Umgebung erzeugt. Die Aufnahme derartiger Punktwolken erfolgt in der Praxis durch ToF-Systeme, Stereokamerasysteme, *Structure-from-Motion*-Verfahren (SfM) oder deren Kombination [60, 61, P7].

Diese Punktwolke kann anschließend in Planungswerkzeuge importiert und somit die virtuelle und reale Welt überlagert werden mit dem Ziel der Anpassung der geometrischen Beziehungen des virtuellen Modells an den realen Aufbau [62]. Eine derartige Aufnahme ist bereits in der Montagephase des Systems durchführbar, weshalb eine Anpassung des offline generierten Programms vor der Inbetriebnahmephase möglich ist. Da die Änderungen im virtuellen Modell verankert sind, treten die Abweichungen bei Ausleitung weiterer Programme ebenfalls nicht mehr auf.

Hindernis für den Einsatz derartiger Systeme für eine OLP liegen darin, dass aufgrund sich addierender Abweichungseinflüsse der Aufnahmeverfahren sowie der roboterspezifischen Abweichungseinflüsse bei der OLP, siehe Abschnitt 2.1.2, keine ausreichende Prozessgenauigkeit erzielt werden kann. Hierfür wird der Ansatz mit Verfahren der sensorgeführten Robotersteuerung kombiniert, die im folgenden Abschnitt detailliert diskutiert werden.

3.1.2 Strategien der robotergestützten Präzisionsmontage

Li und Qiao unterscheiden fünf grundsätzliche Strategien für hochpräzise Montageprozesse [63]:

- Sensorinformationsbasierte Verfahren
- Nachgiebige Mechanismen
- Bedingungsbasierte Verfahren auf Umweltinformationen
- Bedingungsbasierte Verfahren auf Sensorinformation
- Durch den Menschen inspirierte Verfahren

Sensorinformationsbasierte Verfahren generieren ihre Steuerungsbefehle durch die regelbasierte Interpretation von Sensordaten und der Ableitung entsprechender Steuerbefehle. Nachgiebige Mechanismen ergänzen die kinematische Kette um ein weiteres Element, welches durch aktiv regelbare [64] oder passive [65] Nachgiebigkeit Toleranzen ausgleicht. Bedingungsbasierte Verfahren auf Umweltinformationen nutzen dem System inhärente Charakteristiken, beispielsweise bezüglich der Fügepartner, Kinematik und deren physischen Eigenschaften, um erfolgsversprechende Strategien ohne die Nutzung von Sensorinformationen zu generieren [66]. Ein Beispiel ist die Nutzung von bestehenden Fasen und Anschlägen, um ein Fügeteil vorzuzentrieren und damit ein nachfolgendes präzises Einführen zu gewährleisten. Eine Erweiterung dieses Ansatzes stellen bedingungsbasierte Verfahren auf Sensorinformationen dar, die zusätzlich eine Sensordatenverarbeitung in ihre Strategien integrieren [67]. Weiterhin werden in der Forschung Verfahren verfolgt, die die kinematische und muskuläre Struktur des Menschen, insbesondere die der Hände, nachempfinden, um eine menschgleiche Leistung zu erzielen [51]. [63]

Durch den Menschen inspirierte Verfahren sind grundsätzlich sehr potenzialträchtig, jedoch aufgrund ihrer Komplexität und daraus folgendem Einrichtungsaufwand und Kostenintensität nicht wirtschaftlich industriell einsetzbar. Bedingungsbasierte Verfahren nutzen jeweils anwendungsindividuelle Rahmenbedingungen zur Strategiedefinition und entsprechen daher nicht der geforderten Flexibilitätsanforderung. Daher werden im Weiteren die relevanten sensorinformationsbasierten Verfahren sowie nachgiebige Mechanismen untersucht.

Beide Verfahren werden genutzt, um der Anwendung inhärente Ungenauigkeiten auszugleichen. VASCHIERI ET AL. unterscheiden dabei Ungenauigkeitseinflüsse der Umgebung, insbesondere der Vorrichtungen, sowie des Manipulators selbst [68]. Während die aktive Kompensation basierend auf Sensordaten zwar komplexere Steuerungsalgorithmen benötigt, ist sie in mehreren Punkten gegenüber nachgiebigen Strukturen als vorteilhaft anzusehen. Erstens bedingen nachgiebige Strukturen naturgemäß die Aufbringung entsprechender Kräfte und Momente, um ihre Nachgiebigkeit überhaupt nutzen zu können. Dies ist bei der Montage empfindlicher Teile problematisch, da Schäden an Füge- oder Grundteil entstehen können. Eine zu nachgiebige Struktur dagegen würde sich nachteilig auf die Handhabung selbst auswirken, da die wirkenden Beschleunigungen ein entsprechendes Auslenken des Mechanismus verursachen würden. Aktiv gesteuerte Mechanismen beugen diesem durch eine einstellbare Steifigkeit vor, was jedoch zu einer ebenfalls komplexeren Struktur und dem Bedarf der Ansteuerung im Programm führt. Ein weiterer Nachteil nachgiebiger Strukturen ist das Fehlen der exakten Ist-Position der gefundenen Fügestelle, weshalb keine Daten für den Einsatz von maschinellen Lernverfahren zur fortschreitenden Programmoptimierung produziert werden.

Somit konzentriert sich die weiter vertiefte Betrachtung des Stands der Forschung auf die sensorinformationsbasierten Verfahren. Hier sollen visuelle und taktile Verfahren voneinander abgegrenzt werden.

Visuelle Verfahren nutzen Kamerasysteme, um die Ist-Positionen relevanter Objekte zu ermitteln und bei Abweichung die Pose des Manipulators entsprechend anzupassen. Zur Ermittlung der Relativpositionen zweier Fügepartner ist daher entweder die Erfassung beider Partner oder eine fixe kinematische Kopplung der Kamera mit einem Partner und die Erfassung des anderen notwendig. BUSCHHAUS nutzt ein derartiges Kamerasystem, um mit optischen Marken versehene Bauteile präzise unter einem fest zur Kamera orientierten Prozesswerkzeug zu handhaben und erzielt eine Genauigkeitssteigerung des Systems auch hinsichtlich komplexer Prozessbahnen [9, 69, 70]. Problematisch bei derartigen Ansätzen ist einerseits die durch die Kameraauflösung und den Sichtbereich definierte maximale Erfassungsgenauigkeit der Objekte, die Anforderung der Sichtbarkeit der erforderlichen Objekte während des gesamten Montageprozesses sowie die Genauigkeit der Objektposeschätzung. Markenbasierte Poseschätzungsverfahren bieten hierbei höchste Genauigkeit und Robustheit gegenüber Lichtveränderungen. Hierzu müssen jedoch entweder auf den Fügeteilen selbst Marken angebracht sein oder verbleibende Abweichungen zwischen dem markierten Objekt und den tatsächlichen Fügepartnern können nicht berücksichtigt werden. Diese umfassen Toleranzen in der Werkstückträgerpositionierung auf dem Band, des Teils im Werkstückträger sowie des Teils im Greifer. Markenlose Poseschätzungsalgorithmen bieten keine ausreichende Genauigkeit.

Entsprechend liegt der weitere Fokus auf taktilen Verfahren, die eine Ungenauigkeitskompensation durch Auswertung von zwischen den Fügepartnern anliegenden Kräfte und Momente nutzen.

JASIM ET AL. nutzen eine spiralförmige Trajektorie in der Normalenebene des Fügevektors um mittels kontinuierlicher Auswertung der Reaktionskräfte ein Eintauchen des Fügeobjekts in das Basisteil zu erkennen [71]. ZHANG ET AL. erweitern dieses Konzept für die Nutzung eines ambidexteren Manipulator, der gleichzeitig Füge- und Basisteil bewegen kann [72, 73]. ABDULLAH ET AL. analysieren den menschlichen Bewegungsablauf, um daraus Fügephasen für die taktile Steuerung abzuleiten [74]. EHLERS ET AL. erweitern dieses Konzept durch das direkte Tracking des Fügeteils bei der Montage durch einen Menschen mit geschlossenen Augen, um die daraus ableitbaren Fügestrategien auf das System zu übertragen [75]. Während diese Ansätze generell die Machbarkeit der Übertragung menschlicher Fügestrategien zur hochpräzisen Robotermontage mittels taktilen Verfahren unterstreichen, ist ihnen gemein, dass sie nur für spezielle Fügeprozesse einsetzbar sind [71–73], beziehungsweise für jeden Prozess neu eingelernt werden müssen [74, 75].

Andere Forschungsansätze, wie das im Rahmen des Verbundprojekts LIAA entwickelte System *PiTaSC*, nutzen daher elementare Strategiebausteine, die je nach Anwendungsfall kombiniert und parametriert werden können [76]. Auch kommerzielle Systeme, wie *Drag&Bot* oder *Artiminds RPS* bieten derartig kombinier- und parametrierbare Bausteine für die Programmierung taktiler Fügevorgänge an [77, 78]. Diese sind jedoch oftmals für das Konfigurieren und Einrichten am realen System ausgelegt und erfüllen daher die Anforderungen an eine Ad-hoc-Flexibilität nicht. Auch eignen sich die vorgestellten Verfahren insbesondere zur Kompensation sehr kleiner Abweichungen, benötigen also bereits eine gute Ausgangshypothese zur Lage des Fügepunkts. Die Systeme setzen somit implizit eine Kalibrierung am realen System oder ein Teach-In der Punkte voraus.

3.1.3 Forschungslücke und Handlungsbedarf

Im folgenden Abschnitt werden die in den vorangegangenen Abschnitten dargestellten Forschungsansätze der geometrischen Digitalisierung von Arbeitssystemen sowie zur Kompensation von Abweichungen bei präzisen Montageprozessen hinsichtlich der in Abschnitt 2.3.2 definierten Anforderungen zur Steigerung des Automatisierungsgrads diskutiert, siehe auch Bild 4. Hieraus wird ein verbleibender Handlungsbedarf abgeleitet.

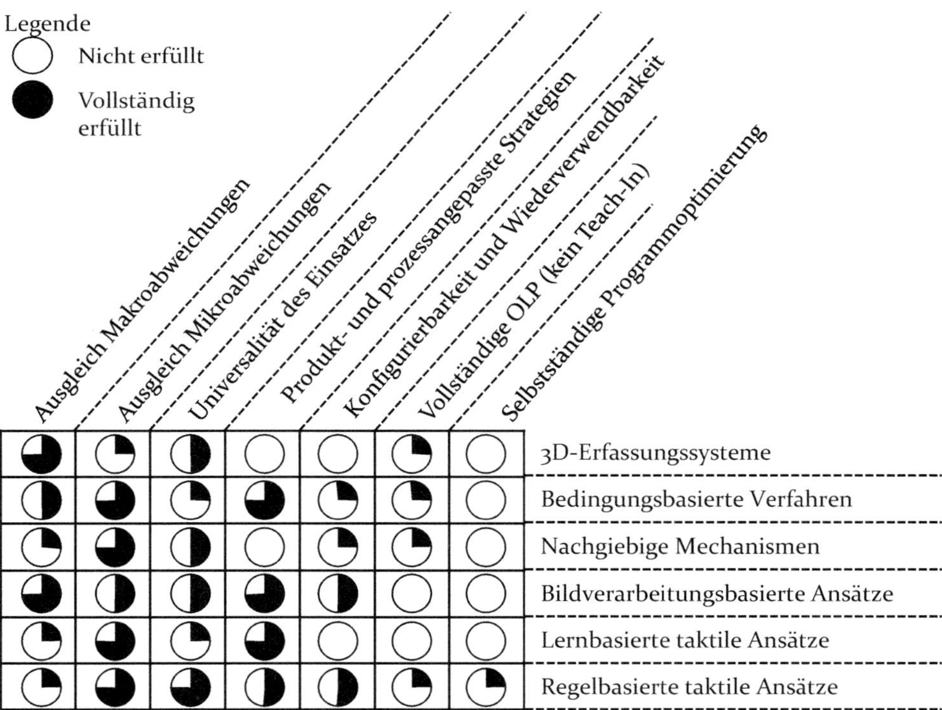

Bild 4: Anforderungen und Erfüllungsgrad bestehender Ansätze zur direkten Roboter-Offline-Programmierung

Ansätze zur Imitation des menschlichen Tastsinns zeigen großes Potenzial für die Umsetzung hochpräziser Robotermontageprozesse. Die existierenden Strategien sind jedoch für den Ausgleich sehr kleiner Abweichungen ausgelegt, benötigen somit bereits eine gute Initialkalibrierung. Daher sind derartige Verfahren mit einer Einrichtung am realen System verbunden. Auch die Parametrisierung von Fügestrategien findet durch praktische Versuchsreihen statt. Entsprechend bedingen derartige Systeme einen hohen Einricht- und Inbetriebnahmeaufwand. Auch in der Betriebsphase sowie bei Anpassungen verursacht die Arbeit am System Produktionsausfälle.

Es besteht somit Handlungsbedarf zur Unterstützung der virtuellen Planung solcher sensorgeführten Montageprozesse hin zu einem ohne manuelle Eingriffe und Stillstände auskommenden OLP-Ansatz. Hierbei stellen die Verbesserung des initialen, per OLP festgelegten Initialprogramms, die Programmerstellung und Parametrierung auf Basis von Bibliotheken und in der Planungsphase bekannten Produktparametern sowie die selbstständige Optimierung des resultierenden Programms Handlungsfelder dar.

Zur Unterstützung der Genauigkeit des Initialprogramms können Verfahren zur 3D-Erfassung eingesetzt werden. Diese werden in der Industrie insbesondere für die Layoutplanung oder zur Navigation mobiler Roboter genutzt. Ein Einsatz derartiger Verfahren für die hochgenaue Kalibrierung virtueller Planungsmodelle zur Ableitung von Roboterinteraktionspunkten ist durch den Stand der Technik nicht abgedeckt. Es fehlt daher eine geeignete Methodik sowie passende Werkzeuge zur effizienten und wirtschaftlichen Umsetzung unter Sicherstellung einer hohen Genauigkeit, die zur Kompensation von Makro-Abweichungen ausreicht. Weiterhin ist zu untersuchen, ob sich diese Verfahren mit den im vorigen Abschnitt beschriebenen Verfahren zur Mikrokompensation derart kombinieren lassen, dass eine direkte Programmausführung ermöglicht wird.

Die Einrichtung und Parametrierung der taktilen Algorithmen muss für den sinnvollen Einsatz einer OLP bereits vor der tatsächlichen Inbetriebnahme durchführbar sein. Zur aufwandsarmen Implementation soll hier eine Wiederverwendbarkeit sichergestellt werden. Dies erfordert eine systematische Eingliederung möglicher Abweichungen als auch einen Baukasten aus anwendungsspezifisch zu kombinierenden Strategien unterschiedlicher Phasen.

Weiterhin stellt die taktile Kompensation von Mikroabweichungen zwar eine Lösung für die Herausforderung hochpräziser Montage dar, erzeugt jedoch naturgemäß zusätzliche zeitbehaftete Inhalte im Montageprozess, die letztlich als Verschwendung zu klassifizieren sind. Im Kontext der Produktivitätsmaximierung ist daher eine Reduzierung dieser Aufwände zielführend. Entsprechend sind datengetriebene Verfahren zu definieren und zu evaluieren sowie auf Basis des zu entwickelnden Abweichungsmodells eine dauerhafte Kompensation der Abweichungen durch Programmadaption umsetzen.

3.2 Funktionale Simulation und Generierung von Trainingsdaten für Systeme zur Handhabung ungeordneter Teile

Die definierte Handhabung ungeordneter Teile stellt einen wichtigen technologischen Fortschritt für die flexible Automatisierung dar [P8]. Kommerzielle Systeme nutzen dabei meist aufwendige Sensorsysteme, um eine hohe Robustheit im Betrieb zu erzielen. Entsprechend sind solche Systeme jedoch sehr kostenintensiv und oft teurer als der Roboter selbst. Für die flexible wirtschaftliche Automatisierung ist daher die steuerungsseitige Erhöhung der Robustheit durch intelligentere Methoden ein wichtiger Forschungsgegenstand. Da selbst aktuelle Routinen, abhängig von eingesetzter Sensorik und zu lokalisierenden Teilen, dabei stark verschiedene Leistungsfähigkeit aufweisen und auch die Kombination mehrerer Methoden zielführend sein kann, ist die Steuerungsentwicklung gegebenenfalls sehr zeitintensiv [79, P9]. Auch werden Besonderheiten beim Einsatz auf künstlichen neuronalen Netzen basierender Routinen diskutiert und insbesondere auf Handlungsbedarfe für die Erstellung annotierter Trainingsdaten eingegangen. Eine virtuelle Funktionsprüfung analog einer klassischen virtuellen Inbetriebnahme zur Vorwegnahme eines Teils des Entwicklungsaufwands verspricht eine Steigerung der Einsatzfähigkeit solcher Systeme, weshalb aktuelle Simulationsansätze im nächsten Abschnitt 3.2.2 untersucht werden.

3.2.1 Einsatz lernender Systeme für den Griff in die Kiste

Im Bereich der Bildverarbeitung, gerade auch für den Griff in die Kiste, stellen auf CNNs basierende Algorithmen den Stand der Forschung dar. Aktuelle Verfahren erzielen selbst auf Basis zweidimensionaler RGB-Daten robuste 6D-Poseschätzungen auf verbreiteten Referenzdatensets, siehe auch Bild 5.

Während die Algorithmen auf Referenzdatensets, die oftmals vor allem Haushaltgegenstände in zufälligen Umgebungen beinhalten, robuste Ergebnisse erzielen, ist eine direkte Übertragbarkeit auf industrielle Anwendungen nicht einfach möglich. HODAŇ ET AL. stellen fest, dass insbesondere bei texturschwachen Teilen, wie sie in der Industrie gebräuchlich sind, selbst aktuelle Forschungsansätze noch verbesserungswürdige Leistung erzielen. Die beste Sensitivität *(Recall)* liegt bei 67,5%, selbst bei relativ geringen Genauigkeitsanforderungen, ein Ausrichtungsfehler bis 2 mm wird als akzeptabel angesehen. [79] BLANK ET AL. zeigen, dass mittels einer synergetischen Kombination verschiedener Erfassungsansätze eine deutliche Steigerung der Erkennungsleistung im Vergleich zum separaten Einsatz möglich ist [P9]. DIETRICH ET AL. schlagen dazu eigene Planungsalgorithmen vor, um teile- und anwendungsspezifische Bildverarbeitungsroutinen aus verschiedenen Ansätzen zu kombinieren [80, 81]. Es bleibt somit festzuhalten, dass es trotz großem Potential kein grundsätzlich für alle industrielle Anwendungen geeignetes Modell für die robuste 6D-Poseschätzung gibt, und daher eine Adaption, Kombination und insbesondere Evaluation des Systems vor einem produktiven Einsatz unerlässlich ist.

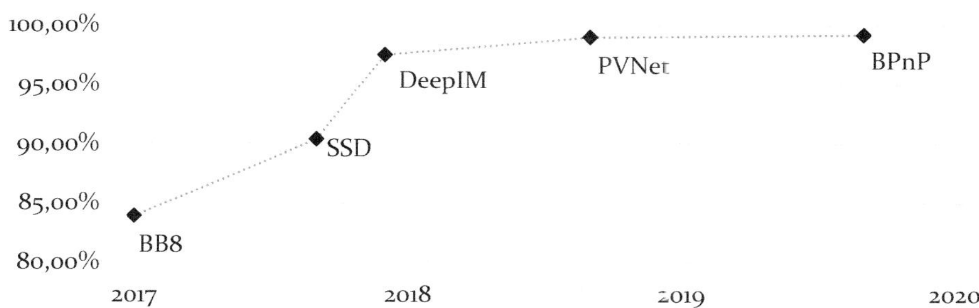

Bild 5: Trefferquote (*Accuracy*) des jeweils leistungsfähigsten Modells für die 6D-Poseschätzung mittels RGB-Bildern auf dem LineMOD Datensatz [82] nach Veröffentlichungsdatum. BB8 [83]; SSD [84]; DeepIM [85]; PVNet [86]; BPnP [87]; Auflistung nach [88]

Da für das Training eine möglichst große Anzahl annotierter Datenpaare Voraussetzung ist, stellt deren Bereitstellung einen signifikanten Anteil des Aufwands beim Einsatz neuronaler Netze dar. Ein manuelles Annotieren der Daten ist zudem ein fehleranfälliger Prozess, wodurch auch die Güte des trainierten Modells beeinträchtigt werden kann. Studien aus verschiedenen Bereichen des maschinellen Lernens legen zudem nahe, dass die Auswirkung der Trainingsdatenmenge auf die Leistung des Systems selbst die Wahl des Algorithmus selbst übertreffen kann [89–91]. Insbesondere beim industriellen Einsatz zur Bildverarbeitung ist für jeden Anwendungsfall ein eigenes Training erforderlich. Gerade hinsichtlich der dargelegten, kritischen Inbetriebnahmezeit ist ein industrieller Einsatz von CNNs mit real aufgenommenen und händisch annotierten Daten nicht realistisch.

Entsprechend gewinnt die Erzeugung synthetischer Trainingsdaten zunehmend an Bedeutung. Hierbei werden verschiedene Strategien für die Überwindung des *Reality Gap*, also die Sicherstellung der Abstraktionsfähigkeit des synthetisch trainierten Netzes auf reale Daten verfolgt. Es werden die *Domain Identification (DI)*, die *Domain Randomization (DR)* sowie die *Domain Adaptation (DA)* unterschieden. [92]

Die *DR* variiert dabei möglichst viele Parameter der Szene, wie Hintergründe, Teilefarben und Beleuchtung, um durch die hohe Heterogenität im Datensatz eine robuste Erkennung des Netzes in einem breiten Variationsspektrum zu ermöglichen, welches dann auch die realen Daten beinhaltet [92]. TOBIN ET AL. evaluieren den Ansatz für die Objektlokalisierung einfacher Grundgeometrien und zeigen, dass ein mittels solcher Daten trainierter Algorithmus auch in der Realität mit einer Fehlertoleranz von 15 mm robuste Ergebnisse erzielt [92]. TREMBLAY ET AL. beschreiben eine Anwendung zur Generierung zufälliger Trainingsdaten hinsichtlich Belichtung, Objekt- und Kameraposen, Texturen, Hintergründen und zufälligen Distraktoren. Die Anwendung generiert neben zweidimensionalen Bildern auch Tiefenbilder, deren Tiefe auf Basis der virtuellen Szene berechnet ist [93].

Im Gegensatz hierzu wird bei der *DI* und *DA* versucht, die synthetischen Trainingsdaten explizit den späteren realen Daten anzunähern. Es findet somit eine künstliche Nachbildung der realen Umgebung statt. Hierbei können Techniken des fotorealistischen Renderns virtueller Szenen (*DI*) sowie der Einsatz generativer Verfahren *(DA)*, insbesondere von Generative Adverserial Networks (GAN), zielführend sein [92, 94, 95]. Aufgrund des Aufwands zum Training von GANs, welches jeweils wieder selbst anwendungsspezifische Trainingsdaten erfordert, wird insbesondere auf das fotorealistische Rendern von Szenen im Sinne einer *DI* abgestellt, welches rein virtuell stattfinden kann.

SU ET AL. nutzen *DI* für das Training eines CNNs zur Schätzung des Betrachtungswinkels von Objekten in RGB-Bildern [96]. DOSOVITSKIY ET AL. verwenden Renderings für das Training eines Systems zur Schätzung des optischen Flusses zwischen mehreren Bildern [97]. HINTERSTOISSER ET AL. zeigen die Funktionalität eines auf gerenderten Bildern basierendem Objekterkennungsverfahrens [98]. In allen behandelten Verfahren werden gerenderte Objekte zufällig vor einem Hintergrund, beispielsweise einer realen RGB-Aufnahme dargestellt. HODAŇ ET AL. verweisen darauf, dass derartige Verfahren verbessert werden können, wenn die synthetischen Darstellungen in die Szene integriert werden können und somit realistisch von Verdeckungen und Beleuchtungseffekten betroffen und in physikalisch korrekter Anordnung mit anderen Objekten dargestellt sind. Weiterhin wird anstatt shader-basierter Renderverfahren Ray-Tracing verwendet, was eine weitere Steigerung der Realitätstreue, insbesondere hinsichtlich globaler Streulichteffekte und Transmission und Reflektion ermöglicht. Jedoch werden für die Erstellung des Datensatzes 400 Rechencluster bestehend aus 16-Kern-CPUs mit jeweils 112 GB RAM verwendet, was für den industriellen Einsatz einen nicht darstellbaren Aufwand bedeutet. [99]

3.2.2 Simulation von Bin-Picking-Systemen

Die kinematische Simulation von Bin-Picking-Systemen wird von SCHYJA und KUHLENKÖTTER betrachtet. Hierbei wird mittels einer Physiksimulation eine randomisierte Kistenfüllung generiert und der Griff der Teile simuliert. Zur Simulation des Roboterverhaltens wird ein Modul zur Robotersteuerungssimulation (RCS-Modul) eingesetzt. Die Simulation erlaubt Rückschlüsse auf Leistungsmerkmale, beispielweise den durchschnittlichen Entleerungsgrad verschiedener geometrischer und kinematischer Alternativen (Greifergeometrie, Manipulator, Layout) [100]. Die beteiligte Sensorik wird nicht betrachtet. Vielmehr wird eine anhand der Simulation berechnete Bauteilpose des jeweils höchsten Bauteils genutzt. [101]

FUR ET AL. erweitern das Konzept von SCHYJA ET AL. um die Simulation eines Laserscanners. Die Sensordaten werden dabei anhand der *Raycasting*-Methode erzeugt, bei der der Strahlengang einzelner Lichtstrahlen iterativ simuliert wird. Ergebnis der Sensorsimulation stellt eine ideale Punktwolke ohne Farbinformation dar, die durch Überlagerung mit Gaußschen Filtern mit künstlichem Rauschen versehen wird. [102, 103] Die so gewonnenen Tiefenformationen werden prototypisch auch für das Anlernen eines punktwolkenbasierten neuronalen Netzes verwendet [104].

SONG ET AL. nutzen eine virtuelle Tiefenkamera zur Umwandlung eines CAD-Modells in eine farblose Punktwolke. Diese dient als Suchvorlage für ein tiefendatengestütztes Bin-Picking System. Die Punktwolke entsteht durch die Fusion von geometrisch berechneten Tiefeninformationen verschiedener Blickwinkel. Eine Berücksichtigung der optischen Eigenschaften bei der Tiefenbildermittlung findet nicht statt. [105, 106]

3.2.3 Forschungslücke und Handlungsbedarf

CNN-basierte Verfahren versprechen großes Potential robuster Bildverarbeitungssysteme ohne den Bedarf kostenintensiver Sensorik, insbesondere auch im Kontext der Handhabung unsortierter Teile. Ein inhärentes Problem dieser Verfahren stellt jedoch der Bedarf großer annotierter Datenmengen für das Einlernen, sowie die Beurteilbarkeit der Systemleistung vor deren Umsetzung dar. Selbst aktuelle Verfahren sind oftmals nicht in der Lage, ohne weitere Adaption oder Kombination ausreichend genaue Poseschätzungen für einen Einsatz in Montageprozessen zu gewährleisten. Aus diesem Grund müssen derartige Systeme nach dem Aufbau aufwandsintensiv entwickelt, trainiert und evaluiert werden. Die Inbetriebnahme- und Hochlaufphase ist dementsprechend lang, weshalb die industrielle Verbreitung gering ist.

Umgesetzte Verfahren zur Simulation von Bin-Picking-Systemen betrachten dabei entweder zentrale Systemkomponenten nicht und sind deshalb für einen umfassenden virtuellen Test der Anwendung ungeeignet oder vereinfachen gerade die Sensorik derart, dass eine realistische Abbildung realer Sensordaten für die Validierung der Systemleistung nur unzureichend möglich ist. Gerade die Beaufschlagung eines idealen Tiefenbilds mit zufälligem Rauschmuster entspricht dabei nicht dem tatsächlichen Sensordatenprofil, welches insbesondere von den optischen Eigenschaften der erfassten Objekte in Abhängigkeit von deren Lage zum Sensor sowie den Umgebungsbedingungen abhängt.

Ein weiterer Forschungsbedarf betrifft die Beschaffung der für das Training des Systems benötigten Daten. Zwar existieren Ansätze zur synthetischen Trainingsdatengenerierung, diese sind jedoch entweder zu wenig realistisch zur Erzielung einer robusten Erkennungsleistung oder erfordern für den industriellen Einsatz unrealistische Berechnungskapazitäten. Weiterhin zeigt sich, dass rein synthetisch trainierte Modelle in ihrer Leistung hinter mittels realer Daten trainierter Systeme zurückbleiben. Der für die Annotation realer Daten benötigte Aufwand bleibt weiterhin problematisch. Es besteht somit ein weiterer Handlungsbedarf zur effizienten oder automatisierten Generierung benötigter, synthetischer und realer Trainingsdaten für industrielle Bin-Picking-Anwendungen. Eine Übersicht der bestehenden Ansätze und verbleibender Handlungsbedarfe ist in Bild 6 dargestellt.

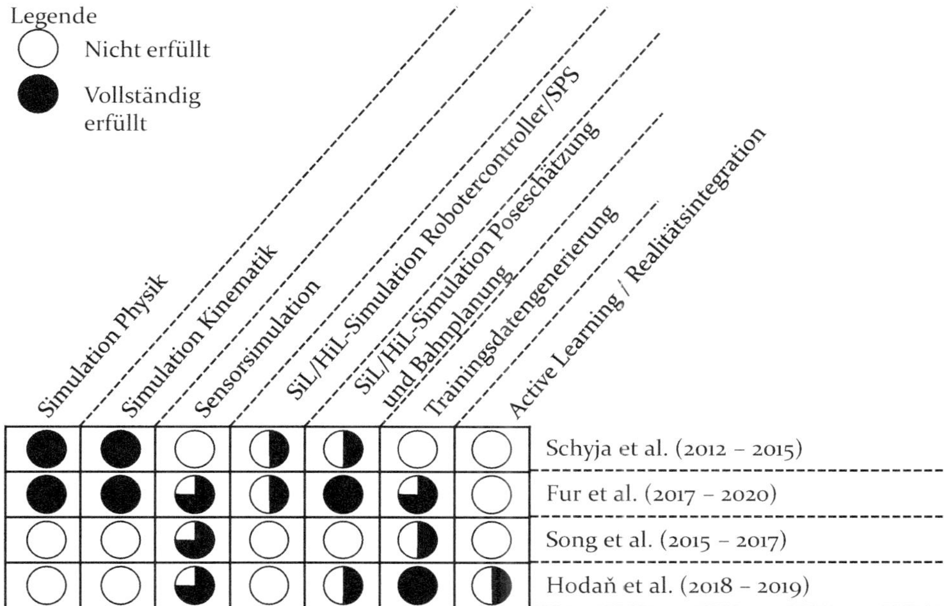

Bild 6: Anforderungserfüllung bestehender Ansätze zur umfassenden Entwicklung und Simulation von Bin-Picking-Systemen unter Berücksichtigung CNN-basierter Verfahren

3.3 Simulation von Mensch-Roboter-Kollaborationssystemen

Hybride Montagesysteme, insbesondere Systeme mit direkter Mensch-Roboter-Interaktion, enthalten sowohl Aspekte manueller als auch automatisierter Montagesysteme. Wie in Abschnitt 0 gezeigt, werden für derartige Systeme grundlegend verschiedene Planungstechniken angewandt. Aufgrund der oft geringen Komplexität manueller Systeme und der gleichzeitig großen Bedeutung der Akzeptanz des Werkers werden für manuelle Systeme zumeist einfache Nachbauten des geplanten Systems aus Kartonagen realisiert. Durch den Workshopcharakter dieser Planungsmethode werden die Werker und ihr Erfahrungswissen in den Prozess einbezogen. Besonders gruppendynamische Effekte spielen hier eine wichtige Rolle in der Lösungsfindung. Im Nachgang kann schließlich eine ergonomische Analyse des in einer Simulationssoftware modellierten Arbeitsplatzes mittels einer Menschsimulation erfolgen.

Die weit höhere Komplexität automatisierter Systeme erfordert den Einsatz von virtuellen Simulationsmethoden, um das Anlagenverhalten realitätsgetreu vorhersagen und optimieren zu können.

Hybride und MRK-Systeme stehen im Spannungsfeld dieser Planungsansätze. Einerseits ist das Erfahrungswissen des Werkers auch bei hybriden Systemen von zentraler Bedeutung und die Akzeptanz des Werkers ist als grundsätzlicher Erfolgsfaktor identifiziert [107]. Andererseits erfordert die automatisierte Komponente des Systems eine komplexitätsangemessene Planung, die nur durch virtuelle Simulation gewährleistet wird. Die rein virtuelle Simulation von Menschen ist hierbei aufgrund ihres deterministischen Verhaltensmodells für die Abbildungen einer Interaktion zwischen Mensch und Roboter jedoch unzureichend [P5]. Ein Planungssystem für MRK-Applikationen muss somit Anforderungen an beide etablierte Planungsansätze synergetisch vereinen.

3.3.1 Anforderungen an die Simulation von MRK-Systemen

Grundsätzlich dient die Simulation automatisierter Systeme der Verifizierung des Systemverhaltens. Für robotergestützte Automatisierungssysteme setzt dies die realistische Nachbildung des Steuerungsverhaltens sowie des Roboterverhaltens in der Simulation voraus. Eine realistische Abbildung der Steuerungsverhaltens in einer Simulation wird unter dem Begriff der virtuellen Inbetriebnahme (VIBN) subsummiert [P1]. Hierfür ist eine Abbildung des Verhaltens verwendeter Sensorik sowie Aktorik Voraussetzung. Als Spezialfall eines Aktors ist für die Absicherung von MRK-Applikationen weiterhin auch die realistische Abbildung des Roboterverhaltens, also seiner Bewegung sowie seiner Steuerung, nötig. Die realistische Verhaltensabbildung in der Simulation setzt weiterhin zwingend eine direkte Übernahme entwickelter Steuerungsalgorithmen für die SPS als auch den Roboter voraus. Diese ist dadurch bedingt, dass insbesondere für Sicherheitsbetrachtungen Änderungen des Programms eine Neubewertung des Systems erfordern, was den Nutzen einer virtuellen Absicherung neutralisiert.

Um die Integration realistischen menschlichen Verhaltens in die Simulation zu ermöglichen, ist eine Bewegungserfassung des Menschen vonnöten. Eine rein deterministische Verhaltensprogrammierung analog klassischer Ergonomiesimulationssysteme ist für die Abbildung der Variabilität des menschlichen Verhaltens, insbesondere auch hinsichtlich Fehlverhaltens, unzureichend [P5]. Dieses ist jedoch explizit Teil des Betrachtungsumfangs bei der Gefährdungsbeurteilung [12].

Wie in Abschnitt 2.3.1 dargelegt, stellen die Hände in der Abbildung *manueller* Prozesse ein Kernelement dar. Jedoch sind für Ergonomie- und Sicherheitsbetrachtungen auch die nicht direkt für den Prozess genutzten Gliedmaßen des Körpers relevant und müssen daher auch Berücksichtigung finden. Es muss somit eine Bewegungserfassung des Gesamtkörpers mit detaillierter Abbildung der Hände sowie eine virtuelle Abbildung dieser erfolgen.

Die so erzielten Bewegungsdaten des Menschen sollten möglichst direkt für eine Ergonomiebewertung nutzbar sein, um einen Doppelaufwand in der Bewertung zu vermeiden.

Da das menschliche Verhalten in MRK-Systemen naturgemäß nicht unabhängig betrachtet werden kann und insbesondere eine Interaktion und Reaktion Teil des Betrachtungsumfangs sein muss, ist auch eine intuitive Visualisierung der Simulation als virtuelle Realität (VR) zur Laufzeit erforderlich. Die Visualisierung sollte hierbei aus der Egoperspektive des Nutzers erfolgen.

Eventuell genutzte Werkzeuge oder vorhandene Infrastrukturelemente müssen ebenfalls in der Simulation und der VR widergespiegelt werden. Einerseits sind Werkzeuge und Werkstücke Teil des Systems und somit auch in der Auslegung und Gefährdungsbeurteilung der Applikation zu berücksichtigen. Weiterhin ist das Simulieren eines Prozesses ohne die tatsächlich genutzten Prozesswerkzeuge und Werkstücke wenig zielführend. Eventuell im Raum aufgebaute Repräsentationen des geplanten Systems sind ebenso wichtiger Bestandteil der VR, da diese sonst vom Nutzer nicht mehr wahrnehmbar sind.

Um die Nutzbarkeit im industriellen Alltag sicherzustellen, ist eine Kompatibilität mit kommerziellen CAD-und PLM-Systemen, beziehungsweise standardisierten Austauschformaten, wünschenswert. Auch eine herstellerunabhängige Übertragbarkeit der Systematik auf verschiedene Roboter-, Steuerungs- sowie Simulationssoftwaretypen stellt eine wichtige Voraussetzung für eine Praxisanwendung dar.

3.3.2 Stand der Forschung zur Simulation von MRK-Systemen

Die Forschung zur Planung von MRK-Systemen ist stark fokussiert auf die Identifizierung von Automatisierungspotenzialen sowie die Bewertung der MRK-Eignung von Arbeitsplätzen. Dieser Identifizierung folgt in der Realität die Umsetzung der identifizierten Applikationen nach, welche aufgrund der Komplexität der Planungsaufgabe sowie der Sicherheitsaspekte sehr aufwendig ist.

Zur tatsächlichen Umsetzung, also der Ausgestaltung, Programmierung, Absicherung und Inbetriebnahme, von MRK-Applikationen können zwei Forschungsströme identifiziert werden. Die erste Strömung beschäftigt sich mit der Integration von Robotiksimulation und Ergonomiesimulationswerkzeugen zur Bewertung der Zusammenarbeit von Mensch und Roboter. [P5]

BUSCH ET AL. integrieren dazu ein aus der Charakteranimation stammendes, DHM in ein OLP-Werkzeug zu Abstimmung der Bewegung des Roboters auf den Menschen sowie die Bewertung der ergonomischen Aspekte des resultierenden Arbeitssystems. Die menschlichen Bewegungen sind dabei als deterministischer Ablauf vorprogrammiert. [108–110]

BONIN ET AL. verwenden einen ähnlichen Ansatz, jedoch wird die Bewegungssequenz des DHM hier im Voraus mittels eines MCS aufgezeichnet, und als Ablaufsequenz in die Robotersimulation importiert [111].

ORE ET AL. definieren einen iterativen, mehrphasigen Prozess, bei dem die Arbeitsstation hinsichtlich Robotererreichbarkeit ausgelegt, dann mittels eines DHM Kollaborationsprozesse simuliert und anschließend multikriteriell optimiert werden [112, 113].

HEINZE ET AL. simulieren MRK-Systeme durch die Kombination verschiedener vordefinierter Aktionen aus einer Bibliothek, die entweder den Menschen oder den Roboter als Akteur beinhalten. Die menschlichen Bewegungsabläufe können dabei auch über MCS aufgenommen und dann als Aktion in die Bibliothek aufgenommen werden. [114]

GLOGOWSKI ET AL. unterscheiden in ihrem Konzept zur MRK-Simulation die manuelle und automatisierte Domäne. Einerseits werden in der manuellen Domäne ergonomische, sicherheitsrelevante und ökonomische Aspekte beleuchtet. Roboter und Peripherie werden separat hinsichtlich automatisierungsrelevanter Kriterien analysiert. Schließlich erfolgt eine gemeinsame Simulation, bei der durch die Integration des Robot Operating System (ROS) in eine Ergonomiesimulation die Interaktion der Domänen visualisiert wird. Hierbei ist die menschliche Aktion deterministisch vorgegeben, der Roboter kann durch eine Vorsimulation in Grenzen auf das definierte menschliche Verhalten reagieren. [115, 116]

Die zweite zu identifizierende Strömung in der Simulation von MRK-Systemen zielt auf eine möglichst realistische Visualisierung der virtuellen Simulation mittels VR-Technologien aus der Egoperspektive. De Giorgio et al. integrieren hierfür die Kinematik eines Industrieroboters in eine Spieleentwicklungsumgebung (SEU) und erlauben damit eine VR-Visualisierung sowie eine Steuerung der Roboterbewegung durch einen Spielecontroller (SC) [117].

Kim et al. nutzen ebenfalls einen SC sowie eine Visualisierung auf Basis einer SEU zur Simulation. Hierbei dient der SC jedoch als Steuerung einer virtuellen Hand, mit welcher der Operator eine Handhabungsaufgabe in der Simulation durchführt. Die Simulation wird als Nutzerstudie zur Akzeptanz von MRK-Applikationen genutzt. [118]

Matsas et al. nutzen ebenfalls eine SEU als Grundlage der Simulation, erlauben jedoch durch Nutzung eines MCS zur Ganzkörpererfassung (GKE) die Abbildung eines DHM in dieser. Das System dient zur Beurteilung der Applikation sowie dem Training künftiger Nutzer. [119–121]

Die Einbindung einer realistischen Robotersteuerung in eine immersive Simulation wird von Gammieri et al. vorgestellt. Hierbei wird eine emulierte Industrierobotersteuerung an ein Visualisierungsframework angeschlossen, um den Prozess in einer *Cave*-Anordnung zu visualisieren. [122]

Dahl et al. entwickeln eine Visualisierungsschnittstelle für eine kommerzielle Roboter- und Ergonomiesimulations-Umgebung, um die Simulation stereoskopisch auf einem VR-HMD darstellen zu können. Unter Nutzung zweier SC werden die Hände eines in die Simulation integrierten DHM positioniert. Eine Interaktion mit der Simulation ist durch Auslösen von Befehlen durch die SC begrenzt möglich. [123]

3.3.3 Forschungslücke und Handlungsbedarf

Im nachfolgenden Abschnitt erfolgt eine Diskussion der vorgestellten verwandten Forschungsansätze anhand der definierten Anforderungen, um den verbleibenden Forschungsbedarf herzuleiten, und später eine Abgrenzung der eigenen Forschungsarbeit zu ermöglichen.

Die Ansätze der ersten Forschungsrichtung ermöglichen eine Abbildung und ergonomische Analyse des geplanten Verhaltens des Werkers, können jedoch Interaktionen nur unzureichend abbilden, da das menschliche Verhalten entweder bereits im Vornherein programmiert wird [108–110, 113, 115, 116] oder aber mittels MCS aufgenommen wird, ohne dabei die automatisierten Anlagenteile entsprechend für den Operator zur Laufzeit zu visualisieren [111, 114]. Die menschliche Simulationskomponente beruht somit auf einer Aufzeichnung, die abgespielt wird. Problematisch ist weiterhin die Repräsentation des Roboter- und Anlagenverhaltens, welches hierbei oftmals nur angenähert ist [115, 116]. Da somit die simulierten Abläufe und Wegpunkte nicht direkt auf den realen Roboter übertragbar sind, sind die erzielten Ergebnisse hinsichtlich Zykluszeiten aber auch Sicherheitsaspekten nur bedingt repräsentativ. Auch eine virtuelle Inbetriebnahme der Anlagensteuerung ist nicht vorgesehen. Mangels einer VR-Visualisierung oder einer Einflussmöglichkeit auf die Simulation durch einen Operator ist auch keine Schulung der Werker möglich [108–116]. Die Ansätze sind daher zwar für die grobe Layoutgestaltung, jedoch ohne Erfahrungsrückfluss der Werker, teilweise hilfreich; für die Programmierung, Absicherung und Schulung jedoch wenig geeignet.

Der zweite Forschungsansatz adressiert diese Aspekte durch eine realistische VR-Visualisierung. Die hierbei verwendeten SEUs erzeugen hier jedoch die Einschränkung, dass das Roboter- und Anlagenverhalten meist nur nachempfunden wird, und daher ebenfalls nicht als repräsentativ für die echte Anlage angesehen werden kann [117–121]. Eine virtuelle Inbetriebnahme der Roboteranwendung ist nicht vorgesehen. Der Mensch wird dabei meist stark vereinfacht abgebildet, was eine detaillierte Analyse ergonomischer und sicherheitsrelevanter Aspekte verwehrt. Die fehlende Intuitivität manueller Interaktion, die nur abstrahiert [119–121] oder durch SC [117, 118, 123] umgesetzt ist, erschwert zusätzlich die Einsetzbarkeit in Workshops und Schulungen. Da auch keine Aufzeichnung der Bewegungen vorgesehen ist, sind Simulationsergebnisse weder reproduzier- noch direkt vergleichbar. Eine weitere Einschränkung betrifft den Aufwand zur Simulationserstellung. Da SEU keine direkte Kompatibilität zu etablierten CAD-Formaten besitzen, ist die Nachmodellierung, insbesondere kinematischer Abhängigkeiten, in der SEU nötig. Eine Rückführung der Ergebnisse, beispielsweise geänderte Layouts, in kommerzielle CAD- oder PLM-Systeme ist dadurch auch beeinträchtigt. Weiterhin bieten SEUs keine Schnittstellen zu industriellen Kommunikationsprotokollen oder Steuerungssimulationen. Eine OLP oder VIBN ist daher in den dargestellten SUE-Ansätzen nicht möglich. Die Integration der quasistatischen Umgebung oder dynamischer bewegter Werkzeuge oder Werkstücke aus dem realen Raum in die VR wird ebenfalls nicht betrachtet.

Hinsichtlich der umfänglichen virtuellen Abbildung von MRK-Systemen zum Design, der Analyse sowie der Absicherung besteht somit, bezugnehmend auf die oben definierten Anforderungen, weiterhin Handlungsbedarf, wie aus Bild 7 ersichtlich.

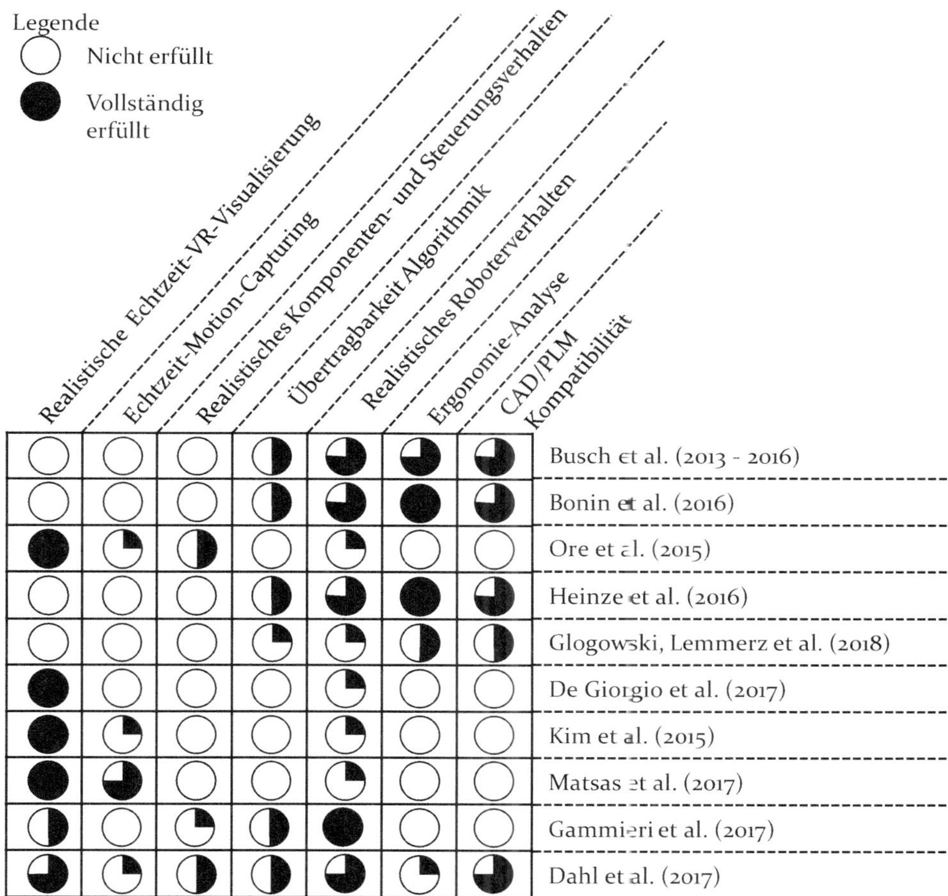

Bild 7: Anforderungen an ein Simulationssystem zur umfänglichen virtuellen Abbildung von MRK-Applikationen in Anlehnung an [P10, 124]

4 Plug-and-Produce-Robotersysteme durch erweiterte Offline-Programmierung und selbstständige Programmadaption

Die Ausleitung direkt funktionaler Roboterprogramme, auch für präziseste Montagevorgänge, erfordert die Kompensation der das Montagesystem betreffenden Genauigkeitseinflüsse, siehe Abschnitt 4.1, sowie die methodische Definition und Vorbereitung zur Ermöglichung eines effizienten Einsatzes, siehe Abschnitt 4.2.

4.1 Methodische Systemkomponenten einer plug-and-produce-fähigen Offlineprogrammierung

Die Methode kompensiert sowohl fixe, makroskopische Abweichungen durch digitale Angleichung der Planungsumgebung an das reale System, siehe Abschnitt 4.1.1, als auch mikroskopische Abweichungen, die aus den oben hergeleiteten Genauigkeitseinflüssen resultieren, durch taktile Montagestrategien, siehe Abschnitt 4.1.2. Mittels maschineller Lernverfahren werden die dabei gewonnen Daten zur adaptiven Optimierung des Programms hinsichtlich verschiedener definierter Abweichungskategorien genutzt, siehe Abschnitt 4.1.3.

4.1.1 Geometrische Digitalisierung realer Arbeitssysteme zur Erzeugung einer realistischen Planungsszene

Um die Abweichungen und somit den Adaptionsaufwand bei der OLP möglichst gering zu halten, ist die Anpassung der virtuellen Planungsszene an die reale Welt oder die Integration der realen Welt in diese nötig. Hierfür wird die reale Welt mittels Erfassungstechnologien aufgenommen und aus den erhaltenen Messdaten ein dreidimensionales Modell in Form von Punktwolken generiert. Da zur Planung Flächenmodelle benötigt werden, und die aufgrund der unterschiedlichen Erfassungszeitpunkte gegebenenfalls abweichenden Daten der globalen und lokalen Erfassung kompensiert werden müssen, wird die in Bild 8 dargestellte Methodik vorgestellt. Die globale Erfassung bezeichnet dabei die Erfassung gesamter Gebäude(-teile) oder Produktionsbereiche unabhängig von tatsächlichen Planungen. Die lokale Erfassung bezieht sich auf eine gezielte Erfassung bestimmter Arbeitsplätze, Anlagen oder Linien für eine konkrete Planungsaufgabe.

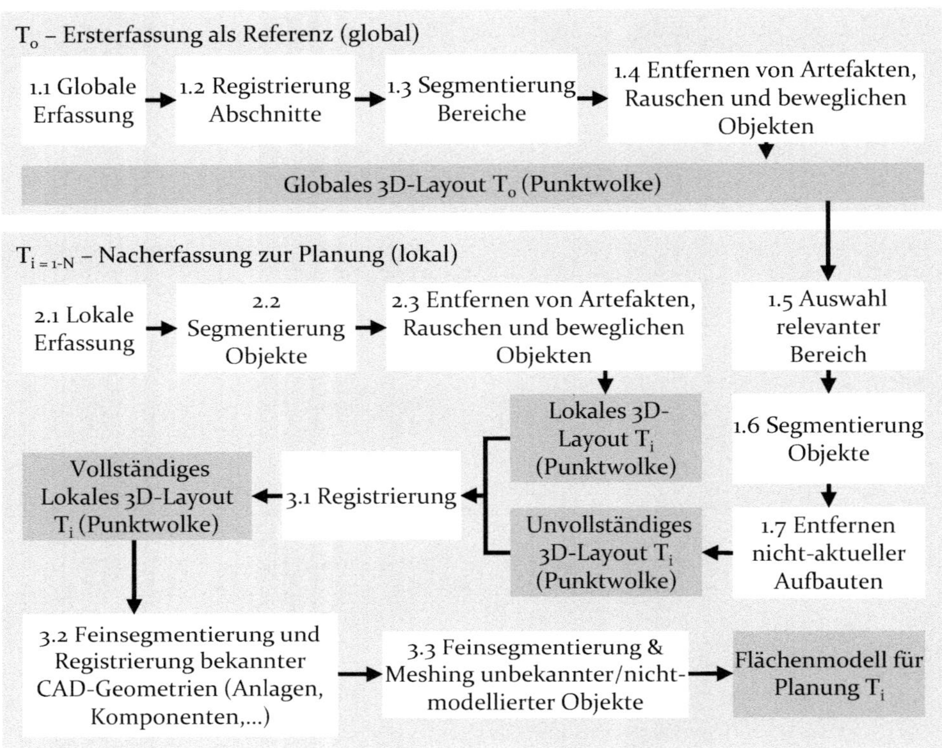

Bild 8: Methodik zur Erzeugung eines aktuellen Flächenmodells zur Planung und OLP

Globale Ersterfassung

In einem ersten Schritt wird dabei einmal die komplette Fabrik erfasst (Schritt 1.1, Bild 8). Die erste Erfassung dient einerseits der Darstellung eines gesamtheitlichen Ist-Zustandes, weiterhin jedoch auch der Ermittlung statischer Layouteinflüsse wie bauliche Beschränkungen und Medienzugänge. Für die globale Erfassung werden statische oder mobile Erfassungssysteme auf Basis von LiDAR-Systemen, kombiniert mit einer RGB-Aufnahme genutzt, die eine entsprechende Reichweite und Genauigkeit zur großflächigen Erfassung bieten [P11]. Da die Erfassung der gesamten Fabrik mittels einer Aufnahme nicht möglich ist, müssen in einem weiteren Schritt die erfassten Abschnitte registriert werden (Schritt 1.2). Dies kann händisch, durch das Übereinanderlegen von in überlappenden Bereichen vorhandenen Marken sowie durch automatisierte, iterative Optimierung der Registrierung anhand des mittleren quadratischen Fehlerterms der Abweichungen überlappender Abschnitte nach [125] erfolgen. Da für die Planung selten das gesamte Werkslayout benötigt wird, kann es, beispielsweise anhand von Produktionsbereichen oder Zonen manuell segmentiert werden (Schritt 1.3). Siehe hierzu auch Bild 9. Anschließend werden durch Änderungen zwischen den Erfassungen bedingte Artefakte, durch Sensorrauschen und Messfehler bedingte Ausreißer sowie gegebenenfalls bewegliche Objekte entfernt (Schritt 1.4). Während das Entfernen von Artefakten, sowie Rauschen und Messfehlern automatisiert erfolgt, ist die Bereinigung um bewegliche Objekte, falls diese in allen Aufnahmen am selben Ort vorhanden sind, ein manueller Prozess. Als Ergebnis dieser Phase besteht somit ein globales, nachbearbeitetes und gegebenenfalls nach Bereichen segmentiertes Layout der Fabrik zum Erfassungszeitpunkt T_0.

Bild 9: Beispiel eines segmentierten Fertigungsbereichs einer globalen Erfassung

Entfernen veralteter Bereiche

Da nicht davon ausgegangen werden kann, dass das vorliegende Layout zu den späteren Planungszeitpunkten T_i uneingeschränkt gültig ist, wird das vorhandene Layout aktualisiert. Eine vollständige Neuaufnahme des Bereichs durch das globale Erfassungssystem analog der Schritte 1.1 – 1.4 wäre nicht effizient. Weiterhin reicht die für die globale Erfassung technisch bedingte beschränkte Auflösung der Punktwolke für die Detailplanung und insbesondere OLP nicht aus.

Daher wird der für die Planung relevante Bereich des globalen Layouts als Grundlage verwendet (Schritt 1.5). In diesem werden nun einzelne Objekte, Anlagen und Infrastrukturelemente segmentiert und gegebenenfalls kategorisiert (Schritt 1.6) und nicht-aktuelle Aufbauten entfernt (Schritt 1.7). Somit besteht ein nach Objekten segmentierter Ausschnitt des Layouts mit zum Zeitpunkt T_1 aktualisierten Objekten gegenüber der Ersterfassung zu T_0.

Lokale Neuaufnahme

Die fehlenden Bereiche werden in der erforderlichen hohen Auflösung mittels einer lokalen Erfassung auf Basis handgeführter Sensorik und der Datenfusion mittels Verfahren des *Simultaneos Localization and Mapping* (SLAM) oder der Photogrammetrie aufgenommen (Schritt 2.1). Bei SLAM-Verfahren wird basierend auf der ersten 3D-Sensoraufnahme eine Karte angelegt. Jede weitere Sensoraufnahme wird anhand ihrer Überlappung mit der bereits bestehenden Karte darin lokalisiert und die Karte um eventuell zusätzliche Umgebungsinformationen erweitert. [126, 127] Hierfür werden zumeist Stereokameras und ToF-Kameras eingesetzt, siehe auch Abschnitt 2.3.1. In der Szene angebrachte Marken unterstützen dabei die Fusion und erhöhen die resultierende Genauigkeit der Aufnahme. Bei der Photogrammetrie, insbesondere der *SfM*-Variante, werden zahlreiche RGB-Aufnahmen des zu digitalisierenden Objekt aufgenommen [128, 61]. In einem ersten Schritt werden diese Aufnahmen auf eindeutige, invariante Merkmale untersucht, die aus verschiedenen Blickwinkeln und Entfernungen erkennbar sind [129, 130]. Ist ein Merkmal in mehreren Bildern vorhanden, kann über die relative Position in jedem Bild auf die geometrische Abhängigkeit der Aufnahmepunkte zueinander geschlossen werden [131–134]. Sind diese durch Analyse aller mehrfach aufgenommenen Merkmale bekannt, wird anhand dieser die räumliche Lage der charakteristischen Merkmale rekonstruiert [134, 135]. Diese *Sparse Reconstruction* bildet den groben, dreidimensionalen Aufbau des Objekts nach [132, 136]. In einem zweiten Schritt wird nun anhand der restlichen RGB-Information aus den unterschiedlichen Blickwinkeln die Auflösung der dreidimensionalen Rekonstruktion erhöht indem für jeden Pixel anhand der ähnlichsten Bilder die Tiefeninformation berechnet wird, die Szene wird hierdurch verdichtet (*Dense Reconstruction*) [137–140]. [141, 142] Die so gewonnene Punktwolke wird durch die Angabe eines Abstands bekannter Punkte oder über die Fehlerminimierung eines Teilausschnitts mit einem bekannten Modell skaliert. Die so generierte lokale Erfassung wird nun ebenfalls auf Objektebene segmentiert (Schritt 2.2) und bereinigt (Schritt 2.3).

Die aktuelle lokale Karte wird nun in der fragmentierten globalen Karte anhand deren Überlappungen analog der für Schritt 1.3 genannten Verfahren registriert (Schritt 3.1). Folglich existiert anschließend eine aktuelle, ausreichend detaillierte Aufnahme des zu planenden Bereichs als Punktwolke, siehe auch Bild 10.

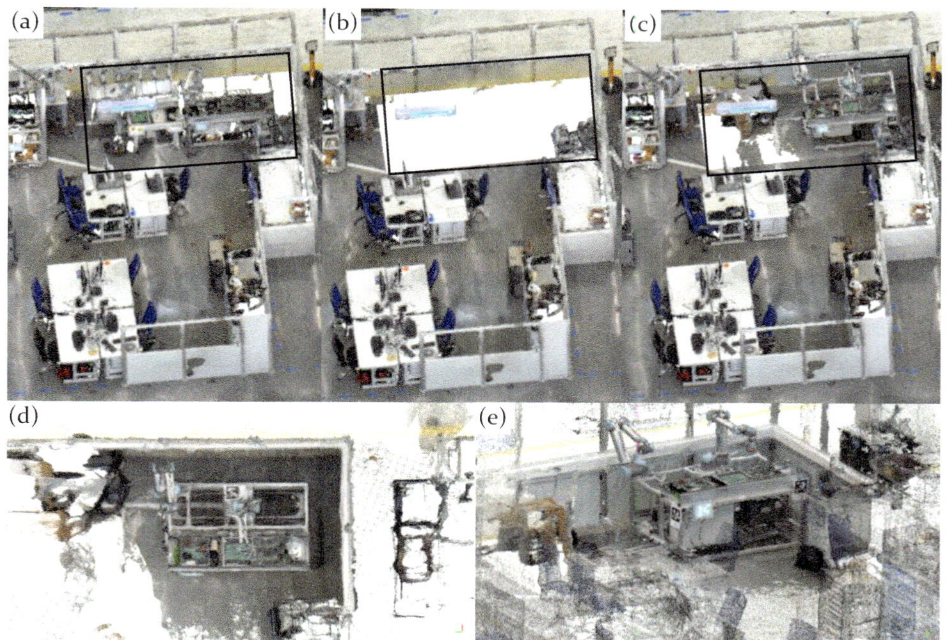

Bild 10: Integration einer lokalen Neuaufnahme in ein fragmentiertes Weltmodell; (a) Weltmodell zum Zeitpunkt T_0; (b) Unvollständiges Layout zu T_1; (c) Vollständiges Layout zu T_1; (d,e) Differenz in der Aufnahmeauflösung eines globalen und lokalen Scans

Umwandlung in Oberflächenmodell

Die Punktwolke muss für die Nutzung zur Planung noch in ein Flächenmodell überführt werden. Hierbei wird zwischen bekannten Objekten, für die ein umfassendes CAD-Modell vorliegt, und nicht-modellierten Objekten unterschieden. Bekannte Objekte mit CAD-Modell sind beispielsweise Maschinen und Anlagen. Bekannte, aber nicht modellierte Objekte umfassen manuelle Arbeitsplätze, Verkabelungen oder Leitungen. Eine Mischform stellen hier Roboter und andere dynamische Maschinen dar, für die zwar CAD-Modelle vorliegen, diese aber nicht unbedingt die aktuelle Konfiguration widerspiegeln. Aufgrund des dynamischen Charakters der Objekte ist jedoch eine genaue Abbildung der Pose zum Zeitpunkt T_1 nicht nötig. Hier wird eine Registrierung des ersten (statischen) Glieds der kinematischen Kette mittels des CAD-Modells durchgeführt und somit die Transformation des Roboter-Basiskoordinatensystems zum Weltkoordinatensystem aktualisiert.

Die Registrierung als CAD-Modelle vorhandener Objekte erfolgt durch einen mehrstufigen Prozess. Zuerst wird aus dem Oberflächenmodell der

CAD-Geometrie eine Punktwolke durch *Subsampling* gewonnen [143]. Dieses wird manuell durch Auswahl korrespondierender Punkte oder automatisiert [144, 145] im Layoutmodell registriert. Die letztlich resultierende Transformation des Objekts wird anschließend auf das CAD-Modell übertragen, wodurch dieses die der Realität entsprechenden Pose annimmt.

Für nicht bereits modellierte Objekte wird zuerst die geometrische Komplexität des Objekts beurteilt. Besteht das Objekt aus einem oder wenigen primitiven Geometrien, im Kontext industrieller Produktionsumgebungen zumeist Ebenen und Zylinder, findet eine Annäherung dieser durch *Random Sample Consensus* (RANSAC) Verfahren statt [146]. Hierbei werden derartige Primitive zufallsbasiert in die Aufnahme gelegt und die Distanz der Punkte zu diesen berechnet. Alle Punkte mit einer Abweichung (Fehler) geringer als ein vorher definierter Schwellwert werden diesem zugehörig angesehen (*consensus set*). Letztlich wird das Primitiv mit dem größten *consensus set* akzeptiert und die zugehörigen Punkte gelöscht. Dieser Prozess wird iterativ wiederholt, bis kein Primitiv mehr die definierte minimale Population des *consensus set* erreicht oder die maximale Iterationszahl durchlaufen wurde. [147] Zu den durch Primitive gut approximierbaren Objekten in der industriellen Produktionsumgebung zählen insbesondere der Boden, Säulen, Wände und weitere bauliche Gegebenheiten (Ebenen) sowie Rohrleitungen (Zylinder). Dies so ermittelten Primitive werden als Oberflächenmodell in die Planung integriert.

Für komplexe, nicht-modellierte Objekte wie beispielsweise biegeschlaffe Kabel oder Freiformflächen wird die Oberfläche anhand der Punkte rekonstruiert. Hierbei werden Verfahren der impliziten Funktionen eingesetzt, die eine zeiteffiziente Verarbeitung großer Datensätze erlauben [148, 149]. Grundlage hierfür ist die Kenntnis der Oberflächenrichtung [149]. Hierfür werden in einem ersten Schritt die Normalen für jeden Punkt anhand dessen Nachbarpunkten bestimmt. Basierend auf dieser Information wird mittels eines *Screened Poisson*-Verfahrens die Oberfläche approximiert [148–155]. [156]

4.1.2 Integration fortgeschrittener Regelalgorithmik in digitale Planungssysteme zur Abweichungskompensation

Nach der makroskopischen Kompensation von Genauigkeitseinflüssen, die aus Abweichungen im Zellaufbau resultieren, werden verbleibende Genauigkeitseinflüsse mittels sensorgestützter Montagestrategien ausgeglichen.

Hierdurch wird auch mit nicht absolut kalibrierten und mechanisch starren Aufbauten eine hochpräzise Montage auf Basis offline vorbereiteter Programme ermöglicht.

Hardware-Komponenten und Systemaufbau

Das System besteht aus dem Manipulator, einem Kraft-Momenten-Sensor (KMS), einem Greifer sowie optional einer robotergeführten und einer stationären Kamera. Die weiteren Ausführungen beziehen sich dabei auf einen an die Roboterhandwurzel montierten KMS, um eine Aufrüstbarkeit bestehender Systeme sowie ein breiteres Spektrum geeigneter Manipulatoren zu ermöglichen. Der Aufbau ist in Bild 11 dargestellt.

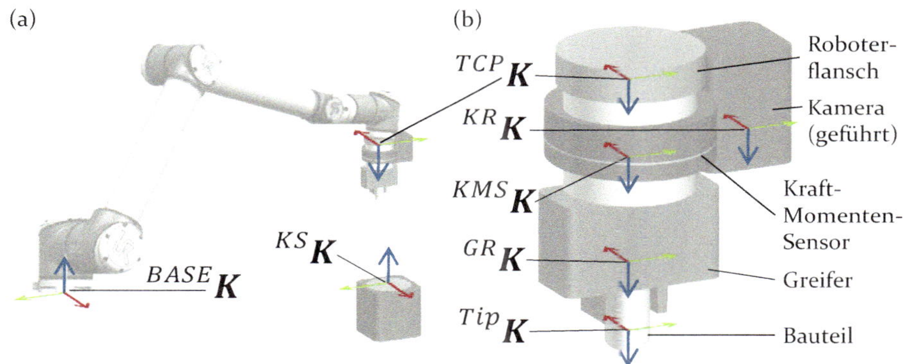

Bild 11: Komponenten und kinematischer Zusammenhang. (a) Zusammenhang des Roboterbasiskoordinatensystems und Flanschkoordinatensystems. (b) Aufbau der robotergeführten Greifer- und Sensorikbaugruppe

Grundsätzlich sind die Strategien auch jeweils für Manipulatoren mit achsintegrierten KMS anwendbar, wobei hierbei aus den Einzelsensorwerten die resultierenden Kräfte und Momente im TCP des Manipulators ermittelt werden müssen. Kommerziell erhältliche Robotersysteme mit achsintegrierten KMS bieten diese Funktion zumeist an.

Der KMS erfasst die anliegenden Kräfte

$$^{KMS}\boldsymbol{F} = (^{KMS}F_x \quad ^{KMS}F_Y \quad ^{KMS}F_z \ )^T \tag{4.1}$$

und Momente

$$^{KMS}\boldsymbol{M} = (^{KMS}M_x \quad ^{KMS}M_Y \quad ^{KMS}M_z \ )^T \tag{4.2}$$

im Koordinatensystem ${}^{KMS}\boldsymbol{K}$. Dieses ist statisch verknüpft mit dem Flanschkoordinatensystem ${}^{TCP}\boldsymbol{K}$. Das Koordinatensystem der robotergeführten Kamera KR, ${}^{KR}\boldsymbol{K}$, ist ebenfalls statisch verknüpft mit ${}^{TCP}\boldsymbol{K}$. Es gilt somit:

$$\boldsymbol{p} = (x, y, z, rx, ry, rz)^T \tag{4.3}$$

$${}^{KMS}\boldsymbol{p} = {}^{TCP}_{KMS}\boldsymbol{T} * {}^{TCP}\boldsymbol{Kp} \tag{4.4}$$

$${}^{KR}\boldsymbol{p} = {}^{TCP}_{KR}\boldsymbol{T} * {}^{TCP}\boldsymbol{p} \tag{4.5}$$

Die stationäre Kamera ${}^{KS}\boldsymbol{K}$ ist durch eine starre Transformation mit dem Roboterbasiskoordinatensystem ${}^{BASE}\boldsymbol{K}$ verknüpft:

$${}^{KS}\boldsymbol{p} = {}^{BASE}_{KS}\boldsymbol{T} * {}^{BASE}\boldsymbol{p} \tag{4.6}$$

Roboterflansch und Basis können durch die roboterposeabhängige Transformation, im Falle eines Sechsachs-Knickarmroboters über die Achsen A1 – A6 überführt werden:

$$\begin{aligned} {}^{TCP}\boldsymbol{p} &= {}^{BASE}_{TCP}\boldsymbol{T}(\boldsymbol{\theta}) * {}^{BASE}\boldsymbol{p} \\ &= {}^{BASE}_{1}\boldsymbol{T}(\theta_1) * {}^{1}_{2}\boldsymbol{T}(\theta_2) * {}^{2}_{3}\boldsymbol{T}(\theta_3) * {}^{3}_{4}\boldsymbol{T}(\theta_4) * {}^{4}_{5}\boldsymbol{T}(\theta_5) * {}^{5}_{TCP}\boldsymbol{T}(\theta_6) \\ &\quad * {}^{BASE}\boldsymbol{p} \end{aligned} \tag{4.7}$$

Die Kamera dient grundsätzlich dem Ausgleich von Abweichungen und ist daher redundant zum KMS. Da die Bildverarbeitung jedoch grundsätzlich schneller als eine taktile Fügestrategie ist, kann durch eine erste Grobkompensation von Abweichungen die Gesamtfügedauer reduziert werden. Die robotergeführte Kamera dient dabei der Kompensation von Abweichungen sowohl in der Materialzuführung als auch des Werkstücks. Die statisch montierte Kamera dient dem Ausgleich von Abweichungen, die mittels der robotergeführten Kamera nicht sichtbar sind. Dies betrifft insbesondere Asymmetrien auf der Unterseite von Bauteilen, beispielsweise zur Vermeidung von Verpolungen bei elektrischen Bauelementen.

Fügephasen und Kompensationsstrategien

Der Fügeprozess wird eingeteilt in drei sequenzielle Phasen, für die unabhängige Strategien unter Nutzung von Kraft/Momenten-Regelung vorgesehen sind: die Annährungsphase (A), die Suchphase (S) sowie die Einführungsphase (I). Zur Vereinfachung werden die Strategien anhand eines Greifers mit Koordinatensystem ${}^{GR}\boldsymbol{K}$ erläutert, dessen +z-Achse in Fügerichtung liegt. Weiterhin gilt

$$^{GR}\boldsymbol{K} = {}^{KMS}_{GR}\boldsymbol{T} * {}^{KMS}\boldsymbol{K} = \begin{pmatrix} 0 & 0 & 0 & 0 \\ 0 & 0 & 0 & 0 \\ 0 & 0 & 0 & d_z \\ 0 & 0 & 0 & 1 \end{pmatrix} * {}^{KMS}\boldsymbol{K}, \tag{4.8}$$

der Greifer sei also nur um d_z zu $^{KMS}\boldsymbol{K}$ verschoben. Für beliebige andere Konfigurationen gelten die im Weiteren beschrieben Strategien auch; die in $^{KMS}\boldsymbol{K}$ wirkenden Kräfte und Momenten müssen jedoch mittels Methoden der Statik starrer Körper in $^{GR}\boldsymbol{K}$ verrechnet werden, und die Bewegung des Greifers in $^{GR}\boldsymbol{K}$ muss in das Flanschkoordinatensystem des Roboter $^{TCP}\boldsymbol{K}$ überführt werden.

In der Annäherungsphase (A) wird eine kraft-/drehmomentbasierte Steuerung A1 eingesetzt, wenn der Abstand zwischen angrenzenden Hindernissen zu gering ist, um eine freie Annäherung ermöglichen. Dies hängt von der Bahngenauigkeit sowie den maximalen Abweichungen in der Zuführung des Teils und des Montageobjekts (Materialzuführung und Werkstückträger) ab. In diesem Fall wird eine Startposition außerhalb des kritischen Bereichs angesteuert. Anschließend wird eine lineare Bewegung senkrecht zur Montagerichtung in Richtung des ersten möglichen Kollisionspartners (x) initiiert. Resultierende Kräfte $^{GR}F_x$ und Drehmomente $^{GR}M_x$ werden dabei kontinuierlich überwacht. Bei Kollision, also dem Überschreiten eines Schwellwerts $F_{x,Max}$, stoppt die Bewegung und löst eine Rückzugsbewegung in die Gegenrichtung aus, bis der Schwellwert wieder unterschritten wird. Ist eine geregelte Anfahrt der zweiten zur Fügerichtung senkrechten Raumrichtung (y) nötig, wird A1 erneut in der senkrechten Raumrichtung ausgeführt.

In der Suchphase werden vier Strategien eingesetzt, die jeweils kreisförmige Suchbewegungen in der Fläche senkrecht zur Fügerichtung (x-y) ausführen. Für komplexe Fügeprozesse in mehreren Dimensionen kann eine Kombination der dargestellten Strategien genutzt werden, die Kombination ist dann jedoch anwendungsspezifisch. Grundsätzlich sind eindimensionale Fügeoperationen bei der Produktgestaltung zu bevorzugen.

Die Strategien S1 und S2 werden dabei insbesondere für einfache Fügevorgänge verwendet, bei denen Abweichungen in der Rotation aufgrund der Toleranzen oder Symmetrien nicht entscheidend sind. Entsprechend kann hier die Zielpose zu einer Zielposition vereinfacht werden.

Strategie S1 hält dabei dauerhaften Kontakt mit der x-y-Oberflächenebene senkrecht zur Fügerichtung z, siehe Bild 12. Es erfolgt eine lineare Anfahrbewegung von

$$^{GR}\boldsymbol{p}_{Start} = (x_{Start}, y_{Start}, z_{Start})^T \tag{4.9}$$

$$\text{mit } ^{GR}\boldsymbol{v}_{Anfahrt} = (v_x, v_y, v_z)^T = (0, 0, v_z)^T \tag{4.10}$$

bis ein Kraftwert $F_{z,Max}$ überschritten wird, während $z(t_1) < z_{Ziel}$. Es wird somit ein Kontakt vor Erreichen der Endposition

$$^{GR}\boldsymbol{p}_{Ziel} = (x_{Ziel}, y_{Ziel}, z_{Ziel})^T, \tag{4.11}$$

und somit ein Verfehlen der Montageposition detektiert. In diesem Fall wird eine spiralförmige Suchbewegung um

$$^{GR}\boldsymbol{p}_{Kontakt} = (x_{Start}, y_{Start}, z_{Kontakt})^T, \tag{4.12}$$

gestartet. Hierfür wird um $^{GR}\boldsymbol{p}_{Kontakt}$ ein Muster aus Hilfspunkten mit Abstand $\pm\Delta x$ sowie $\pm\Delta y$ erstellt. Durch Überschleifen jeden zweiten Punktes wird eine spiralförmige Robotertrajektorie in der x-y-Ebene generiert, deren Auflösung durch die Schrittweite und deren maximaler Suchradius durch die Iterationszahl der Mustergenerierung definiert ist. Während der Suchbewegung wird ein durchgängiger Oberflächenkontakt mit $0 < {}^{GR}F_{z;Soll} < {}^{GR}F_{z;Max}$ durch Regelung von $z(t)$ mit $t_1 < t < t_2$ sichergestellt. Erreicht zu einem Zeitpunkt t_2 der Tiefenwert $z(t_2) = z_{Ziel}$, wurde die Zielposition gefunden. Es gilt somit

$$^{GR}\boldsymbol{p}(t_2) = (x(t_2), y(t_2), z_{Ziel})^T = {}^{GR}\boldsymbol{p}_{Ziel} \tag{4.13}$$

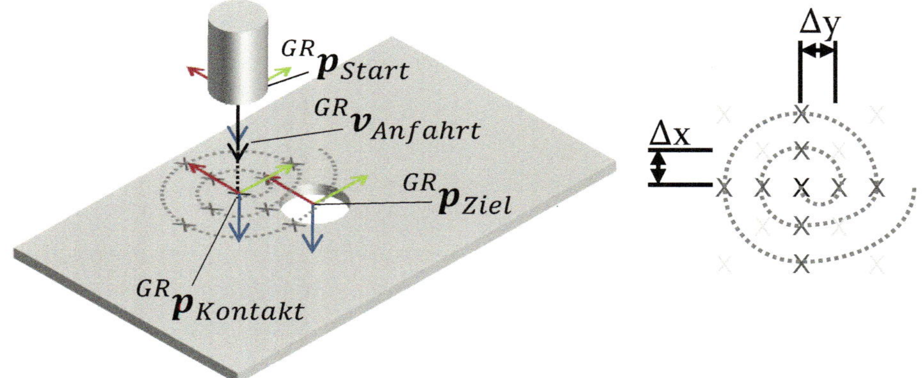

Bild 12: Suchstrategie S1 mit spiralförmigem Suchmuster

Strategie S2 entspricht hinsichtlich des ebenen Suchmusters S1, jedoch ohne kontinuierlichen Oberflächenkontakt. Das spiralförmige Suchmuster wird dazu in einer um z_{rel} verschobenen Ebene definiert. Mithilfe einer Abtastrate r wird dieses in diskrete Einzelpunkte zerlegt. Es findet im ersten

Schritt eine Anfahrt analog Gleichung (4.10) statt. Bei frühzeitiger Gegenkraft $F_{z,Max}$ wird nun allerdings ein Zurückweichen in −z um z_{ret} initiiert. Nun wird der nächste Punkt auf der imaginären Spirale angesteuert und ein erneutes Anfahren in +z gestartet. Dies wird iterativ so lange wiederholt, bis eine Anfahrt zum Zeitpunkt t_2 ohne Gegenkraft bis auf $z(t_2) = z_{Ziel}$ vordringt.

Die Strategien S3 und S4 stellen Erweiterungen von S1 und S2 dar, durch welche zusätzlich zu einer reinen Positionsabweichung auch Rotationsabweichungen, insbesondere um rz, kompensiert werden. Weiterhin ist für beide Strategien die Kenntnis der Transformation vom Greifer ${}^{GR}\boldsymbol{K}$ zu ${}^{Spitze}\boldsymbol{K}$, der Mitte des ersten Kontaktpunkts zwischen Teil und Fügepartner, vonnöten. Diese ist abhängig von der Teilegeometrie sowie der Aufnahme im Greifer und muss daher für jedes Fügeteil individuell ermittelt werden. Für die weiteren Ausführungen sind daher

$$ {}^{Tip}\boldsymbol{p}_{Start} = (x_{Start}, y_{Start}, z_{Start}, rx_{Start}, ry_{Start}, rz_{Start})^T \tag{4.14} $$

und

$$ {}^{Tip}\boldsymbol{p}_{Ziel} = (x_{Ziel}, y_{Ziel}, z_{Ziel}, rx_{Ziel}, ry_{Ziel}, rz_{Ziel})^T \tag{4.15} $$

relevant.

S3, dargestellt in Bild 13, beginnt mit einer Kippbewegung (Nicken) um die zur Fügerichtung sowie der Richtung des nächsten Fügepunkts senkrechten Raumachse, im abgebildeten Fall $-{}^{Start}rx$ um ${}^{Start}\boldsymbol{p}$ (a). Zum Zeitpunkt t_1, nach der Kippbewegung gilt somit:

$$ {}^{Tip}\boldsymbol{p}(t_1) = {}^{t_1}\boldsymbol{p} = {}^{t_1}_{Start}\boldsymbol{R} * {}^{Tip}\boldsymbol{p}(t_0) = {}^{t_1}_{Start}\boldsymbol{R} * {}^{Start}\boldsymbol{p} \tag{4.16} $$

Nun erfolgt eine Anfahrt in ursprünglicher Fügerichtung ${}^{Start}z$ bis zu einer Überschreitung von ${}^{Start}F_{z,Max}$ (b). Anschließend erfolgt die Ausführung einer spiralförmigen Suchbewegung in der ${}^{Start}x$-${}^{Start}y$-Ebene mit einer kraftgeregelten, überlagerten z-Bewegung analog zu S1 (c). Sobald zu einem Zeitpunkt t_2 die erste Fügestelle gefunden wird, also ${}^{Start}z(t_2) = {}^{Start}z_{Ziel}$, erfolgt eine Revidierung der Kippbewegung $+{}^{Start}rx$ (d). Wird zum Zeitpunkt t_3 eine Kollision am zweiten Fügepunkt in Form eines Moments ${}^{Start}M_x(t_3) > {}^{Start}M_{x,\,Max}$ erfasst, erfolgt eine Schwenkbewegung (Gieren) in Form einer wechselseitigen Rotation um ${}^{Start}z$ (e). Hierbei wir die Rotationsbewegung mit einer momentengeregelten Kippbewegung $+{}^{Start}rx$ überlagert. Sobald zu t_4 ${}^{Start}rx(t_4) = {}^{Start}rx_{Ziel}$ ist die zweite definierende Fügeposition ermittelt und die Suche wird terminiert (f).

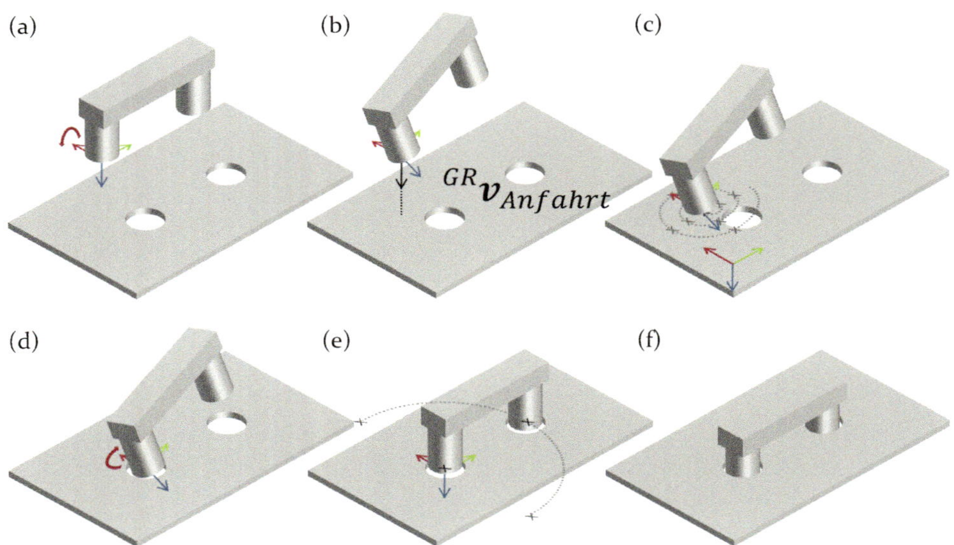

Bild 13: Suchstrategie S3 mit gekippter Spiralsuche

Liegen zusätzlich zu Abweichungen in $^{Start}rz$ und $^{Start}rx$ auch mögliche Rotationsabweichungen $^{Start}ry$ vor, ist eine Erweiterung von S3 um eine zweite Kippbewegung um $^{Start}ry$ möglich. Der grundlegende Ablauf der Strategie bleibt dabei unverändert. Bei der Revidierung der zweiten Kippbewegung um $^{Start}ry$ ist jedoch keine Schwenkbewegung notwendig, da die Freiheitsgrade $^{Start}rz$ und $^{Start}rx$ zu diesem Zeitpunkt bereits durch die beiden Fügepositionen definiert sind.

S4 stellt eine Variation von S3 dar, bei der ebenfalls eine Kippung vor der eigentlichen Suche der ersten Fügeposition stattfindet. Analog zu S2 wird bei der eigentlichen Suche jedoch kein kontinuierlicher Oberflächenkontakt aufrechterhalten, sondern ein Antasten an diskreten Punkten einer imaginären Spirale umgesetzt.

Die Strategien unterscheiden sich anhand ihrer Suchdauer, der Bauteilbeanspruchung und kompensierbarer Freiheitsgrade. Daher sind diese jeweils anhand der Fügeaufgabe auszuwählen. S1 und S3 eignen sich daher nicht für Prozesse, bei denen die Fügeteile oder Werkstücke empfindlich gegen Verformung oder Beschädigung der Oberfläche sind. S2 und S4 können derartige Aufgaben abbilden, erfordern aber durch die repetitive Annäherung zusätzlich Prozesszeit. S3 und S4 eignen sich jeweils für den Ausgleich bei mehreren parallel auftretenden Fügepunkten, erfordern jedoch durch die gekippte erste Suchphase zusätzliche Zeit im Vergleich zu ihren Pendants S1 und S2.

In der Einführungsphase I werden drei Strategien unterschieden Ausgangspunkt ist jeweils der in der Suchphase detektierte Fügepunkt.

I1 setzt eine lineare Relativbewegung in die Fügerichtung z bis zu einer Tiefe z_{Ende} um. Sie entspricht somit einer herkömmlich programmierten Fügebewegung mit optimiertem Startpunkt.

I2 basiert auf demselben Prinzip, erkennt jedoch durch eine Überwachung von F_z ein mögliches Verkanten vor Erreichen von z_{Ende} und löst dieses, durch Initiierung einer erneuten, kleineren Suchbewegung analog der oben beschriebenen Strategien, auf. Anschließend wird die Einführbewegung in z fortgesetzt.

I3 wird eingesetzt, um komplexere Fügevorgänge, wie ein Einschnappen, zu überwachen. Hierbei wird analog zu I2 die Kraft in Fügerichtung überwacht. Hierbei ist jedoch die Überschreitung eines Werts $F_{z, Soll}$ für eine erfolgreiche Montage vorzusehen. Erst bei einem Überschreiten von $F_{z, Max} > F_{z, Soll}$ vor Erreichen von z_{Ende} wird eine Justage analog zu I2 durchgeführt. Wird z_{Ende} erreicht, ohne dass $F_{z, Soll}$ erreicht wurde, wird ein Nachdrücken bis zum Erreichen von $F_{z, Soll}$ initiiert.

Optional können die Einführvorgänge noch um ein Nachdrücken ergänzt werden. Die vorgestellten Strategien unterscheiden sich von im Stand der Technik verfügbaren Methoden einerseits durch die universelle Anwendbarkeit auf allen gängigen Robotersteuerungssystemen ohne Nutzung zusätzlicher externer Rechnerhardware oder proprietärer Sonderfunktionen eines Roboterherstellers. Durch die systematische Einordnung anhand der Parameter der zu fügenden Teils sowie des Prozesses ist weiterhin eine gezielte Programmkombination möglich. In Verbindung mit den eingangs beschriebenen Methoden zur Makrokompensation in der Offline-Programmierung und den im folgenden Kapitel beschriebenen und hier explizit anwendbaren ML-basierten Adaptionen wird eine Erweiterung des Einsatzgebiets solcher Methoden ermöglicht.

4.1.3 Selbstständige Optimierungsstrategien durch maschinelle Lernverfahren

Zwar ermöglichen die im vorigen Abschnitt vorgestellten Strategien grundsätzlich eine robuste Montage durch den sensorbasierten Ausgleich von Ungenauigkeiten, jedoch ist die aktive Suche nach der Ist-Fügeposition laut der Primär-/Sekundäranalyse nach LOTTER den sekundären Bestandteilen zuzuordnen, und stellt somit eine zu verringernde Verschwendung dar

[157]. Hierzu werden in einem ersten Schritt Abweichungskategorien bestimmt, und anhand dieser Verfahren zur datengetriebenen Kompensation vorgestellt.

Definition von Abweichungskategorien

Auf Basis der in Abschnitt 2.1.4 definierten Ursachen von Abweichungen kann eine weitere Unterteilung dieser in drei Kategorien vorgenommen werden, siehe Bild 14.

Abweichungskategorie 1 (AK1) (a) umfasst dabei systematische Abweichungen zwischen Soll- (1) und Istpose (2), die konstant wirken und unabhängig von weiteren Einflussgrößen sind. Ein Beispiel hierfür sind auftretende Abweichungen zwischen den relativen geometrischen Beziehungen des realen Aufbaus und dem für die Programmierung genutzten CAD-Modell.

AK2 (b) beinhaltet Abweichungen, die ebenfalls systematisch wirken, deren Auswirkung jedoch abhängig von mindestens einem weiteren Faktor sind. Im Gegensatz zu AK1 kann bei AK2 nicht nur die Lage der durchschnittlichen Abweichung, sondern auch deren Verteilung parameterabhängig sein. Hierzu zählen beispielsweise Abweichungen bei der Werkstückzuführung, die für jeden einzelnen Werkstückträger fertigungsbedingt hinsichtlich ihres Schwerpunkts variieren können. Ein unterschiedlich großes Spiel in den Werkstückträgern beeinflusst zusätzlich die Streuung der Prozesspunkte.

AK3 (c) bezieht sich auf zufällige Abweichungen, die beispielsweise durch stochastische Verteilungen von Fertigungstoleranzen des Fügeteils auftreten. AK3 ist somit als ein zufälliger Fehlerterm der Gesamtabweichung anzusehen.

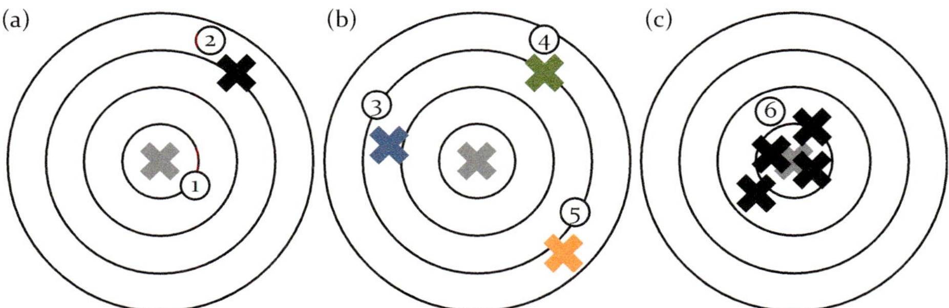

Bild 14: Abweichungskategorien in der Montage. (a) AK1 mit statischer, systematischer Abweichung (2) vom Soll-Punkt (1). (b) Ak2 mit statischen, von einem externen Faktor abhängigen Abweichungen (3-5). (c) AK3 mit zufälliger Verteilung der Abweichungen (6)

Die Gesamtabweichung zwischen Start- und Ziel kann somit in drei Summanden aufgeteilt werden, am Beispiel einer x-Verschiebung um Δx

$$\Delta \boldsymbol{x} = {}^{GR}x_{Ziel} - {}^{GR}x_{Kontakt} = \Delta x_{AK1} + \Delta x_{AK2}(\boldsymbol{C}) + \varepsilon_{x,AK3} \tag{4.17}$$

Eine eindeutige Zuordnung aller grundsätzlichen Abweichungsursachen in die Kategorien ist nicht möglich, da diese überlagern können. Für die Zuordnung müssen diese also teilweise weiter unterteilt werden. Insgesamt sind die Abweichungskategorien jedoch als gegenseitig ausschließend und insgesamt erschöpfend anzusehen. Insbesondere die Genauigkeit des Roboters selbst ist für die nachfolgende Einordnung in die Absolut- und Wiederholgenauigkeit aufzutrennen. Während die bei der Offline-Programmierung auftretende Abweichung der absoluten Soll- von der tatsächlich erreichten Ist-Pose im Sinne der Absolutgenauigkeit einer vom jeweiligen Punkt abhängigen quasi-statischen Transformation der AK2 entspricht, zählt die Wiederholgenauigkeit mit ihren zufälligen Schwankungen zur AK3.

Während AK3 ihres seines stochastischen Charakters nicht systematisch, sondern nur individuell kompensiert werden kann, ist dies bei AK1 und AK2 möglich. Die Berechnung der angepassten Soll-Punkte ${}^{GR}\mathbf{p}_{Start}$ erfolgt dabei datengetrieben über die mittels der oben vorgestellten Strategien gewonnenen Ist-Punkte ${}^{GR}\mathbf{p}_{Ziel,\,i}$.

Kompensation globaler, konstanter Abweichungen

AK1 kann aufgrund seiner konstanten systematischen Wirkung direkt über die Berechnung des arithmetischen Mittels

$${}^{GR}\boldsymbol{p}_{Start,neu} = (\bar{x}_{Ziel}, \bar{y}_{Ziel}, \bar{z}_{Ziel} + d, \overline{rx}_{Ziel}, \overline{ry}_{Ziel}, \overline{rz}_{Ziel})^T \tag{4.18}$$

$$\text{mit } \bar{x}_{Ziel} = \frac{1}{N}\sum_{i=1}^{N} x_{Ziel,i} \text{ usw.}$$

bereits mit einem kleinen Datensatz kompensiert werden, welches aufgrund der Optimalitätseigenschaft stets das Minimum der Summe der Abweichungsquadrate darstellt. Für die Mittelung des Winkels wird darauf abgestellt, dass die zu kompensierenden Winkelabweichungen sehr gering sind. Ist mit größeren Abweichungen zu rechnen, sind statt den Absolutwerten Relativwerte zu einem Ausgangswinkel zu nutzen.

Somit gilt in Bezug auf (4.17):

$$\Delta x_{AK1} = \bar{x}_{Ziel} - x_{Ziel} \tag{4.19}$$

Zwar zählt die punktabhängig variierende Absolutgenauigkeit des Manipulators grundsätzlich zu den von einem Parameter abhängigen Abweichungen, wird jedoch in diesem Vorgehen der AK1 zugerechnet, da die Erfassung und Kompensation der Abweichungen ebenfalls individuell für jeden Punkt durchgeführt wird. Die externe Abhängigkeit vom individuellen Punkt ist für jeden Punkt betrachtet eine konstante Verschiebung.

Kompensation extern abhängiger, systematischer Abweichungen

AK2 erfordert dagegen die Eingruppierung, das *Clustering*, der verschiedenen erreichten ${}^{GR}\mathbf{p}_{Ziel,\,i}$ hinsichtlich der dahinterliegenden Parameter, siehe auch Bild 15. Somit ist eine durchgängige Aufzeichnung sämtlicher infrage kommender Parameter nötig. Hierzu zählen, unter anderem, der Hersteller der Fügeteile, die Chargennummer, die Werkstückträger-ID und die Greifer-ID. Es kann ein Test auf den Einfluss bekannter Parameter, oder die Aufdeckung unbekannter Parameter durch eine datengetriebene Clusteranalyse zielführend sein. Aufgrund der höheren Trennschärfe des ersteren Ansatzes auch bei geringerer Größe des Datensatzes ist dieser im ersten Schritt zu bevorzugen. Der zweite Ansatz dient letztlich der Überprüfung, ob weitere unberücksichtigte Faktoren verbleiben.

Ersteres Verfahren nutzt die vermuteten Einflussfaktoren als Clusterkriterium, und wird für jeden Faktor separat durchgeführt. Anschließend wird für jedes der Cluster C_I und jede Abweichungsdimension ein individuelles arithmetisches Mittel gebildet. Mittels eines statistischen Hypothesentests werden diese nun auf Zugehörigkeit zu einem bereinigten globalen Mittel der Dimensionen eines analog zu (4.18) ermittelten ${}^{GR}\mathbf{p}_{Start,\,neu}(C_N)$ mit $N \neq I$ überprüft. Es liegen somit zwei unabhängige Stichproben vor. Falls für spezielle Parameter keine entgegenstehenden Informationen vorliegen, wird eine Normalverteilung der Abweichungen angenommen. Da der Parameter nicht nur den Mittelwert der Abweichung, sondern auch deren Verteilung beeinflussen kann, kann nicht von einer Varianzhomogenität ausgegangen werden. Die Richtung der Verschiebung ist im Allgemeinen unbekannt. Entsprechend erfolgt der beidseitige Hypothesentest nach WELCH [158] bezüglich der Mittelwerte, hier am Beispiel der Verschiebung in ${}^{GR}x_{Ziel}$, mit

$$H_0\colon \mu_{x(C_I)} = \mu_{x(C_N)}; \qquad H_1\colon \mu_{x(C_I)} \neq \mu_{x(C_N)}. \tag{4.20}$$

Wird für ein Cluster C_I die Nullhypothese H_0 bei einem zu definierendem Konfidenzniveau α abgelehnt, wird für dieses Cluster die Differenz des neuen Mittelwerts zur ersten Kompensationsstufe AK1 zur zugehörigen Dimension von ${}^{GR}\boldsymbol{p}_{Start,neu}(C_I)$ addiert. Weiterhin ist eine Anpassung der das

Suchmuster definierenden Parameter, also der Schrittweiten der Stützpunkte, anhand der in dem Cluster vorherrschenden Verteilung möglich.

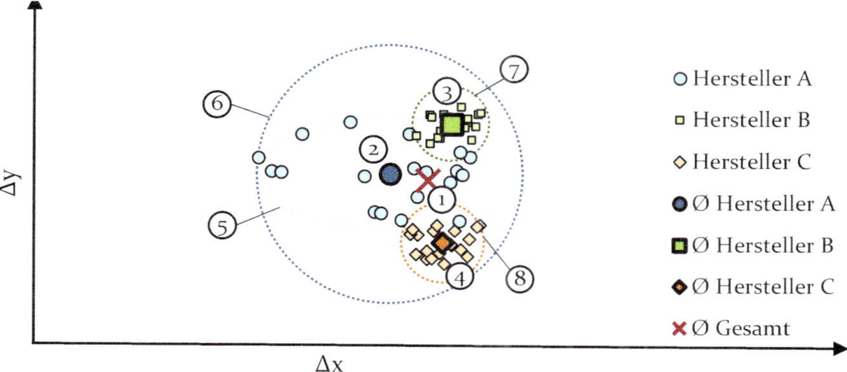

Bild 15: Parameterabhängige Unterteilung der Abweichungswerte zur Verringerung der Streuung um die angepassten Startpunkte (2-4) im Vergleich zum globalen Mittel (1) am Beispiel einer Clusterung nach Hersteller im zweidimensionalen Fall. Anpassung der Suchparameter abhängig der Verteilung mit symmetrischer (6-8) und richtungsabhängigen (5) Schrittweite.

Zur Aufdeckung unbekannter Einflüsse ist der Einsatz von Clusteranalysen zielführend. Da die Klassenanzahl bei unbekannten Parametern nicht ursprünglich festgelegt werden kann, bieten sich hierarchische, spezifisch agglomerative Verfahren an. Hierbei wird der ursprüngliche Datensatz aus N Punkten in N Cluster unterteilt. Die Ähnlichkeit der Punkte wird je nach Verfahren mittels verschiedener Ähnlichkeitsmaße bewertet und die jeweils ähnlichsten Punkte zu einem Cluster zusammengeführt. Die Heterogenität innerhalb eines Clusters steigt mit jeder Inklusion an. Das Verfahren endet, sobald nur noch ein Cluster mit allen N Punkten existiert. Nun kann über den schrittweisen Anstieg der Heterogenität in einem Dendogramm ermittelt werden, wann stärker heterogene Cluster vereint wurden. Die Clusteranzahl vor diesem Schritt wird nun für die Clusterbildung verwendet. Anschließend werden die weiteren Parameter der so gebildeten Cluster mittels Homogenitätstests auf systematische Effekte untersucht. Die hierbei anzuwendenden Methoden sind abhängig vom Skalentyp der zu analysierenden Parametersätze. Sobald Inhomogenitäten für bestimmte Parameter identifiziert sind, können diese Parameter analog des oben beschriebenen Vorgehens für eine Programmadaption herangezogen werden. Im Falle einer signifikanten Mittelwertabweichung einer Parameterkombination in einer Raumdimension oder Rotation kann dann die im Roboterprogramm vorgegebene Pose für diese Parameterkombination vorausschauend adaptiert werden.

Den Verfahren ist gemein, dass die Trennschärfe mit zunehmender Stichprobengröße zunimmt, weshalb mit zunehmender Laufzeit der Anlage weitergehende Verfeinerungen möglich sind. Die Analyse und Anpassung kann automatisiert implementiert werden, jedoch ist in der industriellen Praxis eine Plausibilisierung und Freigabe durch einen Prozessexperten sinnvoll. Mehrere parameterabhängige Anpassungen der AK2 werden zu einer Gesamtanpassung für jede Parameterkombination addiert. Es gilt somit

$$\Delta x_{AK2}(\boldsymbol{C}) = \sum_{i=1}^{N} \Delta x_{AK2}(C_i) + \varepsilon_{x,AK2}(\boldsymbol{C}). \quad (4.21)$$

4.2 Systematischer Einsatz funktional erweiterter Offline-Programmiermethoden

Ein systematischer Einsatz der erweiterten OLP verfolgt das Ziel der Reduzierung des Inbetriebnahmeaufwands, insbesondere der Roboterprogrammerstellung und Kalibrierung, bei Ermöglichung eines Ausgleichs kleinster Toleranzen. Die Methoden werden daher vor allem während der Validierungs- und Inbetriebnahmephase, aber auch dem laufenden Betrieb eingesetzt. Ergänzend hierzu ist jedoch auch ein Einsatz, gerade der dreidimensionalen Erfassung schon während der Entwurfsphasen, beispielsweise zur Ermittlung verfügbarer Flächen und Berücksichtigung vorhandener Infrastruktur möglich. Die auf die Phasen des Entwicklungs- und Betriebsprozesses aus Abschnitt 2.2.1 bezogenen Einsatzfelder sind in Bild 16 dargestellt.

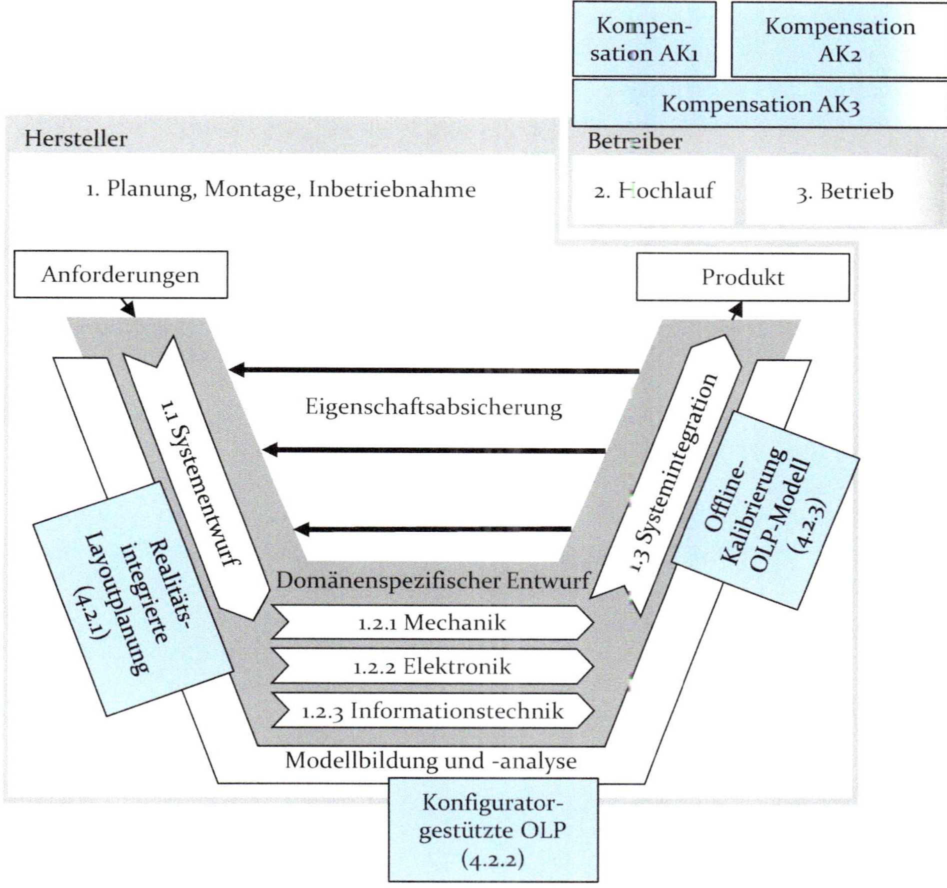

Bild 16: Methodische Einsatzszenarien erweiterter OLP in der Entwicklung robotergestützter Montagesysteme

4.2.1 Realitätsintegrierte Layoutplanung und Kalibrierung einer Offline-Programmierung

Der Einbezug aus der geometrischen Digitalisierung gewonnener virtueller Abbildungen realer Umgebungen ist sowohl in der Systementwurfsphase als auch der Systemintegrationsphase zielführend. Ziel des Einsatzes ist die effiziente Schaffung einer validen Planungsgrundlage sowie die Steigerung der Qualität offline programmierter Roboterprogramme. In der Systementwurfsphase sind zwei Anwendungsfälle zu unterscheiden.

Einerseits kann die spätere Umgebung des geplanten Systems nach Bild 8 effizient in eine digitale Planungsgrundlage überführt werden. Dies eliminiert einerseits den Fehlereinfluss einer manuellen Dokumentation der Rahmenbedingungen. Weiterhin wird dabei jedoch direkt eine detailliertere Planung im Gegensatz zu verbreiteten 2D-Layouts realisiert, bei der schon früh Anschlüsse und Schnittstellen, Kollisionsobjekte und die dreidimensionale Struktur baulicher Gegebenheiten berücksichtigt werden. Die hier geforderten Genauigkeiten in der Digitalisierung sind gering anzusetzen, da die Planungsgrundlage den Rahmen der Ausarbeitung bildet, jedoch nicht direkt der Ausleitung von Interaktionspunkten des Roboterprogramms dient.

Der zweite Anwendungsfall betrifft die in manuellen und hybriden Systemen gängige Grobplanung im Rahmen von Workshops zur Arbeitssystemgestaltung unter Einbezug direkten Fertigungspersonals. Die aus Kartonagen, Kisten oder Holz gefertigten Grobkonzepte werden mittels oben genannter Methoden direkt in die zur Ausgestaltung genutzten CAD-Tools importierbar. Dies eliminiert erneut die Fehleranfälligkeit des Überführungsprozesses und verringert die dafür benötigte Zeit. Weiterhin ist eine Nutzung derartiger 3D-Repräsentationen in Kombination mit VR-Technologien sinnvoll, um in workshopbasierten Planungsansätzen komplexere funktionale Anlagenkomponenten, wie Roboter, sinnvoll planen zu können. Auch hier werden geringe Anforderungen an die Aufnahmegenauigkeit gestellt, da die Aufbauten an sich nur grobe Proportionen repräsentieren, siehe auch Bild 17.

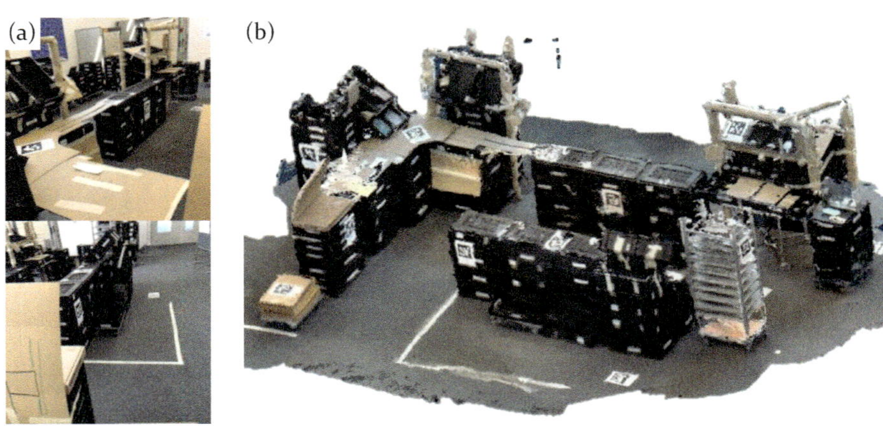

Bild 17: Digitalisierung eines Kartonagen-Mockups. (a) Bilder des Aufbaus. (b) Dreidimensionales Abbild

Zentraler Bestandteil der Aufwandsvermeidung bei der OLP ist die Elimination der Auswirkungen von Abweichungen im Systemaufbau durch Kalibrierung des digitalen Modells. Hierbei wird während der Systemintegrationsphase der Hardwareaufbau, der mindestens die Positionierung des Roboters sowie der die Interaktionspunkte definierender Zuführungen und Vorrichtungen beinhaltet, digitalisiert. Hierbei können zwei Anforderungsstufen hinsichtlich der Genauigkeit unterschieden werden. Während für die Überprüfung der Kollisionsfreiheit der Roboterbahnen die Vollständigkeit des Modells zentral ist, spielt die Genauigkeit jedoch eine untergeordnete Rolle. Für die Kalibrierung der tatsächlichen Interaktionspunkte ist dagegen ausschließlich die räumliche Beziehung der hierfür relevanten Zellkomponenten entscheidend. Diese sind möglichst präzise zu erfassen, um die verbleibenden Abweichungen in den Bereich der durch die Fügestrategien kompensierbaren Abweichungen zu reduzieren, siehe Bild 18.

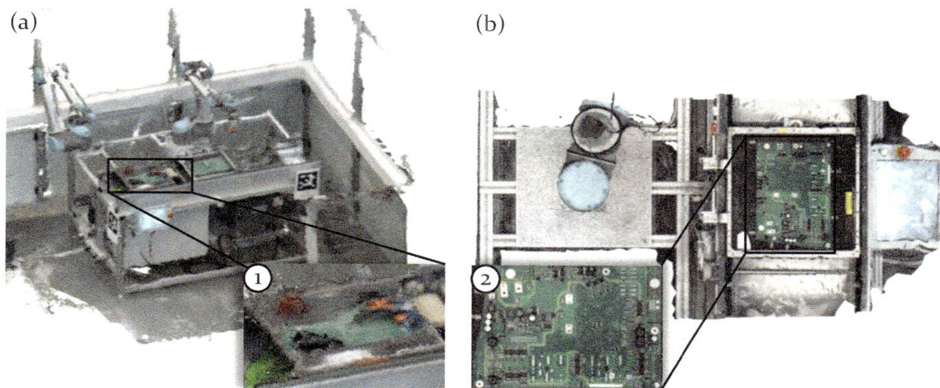

Bild 18: Vergleich eines rauschbehafteten, unscharfen (2) Gesamtanlagenscans (a) mittels einer Stereokamera mit einer hochpräzisen (2) lokalen Aufnahme von Interaktionspunkten (b) mittels SfM-Photogrammetrie im Rahmen einer Voruntersuchung

4.2.2 Konfigurationsbibliothek zur effizienten Offline-Programmierung komplexer Robotersteuerungsprogramme

Für die effiziente OLP von Verfahren nach Abschnitt 4.1.2 wird ein mehrstufiges Vorgehen definiert, siehe auch Bild 19. Ein einem ersten Schritt wird der Gesamtprozess, falls zutreffend, in die einzelnen Montageoperationen zerlegt und in einen Grobablauf eingeordnet. Dieser kann bei Schicht- oder Sandwichbauweise durch den Montagevorranggraphen fest definiert oder bei Nestbauweise frei wählbar sein. Die einzelnen Montageoperationen wiederum bestehen mindestens aus einem Aufnahme- und einem Fügeprozess sowie optional weiterer Zwischenereignisse wie einem Prüfprozess oder Greiferwechsel. Für jeden dieser Prozesse wird der Soll-Interaktionspunkt anhand des kalibrierten digitalen Modells definiert. Dies definiert den grundlegenden Programmablauf sowie die allgemeine Roboterbahn.

Durch die Aufteilung des Fügeprozesses in einzelne Phasen und die Definition mehrerer möglicher Strategien für jede Phase entsteht die Möglichkeit der anwendungsspezifischen Kombination dieser zu einem aufgabenangemessenen Fügeablauf. Dies stellt den zweiten Schritt dar. Die Fügestrategien unterscheiden sich dabei sowohl anhand der kompensierbaren Freiheitsgrade, der auftretenden Krafteinwirkung auf die Fügepartner sowie der Dauer. Während die iterativ antastenden S2 und S4 die geringste Belastung der Bauteile aufweisen, da keine durch die spiralförmige Bewegung verursachten Reibungskräfte senkrecht zur Fügerichtung eingebracht werden, sind sie jedoch durch die wiederholte Anfahrts- und Zurückweichbewegung signifikant langsamer. Die gekippte Durchführung der ersten Suchphase in S3 und S4 erlaubt den Ausgleich rotatorischer Verschiebungen beim Rückkippen, jedoch ist auch hier die Suchdauer im Vergleich zu ihren parallelen Pendants S1 und S3 höher. Die Wahl der Strategien ist somit produkt- und prozessspezifisch.

Der parametrische Charakter der einzelnen Funktionen erlaubt im dritten Schritt die ebenfalls anwendungsspezifische Adaption der einzelnen Strategien, beispielsweise des Suchradius oder zulässiger Kontaktkräfte. Hierbei begrenzt der Suchradius die maximal kompensierbaren Abweichungen, die Schrittweite ergibt sich durch die minimal erforderliche Auflösung der Suche. Höhere Kontakt- und Suchkräfte, letztere insbesondere bei S1 und S3, steigern die Robustheit der Suche, resultieren jedoch erneut in höheren Bauteilbelastungen. Die optimale Parameterkombination ist folglich ebenfalls produkt- und prozessspezifisch.

Im letzten Schritt muss das generierte vollständige Ablaufprogramm in eine ausführbare hardware- und anwendungsspezifische Syntax übersetzt werden. Die Anpassungen betreffen unter anderem die proprietäre Robotersteuerungssprache und deren Dateiformate, die genutzten Peripheriekomponenten mitsamt deren Signallogik sowie die Verschaltung und Adressierung der Komponenten.

Somit wird anhand eines Parametersatzes, der sich sowohl aus Produkt- als auch Prozessparametern zusammensetzt, ein Vorschlag für einen passenden Fügeprozess abgeleitet. Da die Parameter der meisten Fügeprozesse größtenteils auf die Produktgestaltung zurückzuführen ist, ist eine Programmstrukturerstellung bereits zu einem sehr frühen Zeitpunkt, möglich.

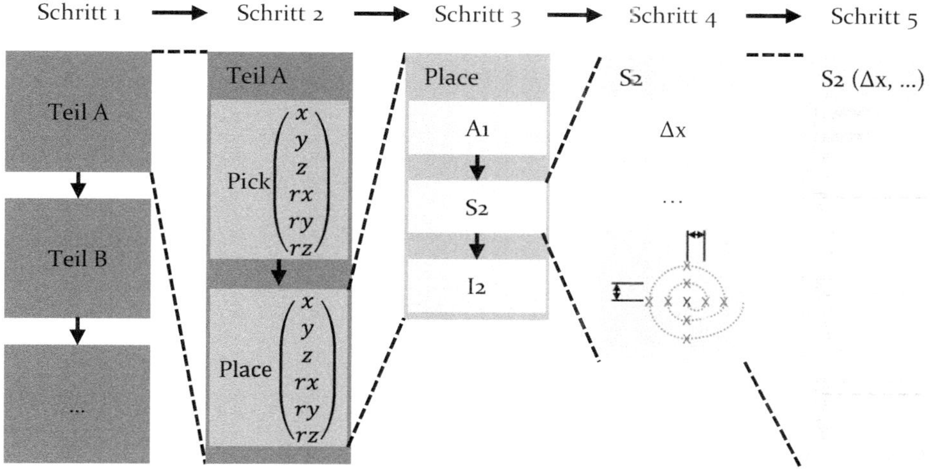

Bild 19: Ablauf des OLP-Prozesses als Verfeinerung eines Grundablaufs mithilfe anwendungsspezifischer Konfiguration und Parametrisierung generischer Programmbausteine aus einer Bibliothek bis zum proprietären Ausführungsprogramm

4.2.3 Datengetriebene Abweichungskompensation und Modellrückführung

Die datengetriebene Optimierung des Programms im Betrieb kann mit den beschriebenen Methoden grundsätzlich auf dem Roboter selbst erfolgen. Die dabei implizit gewonnenen Daten für die Feinkalibrierung, insbesondere von AK1, sind jedoch für die Erstellung neuer Programme für das selbe System, beispielsweise bei der Änderung einer Anlieferungsform oder der Einführung einer neuen Variante, wertvoll. Daher ist eine Rückführung der angepassten Soll-Punkte beziehungsweise deren Abweichungswerte in die Planungsumgebung vorzusehen. Durch die Kombination der Abweichungen mehrerer Punkte eines geometrisch zusammengehörigen Teils, beispielsweise Fügepunkte auf einem Basisteil, kann dabei auf die wahre Transformation des zugrundeliegenden Modells geschlossen werden. Entsprechend kann das globale CAD-Modell zur OLP angepasst werden. Für die Rückführung entscheidend ist die Rückführung der Punkte im kartesischen Raum. Eine Rückführung im Achsraum muss unter Berücksichtigung der roboterindividuellen Kalibrierung durchgeführt werden, da eine Vorwärtstransformation über das ideale Robotermodell in der Simulation die rückgeführten Punkte verfälschen würde.

5 Validierung und Optimierung KI-basierter Bin-Picking-Applikationen durch holistisch mechatronische Simulation

Eine weiterer, in Kapitel 3.2 hergeleiteter, Handlungsbedarf betrifft die funktionale Simulation von Applikationen zum Griff in die Kiste. Aufgrund des inhärent durch die zufällige Bauteilanordnung stochastischen Charakters dieser Applikationen ist eine simulative Verifizierung des Systemverhaltens erforderlich. Aufgrund der Interdisziplinarität dieser Anwendungen ist für die Simulation und virtuelle Inbetriebnahme solcher Systeme die Integration verschiedener Simulationsdomänen notwendig. Ziel ist die umfängliche Validierung des zukünftigen Systemverhaltens inklusive der generierbaren Sensorinformationen, der Funktionalität der Steuerungsalgorithmen, der physikalischen Umsetzbarkeit sowie resultierender Leistungsdaten.

Ausführungen des Abschnitts 5.1 sowie der in Abschnitt 7.2 beschriebenen Umsetzung und Evaluierung sind teilweise an der am Lehrstuhl FAPS entstandenen und vom Autor mitbetreuten Arbeit [S1] angelehnt. Aspekte der Methoden wurden unter [P12] veröffentlicht, entsprechende Abschnitte sind gekennzeichnet.

5.1 Notwendige Systemkomponenten und deren Simulation für den Griff in die Kiste

Das erarbeitete Konzept besteht aus drei Hauptkomponenten: der Simulation selbst, einer angeschlossenen Bildverarbeitung sowie der Robotersteuerung, siehe Bild 20. Die Auslegung als verteiltes System dient der prinzipiellen Unabhängigkeit von spezifischen Roboterherstellern und Bildverarbeitungssystemen. Weiterhin bietet die Verteilung die Möglichkeit, nicht adaptierte Steuerungssoftware für die Bildverarbeitung, die Anlage sowie den Roboter (*Software-in-the-Loop*), gegebenenfalls sogar auf der realen Recheneinheit (*Hardware-in-the-Loop*), virtuell in Betrieb zu nehmen. Für eine detaillierte Unterscheidung der Arten virtueller Inbetriebnahme sei auf [P1] verwiesen. Bei der realen Umsetzung müssen anschließend nur die Kommunikationskanäle neu konfiguriert werden

Für die Umsetzung des Konzepts werden etablierte Methoden der Physiksimulation, insbesondere der Starrkörpersimulation, der Computergrafik, sowie der virtuellen Inbetriebnahme verwendet und durch die Kombination und Bereitstellung passender Schnittstellen und Mechanismen in ihrer Funktionalität derart erweitert, dass eine Simulation des Griffs in die Kiste ermöglicht wird. Diese ermöglicht die oben beschriebene universelle Einsetzbarkeit des Systems.

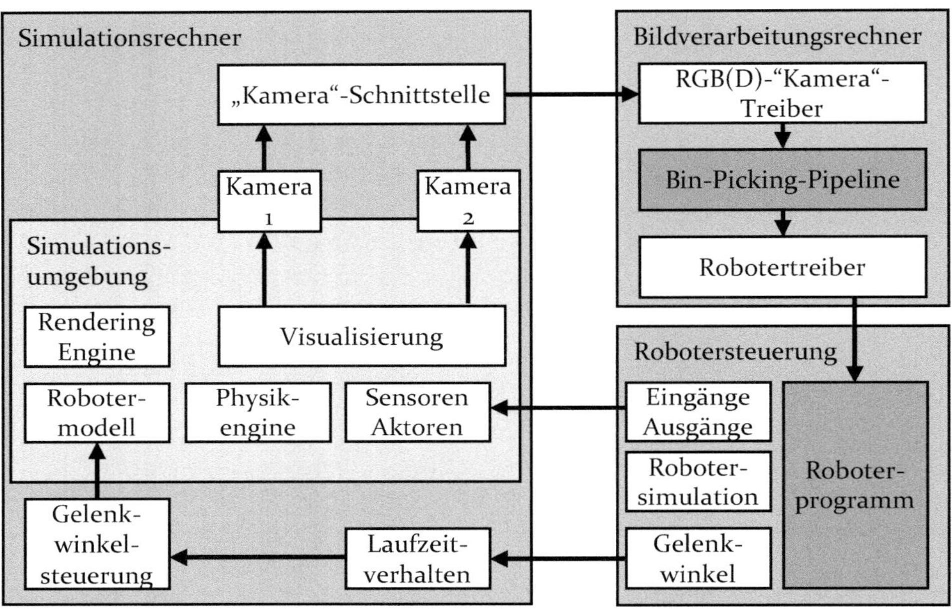

Bild 20: Systemkonzept der funktionalen Simulation des Griffs in die Kiste angelehnt an [P12]. Dunkel markierte Felder bezeichnen die durch eine virtuelle Inbetriebnahme abzusichernde Steuerungsalgorithmen.

5.1.1 Physiksimulation zur Realisierung stochastischer Kistenfüllungen und Abbildung des Greifens

Die grundlegende Herausforderung des Griffs in die Kiste ist die zufällige Anordnung der Teile im Ladungsträger. Die realistische Modellierung derartiger Zustände ist daher grundlegend für die Simulation von Bin-Picking-Systemen. Auch die Validierung des letztlich resultierenden Griffs wird durch diese Modellierung erst ermöglicht. Für diese Zwecke bietet sich die Simulation physikalischer Verhaltensweisen, hier speziell der Starrkörperphysik, an. Für einen tieferen Einblick in die Theorie sei auf [159] verwiesen, an welchem sich die Grundlagen der nachfolgenden Ausführungen orientieren.

Jeder Starrkörper ist beschrieben durch seine Pose, seinen Impuls und Drehimpuls, seine Masse sowie den Trägheitstensor. Die Pose eines Starrkörpers setzt sich zusammen aus seiner Position $\boldsymbol{p}(t)$ und der Orientierung $\boldsymbol{r}(t)$. Die Translations- und Rotationsgeschwindigkeiten $\boldsymbol{v}(t)$ und $\boldsymbol{\omega}(t)$ werden dabei in jedem Simulationszyklus anhand der bestehenden Werte sowie wirkender Kräfte $\boldsymbol{F}(t)$ und Momente $\boldsymbol{M}(t)$ errechnet. Kollisionen werden dabei logisch in Kollisionserkennung und Kollisionsantwort unterschieden. Neben der Kollisionsverarbeitung sind Reibmodelle nötig, um auch einen kraftschlüssigen Griff darstellen zu können. Für die Simulation müssen somit für alle involvierten Partner, also die Kiste, Bauteile, Endeffektor und Roboter, physikalische Modelle bereitgestellt werden, die insbesondere hinsichtlich Masse, Reibung und Kollisionsverhalten definiert sind.

In einem ersten Schritt müssen die 3D-Konstruktionsdaten der relevanten Simulationskomponenten erstellt oder gesammelt werden. Anschließend werden die Repräsentationen der Komponenten als starre Körper mit Masse in der Simulation registriert, wodurch die Einwirkung der Gravitation sowie in einem späteren Schritt auch das Kollisionsverhalten korrekt berechnet werden. Weiterhin werden für jeden Volumenkörper kongruente Kollisionskörper definiert. Grundsätzlich ist hierbei die Berechnung einer komplexen Geometrie auf Basis der konvexen Hüllflächen des CAD-Modells möglich. Zur Sicherstellung einer echtzeitfähigen Simulation ist jedoch die Diskretisierung der Geometrie in Elementargeometrien, insbesondere Quader und Zylinder, sinnvoll, siehe auch Bild 21.

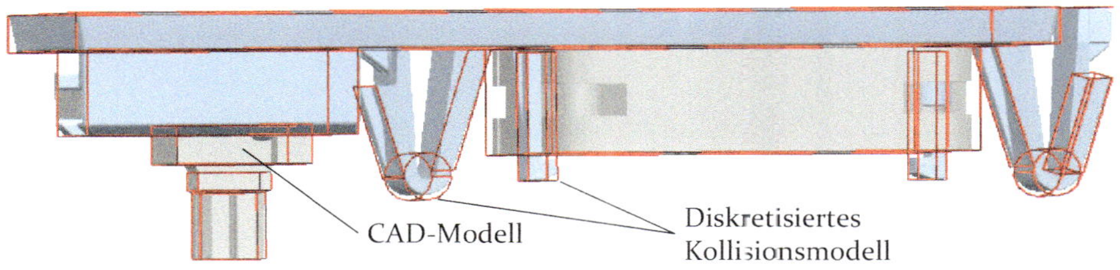

Bild 21: Diskretisierung eines CAD-Modells in Elementargeometrien zur effizienten Kollisionsberechnung

5.1.2 Realitätsgetreue Darstellung virtueller Szenen als Grundlage der Sensorsimulation

Da für Bin-Picking-Applikationen optische Sensorik zum Einsatz kommt, ist die realitätsgetreue visuelle Darstellung der virtuellen Szene entscheidend für die Validierung der Bildverarbeitungsalgorithmen. Der in dieser

Arbeit betrachtete Lösungsansatz fokussiert dabei Kamerasysteme, die entweder zweidimensionale Farbbilder, sogenannte RGB-Kameras, oder zusätzlich noch eine pixelweise Tiefeninformation ermitteln, sogenannte RGB-D-Kameras. Insbesondere auf dem Prinzip der Stereoskopie arbeitende Kameras werden oft für den Griff in die Kiste eingesetzt und stellen daher den Fokus dieses Abschnitts dar.

Die Tiefeninformation wird bei der Stereoskopie durch den Vergleich der Position identischer Punkte der Szene auf beiden Kamerabildern, der sogenannten Disparität berechnet. Diese Berechnung wird in Abschnitt5.1.3 näher betrachtet. Grundlegend für die Funktionalität sowie die resultierende Qualität der Sensordaten stellt dabei das Finden von identischen Pixeln oder Merkmalen in den Bildern dar. In der Realität resultieren diese Merkmale aus Unstetigkeiten in den Bilddaten, welche durch Kanten, Texturen und Materialoberflächen, Beleuchtungseinflüsse oder künstlich in die Szene projizierten Mustern entstehen. Auch zweidimensionale Bildverarbeitung basiert auf der Erkennung und Auswertung solcher Merkmale.

Zur weiteren Verwendung der RGB-Daten für die zweidimensionale Bildverarbeitung sowie die Stereoskopie ist somit die Abbildung dieses Verhaltens nötig. Hierfür sind mehrere optische Eigenschaften der Materialien zu betrachten:

- Die Oberflächentextur, also das optische Aussehen der Materialoberfläche inklusive Farben und deren Verläufe, Muster und Unregelmäßigkeiten. Hierbei kann auf vordefinierte Materialbibliotheken zurückgegriffen werden oder alternativ eine eigene Textur aus einer realen Aufnahme auf das virtuelle Teil übertragen werden.
- Die Reflektion im Sinne der Änderung des Aussehens der Materialoberfläche bei Veränderung der Umgebungslichtverhältnisse, einer Variation der relativen Orientierung von Teil zu Kamera oder dem Vorhandensein weiterer Teile in der Szene. Dieser Effekt ist eingeschränkt auf Effekte, die sich auf die der Kamera zugewandten sichtbaren Oberflächen bezieht. Der Gegenpol der Reflektion, die Remission, bezieht sich auf das von der Oberfläche absorbierte Licht, beispielsweise bei matten Oberflächen.
- Die Transparenz bedingt Änderungen analog der Reflektion, nur dass hier Einflüsse der kameraabgewandten Oberflächen auf die Darstellung der kamerazugewandten Oberflächen auswirken. Dies ist bedingt durch die Transmission des Lichts durch das Material.

Die dargestellten Effekte addieren sich zu einer Gesamtoberflächenrepräsentation. Je nach angewandtem Renderingverfahren unterscheidet sich die Berücksichtigung relevanter optischer Effekte, siehe Bild 22.

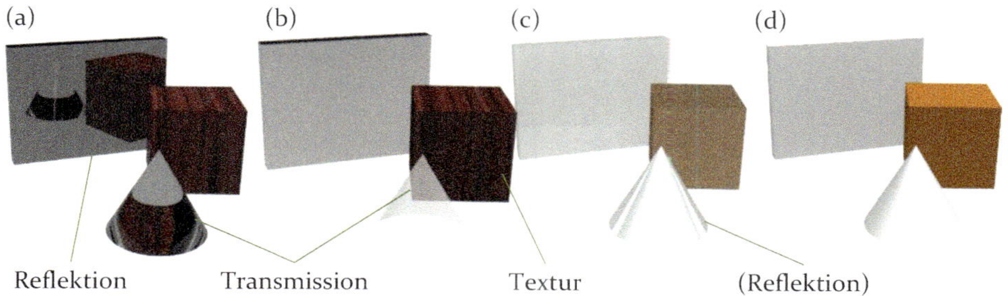

Bild 22: Ergebnisse verschiedener Renderingverfahren im Vergleich; Quader definiert als Spiegel, Würfel als Kirschholz und Kegel als Glas; (a) *Ray Traced* Rendering; (b) *Studio* Rendering; (c) Rendering basierend auf einfachen Shadern; (d) CAD-Ansicht

Die klassische CAD-Ansicht berücksichtigt dabei weder Oberflächentexturen noch Lichteinflüsse (d). Performante, jedoch einfache Shader-Verfahren bilden bereits grundsätzliche Lichteinflüsse durch Unterscheidung von Reflektion und Remission an (c). Dadurch kann ein Glänzen der Oberfläche simuliert werden. Komplexe *Shader*-Verfahren berücksichtigen Materialoberflächen, die in vorgefertigten Bibliotheken bereitgestellt werden oder selbst definiert werden können. Auch eine grundlegende Berücksichtigung von Transparenz wird möglich, jedoch ohne Berücksichtigung der optischen Eigenschaften des Materials wie dem Brechungsindex (b). *Ray Tracing(RT)*-Verfahren bieten fotorealistische Darstellungsmöglichkeiten, indem iterativ einzelne Lichtstrahlen und ihr Strahlengang simuliert und zu einem Gesamtergebnis addiert werden. Durch den iterativen Charakter ist damit jedoch ein signifikanter Verlust in der Darstellungsleistung verbunden, siehe Tabelle 1.

Tabelle 1: Übersicht zentraler Merkmale verschiedener Darstellungsmethoden [P12]

	CAD-Visualisierung	Einfache Shader	Komplexe Shader	*Ray Traced-Rendering*
Lichteinflüsse	--	o	+	++
Textur	--	-	+	++
Schatten	--	o	+	++
Reflektion	--	-	-	++
Transmission/ Transparenz	-	-	o	++
Darstellungs-leistung	++	+	o	--

Letztlich sind daher mindestens komplexe Shader als Grundlage für die Stereobildberechnung vorzusehen, da sie im Vergleich zu einfacheren Darstellungsmethoden eine sinnvolle Darstellung von Textur und Beleuchtungseffekten bieten, gleichzeitig jedoch noch eine performante Darstellung möglich ist, siehe Bild 23. Falls die zu erkennenden Teile besondere Anforderungen hinsichtlich Reflektion oder Transparenz aufweisen, beispielsweise reflektierende Metallkomponenten oder transparente Kunststoffteile, ist ein Einsatz von RT-Verfahren sinnvoll. Jedoch ist diese Darstellung auf gängigen Rechnern nicht analog der Aufnahmerate echter Kameras möglich, womit die Abbildung dynamischer Szenen oder bewegter Kameras eingeschränkt wird und letztliche eine virtuelle Inbetriebnahme zur Laufzeit verhindert wird.

Bild 23: Mittels komplexer Shader in Echtzeit gerendertes Beispielbild einer Kistenfüllung mit Beleuchtungseffekten und Texturierung der Kistenwände

5.1.3 Stereokamerasimulation zur realitätsgetreuen Tiefendatenerstellung

Aufgrund ihrer großen Verbreitung in der Robotik werden achsparallele Stereokameras simuliert. Grundsätzlich ist eine Übertragung der Simulationsmethode jedoch auch auf weitere Bauweisen übertragbar.

Eine achsparallele Stereokamera berechnet die Tiefeninformation eines Punktes durch pixel- oder merkmalsbasierten Vergleich zweier Bilder achsparalleler Kameras C_1 und C_2 definierten Abstands B, siehe Bild 24. Die Disparität δ, also die durch die verschiedenen Perspektiven bedingte Verschiebung eines Punkts M der realen Szene in den Bildebenen, dient dabei als Grundlage und wird in Pixeln angegeben (5.1). Die Abweichung u_i wird dabei auf das optische Zentrum der Kamera bezogen. [160]

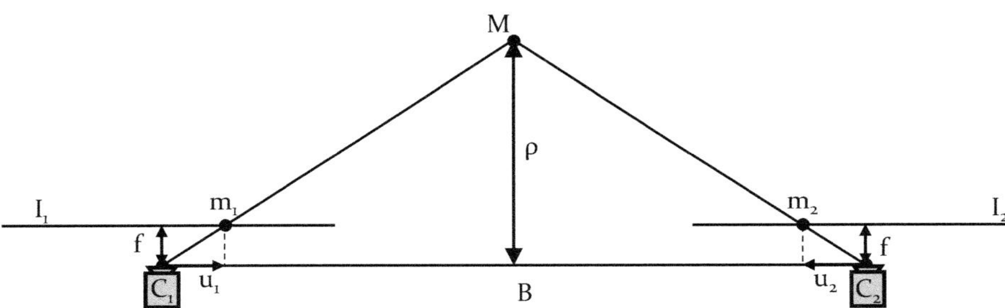

Bild 24: Berechnung der Tiefeninformation bei achsparalleler Stereographie in Anlehnung an [160]

$$\delta = u_1 - u_2 \tag{5.1}$$

Anhand des Strahlensatzes kann nun die Objektentfernung ρ mittels der Brennweite f, dem Augenabstand B sowie der Disparität δ, errechnet werden (5.2). Die Disparität wird dabei mit dem Faktor d_m, welcher der Größe eines Photoelements der Kamera, und somit der physischen Pixelgröße entspricht, von Pixel- in Längeneinheiten überführt. [160]

$$\rho = \frac{B * f}{\delta * d_M} \tag{5.2}$$

Für eine funktionale Simulation verschiedener Stereokameras ist daher unabhängig von der Disparitätsberechnungsmethode die Einstellung der kamerainternen und konstanten Parameter Augenabstand B, Brennweite f und Skalierungsfaktor d_m ausschlaggebend. Somit können simulativ verschiedene Kameratypen implementiert und für die Anwendung validiert werden.

Neben Brennweite, Augenabstand und Skalierungsfaktor wird eine Kamera durch weitere intrinsische, also kamerainterne, und extrinsische, also die geometrische Abhängigkeit der Kameras zueinander und einem Weltkoordinatensystem beschreibende, Faktoren definiert. Diese Parameter sind fertigungsbedingt selbst für Kameras gleichen Typs nicht identisch und werden in der Praxis durch Kalibrierung bestimmt. Hierbei wird ein bekanntes Objekt, meist ein auf eine Platte aufgebrachtes Muster hohen Kontrastes mit exakt vermessenen Kanten, aus verschiedenen Perspektiven von beiden Kameras erfasst und aus den resultierenden Aufnahmen auf die Parameter geschlossen. Hier sei auf die Arbeit von TSAI verwiesen, der dieses Vorgehen maßgeblich entwickelt und dokumentiert hat [161].

Dieses Vorgehen wird in der Simulation abgebildet, wobei das Kalibrierobjekt erst modelliert, und dann relativ zu den Kameras bewegt wird. Auf diese Weise kann in der virtuellen Welt auch die initiale Kalibrierung des Systems simuliert werden. Dies lässt sich weiterhin auch auf die Hand-Auge-Kalibrierung übertragen, bei welcher die räumliche Abhängigkeit der Kamera zum Roboterbasiskoordinatensystem mittels Rücktransformation der Pose der robotergeführten Kalibrierplatte über die Roboterachswinkel ermittelt wird. Mittels der vollständig definierten Stereokamera ist nun ein Merkmalsvergleich der stereoskopischen Aufnahmen, und somit die Disparitäts- und Tiefenberechnung möglich.

Bild 25 zeigt eine exemplarische Kalibrierung der virtuellen Stereokamera (a) durch Erzeugung stereoskopischer Ansichten (b,c). Durch Relativbewegung des Objekts vor den Kameras (d,e) können die Kameraparameter errechnet werden. Die Kalibrierung ist dabei als automatisierte Routine in der Simulationsumgebung definiert, sodass bei Änderung intrinsischer oder extrinsischer Parameter eine schnelle Rekalibrierung durchgeführt werden kann.

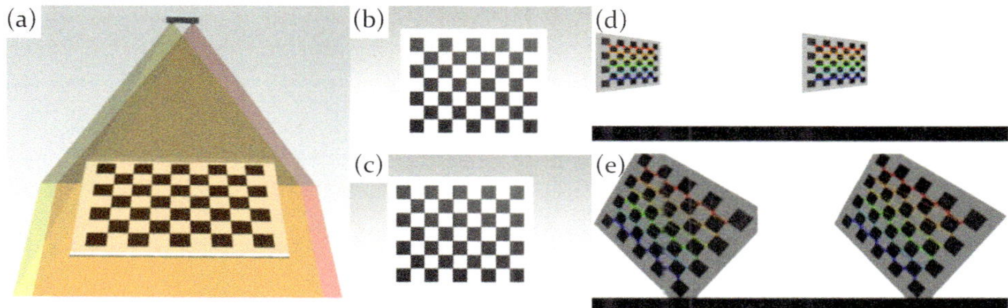

Bild 25: Kalibrierung der virtuellen Kamera mit der Methode nach Tsai [161]; Übersicht Versuchskomponenten und resultierendes linkes (b) und rechtes (c) Kamerabild; Kalibrierung durch Relativbewegung (d) und (e)

Eine exemplarische Anwendung der in Kapitel 5.1.1-5.1.3 dargelegten Methoden ist in Bild 26 dargestellt. Eine in der Simulationsumgebung Siemens NX 12 mittels Physiksimulation zufällig erzeugte Kistenfüllung wird per komplexem Shader-Rendering dargestellt. Die so erzeugten stereoskopischen Aufnahmen (a,b) bilden die Basis der Disparitätsberechnung (c) und damit schließlich der Errechnung der Punktwolke (d).

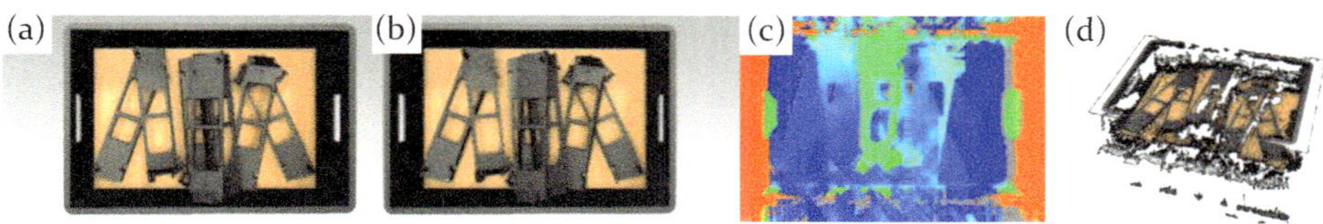

Bild 26: Linkes (a) und rechtes (b) Bild einer virtuellen Stereokamera; Disparitätsbild (c) und resultierende Punktwolke (d) in Anlehnung an [P12]

5.1.4 Steuerungstechnische Schnittstellen für die virtuelle Inbetriebnahme der Steuerungsalgorithmen

Wie in Abschnitt 5.1 dargelegt, verfügen hier betrachtete Bin-Picking-Systeme über mindestens eine RGB(D)-Kamera, mindestens einen Bildverarbeitungsrechner, ein System zu Bahnplanung, eine Robotersteuerung, einen Roboter sowie beliebiger weiterer Sensorik und Aktorik. Eine übergeordnete Steuerung koordiniert den Gesamtablauf. Roboter, Sensorik, inklusive Kameras und Aktorik sowie alle passiven Bauteile werden simulativ abgebildet. Die Robotersteuerung kann virtualisiert werden, sodass ein Betrieb mit der echten Steuerungssoftware ohne reale Hardware möglich ist. Bildverarbeitung und Bahnplanung sollen unverändert, gegebenenfalls auf der realen Hardware, betrieben werden. Die Schnittstellen zwischen Bildverarbeitung und Bahnplanung bleiben hierbei im Fall eines verteilten Systems unverändert. Die Schnittstelle der Bahnplanung zur Robotersteuerung bleibt bis auf die Adressparametrierung ebenfalls gleich. Auch die Anlagensteuerung, die in diesem System emuliert oder real vorhanden sein kann, kommuniziert grundsätzlich identisch. Zu betrachten sind somit insbesondere die Schnittstelle der virtuellen Kamera zum Bildverarbeitungssystem, die Anbindung der Robotersteuerung an die virtuelle Kinematik sowie die Kommunikation der Roboter- und Anlagensteuerung mit virtueller Sensorik und Aktorik.

Virtueller Kameratreiber

Die in Abschnitt 5.1.3 dargelegte Kamerasimulation wird analog eines realen Kameratreibers integriert. Signalgesteuert werden dabei eine oder mehrere hinsichtlich der optischen Parameter durch Kalibrierung einmalig definierte Ansichten aus der Simulationsumgebung exportiert und dem Treiber zur Verfügung gestellt. Der Treiber kann dabei entweder auf dem Simulationssystem oder dem Bildverarbeitungssystem implementiert werden. Ersteres entspricht der Emulation von Kamerasystemen mit integrierter Datenvorverarbeitung, letzteres einer Stereosynthese auf dem Rechner. Entsprechend werden entweder Kamerabilder oder bereits vorverarbeitete Tiefeninformationen an das Bildverarbeitungssystem übertragen. Auf dem Bildverarbeitungssystem befindet sich weiterhin eine proprietäre Schnittstelle zu dem zu evaluierenden Bildverarbeitungs- und Robotersteuerungssystem.

Diese werden prototypisch für eine Architektur basierend auf ROS, einem modularen Open-Source-Framework für Roboterapplikationen, implementiert [162]. Der entwickelte proprietäre ROS-Treiber der Kamera stellt die verarbeiteten Sensordaten in der Kommunikationsarchitektur bereit.

Die Kommunikation mit dem Simulationsrechner erfolgt per *Transmission Control Protocol/Internet Protocol* (TCP/IP).

Kinematische Roboteranbindung

Die simulative Abbildung der Roboterkinematik erfolgt dynamisch mittels einer Vorwärtstransformation, welche im Simulationstakt berechnet wird. Ein implementiertes Laufzeitverhalten liest die in der Robotersteuerung bereitgestellten Gelenkwinkelstellungen aus. Die Kommunikation muss dabei auf die proprietären Schnittstellen der Roboterhersteller angepasst werden. Die kinematische Kette des Roboters wird durch die Verbindung von Starrkörpern auf Basis des CAD-Modells rekonstruiert. Die Roboterbasis wird dabei als statisch definiert. Die Gelenkverbindungen werden mittels eines Positions- oder Winkelreglers auf die durch die Robotersteuerung definierte Stellung gesetzt und gehalten. Die Pose des Roboters in der Simulation entspricht somit stets der erwarteten Ist-Pose des Roboters in der Robotersteuerung.

Die beispielhafte Darstellung einer *Universal Robots UR10* Kinematik in einer Simulation (A) mit Starrköperstruktur (1), kinematischer Definition (2) und zugehörigen Winkelreglern (3) zur Abbildung des Roboters (4) basierend auf der angenommenen Ist-Pose (5) in der Robotersteuerung (B), definiert durch die sechs Gelenkwinkelstellungen (6), ist in Bild 27 dargestellt.

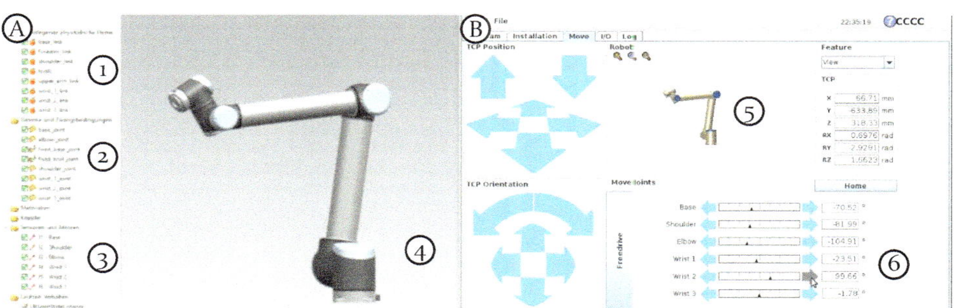

Bild 27: Kinematische Abbildung des Roboters in der Simulationsumgebung (A) durch Verknüpfung mit der Robotersteuerung (B)

Im vorliegenden Fall erfolgt die Übertragung der Pose **p** mit

$$\boldsymbol{p} = (\theta_1\ \theta_2\ \theta_3\ \theta_4\ \theta_5\ \theta_6)^T \tag{5.3}$$

über die herstellerspezifische *Real Time Data Exchange* (RTDE) Schnittstelle, welche die Informationen im Robotersteuerungstakt bereitstellt.

Steuerungsrelevante Ein- und Ausganssignale

Die Kommunikation der weiteren in der Simulation abgebildeten Sensoren und Aktoren erfolgt analog dem Vorgehen einer klassischen VIBN, wie in Abschnitt 2.2.1. beschrieben. Je nach Art der VIBN wird die SPS physisch oder softwarebasiert an die Simulation angebunden. Hierbei können sowohl proprietäre als auch standardisierte Kommunikationsprotokolle, wie die *Open Platform Communications Unified Architecture* (OPC UA) Anwendung finden.

Gesondert zu betrachten sind bidirektionale Signalflüsse, die direkt zwischen Roboter und Peripherie stattfinden. Da diese Signalflüsse nicht über die SPS verarbeitet werden, ist eine gesonderte Anbindung zu realisieren. Oftmals kann diese analog der im vorigen Abschnitt erläuterten roboterspezifischen Laufzeitanbindung realisiert werden. Hierbei wird das Laufzeitverhalten derart adaptiert, dass zusätzlich auf der Robotersteuerung geschaltete Ausgangssignalzustände auf die korrespondierenden Eingangssignale der Simulation geschrieben und analog die aus der Simulation generierten Ausgangssignalzustände auf die Eingangsadressen des Roboters gesetzt werden.

5.1.5 Simulation mechatronischer Peripherie und Greifsysteme im Kontext des Griffs in die Kiste

Zur Simulation der Greifsysteme ist im ersten Schritt eine Differenzierung der für den Griff in die Kiste nutzbaren Greifertypen durchzuführen.
Mechanische Greifer sichern die zu greifenden Teile per Form- oder Kraftschluss [54]. Durch die kinematische Modellierung des Greifapparats und dessen Registrierung in der Physiksimulation ist eine direkte Abbildung des Greifprinzips umsetzbar. Für Greifer anderer Funktionsprinzipien, insbesondere der verbreiteten pneumatischen Vakuumgreifer und elektrischen Magnetgreifer, ist eine direkte Simulation des Wirkprinzips in der Starrkörpersimulation nicht möglich. Daher ist eine Abstraktion des Verhaltens, oder eine Kosimulation mit einer geeigneten Methode nötig.
Beide Greifprinzipien basieren im Regelfall auf einem flächenartigen Kontakt der Greiferfläche mit dem Werkstück sowie dem Aktivieren eines Energieflusses, welcher den Aufbau eines Unterdrucks oder die Ausbildung eines Magnetfelds bewirkt. Diese äußern sich durch eine Anziehungskraft, welche an beiden Partnern senkrecht zur Kontaktfläche wirkt.
Die abstrahierte Simulation basiert daher auf der Prüfung des flächigen Kontakts sowie der signalbasierten Initiierung einer Haltekraft $\boldsymbol{F}_{Halte}$ mit

$$^{Greifer}\boldsymbol{F}_{Halte} = (F_x\ F_y\ F_z)^T = (0\ 0\ F_z)^T. \tag{5.4}$$

Die Prüfung des Kontakts erfolgt durch Kollisionssensoren. Ist die Haltekraft für die Untersuchung irrelevant, wird deren Simulation durch die signalbasierte Definition einer starren kinematischen Verbindung zwischen Greifer und Werkstück weiter abstrahiert. [P12]

5.2 Einsatzgebiete und methodisches Vorgehen

Die Einsatzgebiete des erarbeiteten Simulationskonzepts liegen in der geometrischen Auslegung des Systems sowie der Generierung von Daten zur Auslegung beziehungsweise dem Training und der Validierung der Funktionalität der Steuerungsalgorithmen im Sinne einer virtuellen Inbetriebnahme. Da Bin-Picking-Systeme grundsätzlich mechatronische Systeme darstellen, wird für die Einordnung der Einsatzgebiete auf die Vorgehensweise zur Entwicklung mechatronischer Systeme nach VDI 2206 [29] zurückgegriffen.

5.2.1 Kinematische und optische Simulation zur Systemauslegung

Die Systemauslegung eines Bin-Picking-Systems ist grundlegend komplexer als die eines klassischen Robotersystems. Durch die zufällige Teileorientierung bedingen sich zufällige Greifposen und ad hoc geplante Trajektorien, die erhöhte Anforderungen bereits in der geometrischen Gestaltung der Zelle bedeuten. Insbesondere Erreichbarkeiten, Kollisionspotentiale und das mechanische Greiferdesign können die letztliche Leistung des Systems signifikant beeinflussen. Aufgrund der herausragenden Bedeutung des optischen Erfassungssystems für die Funktionalität ist dieses auch bereits zu diesem Zeitpunkt, beispielweise hinsichtlich dessen Platzierung, zu berücksichtigen. Weiterhin zu beachtende Aspekte zu diesem Planungsstand umfassen die Simulation von Kabeln, deren Länge und Befestigung anhand der möglichen Roboterbahnen bestimmt werden muss, sowie die Betrachtung von Sicherheitsabständen beziehungsweise der Auslegung technischer Schutzeinrichtungen.

Diese Einrichtung kann grundsätzlich ohne die Implementation der realen Steuerungssoftware im Sinne einer SiL- oder HiL-VIBN umgesetzt werden. Hierbei erfolgt die Greifpunktbestimmung auf Basis der bekannten geometrischen Lage des Teils in der Simulation. Einzig für die realistische Analyse von Kollisionspotenzialen sowie gegebenenfalls der Auslegung von Sicherheitsabständen ist die Einbindung einer realistischen Bahnplanung teilweise sinnvoll. Grundsätzlich können die oben beschriebenen Inhalte somit bereits in der Phase der mechanischen Auslegung durchgeführt werden.

5.2.2 Validierung der Funktionalität und zentraler Leistungsparameter

Neben der Evaluation der mechanischen Auslegung ist insbesondere der Test der Funktionalität und Leistungsfähigkeit der verwendeten Software für die Simulation von Bin-Picking-Systemen zentral. Im Betrachtungsumfang liegen dabei vor allem die Erfolgsraten sowohl der Bildverarbeitung, der Bahnplanung als auch des tatsächlich resultierenden Griffs. Weiterhin von Interesse ist die Funktionalität sämtlicher Schnittstellen, welche durch die Ausführung als SiL- oder HiL-VIBN verifizierbar ist. Auch die Fehlerbehandlung, beispielsweise bei Befüllung der Anlage mit falschen Teilen oder geometrisch unmöglich greifbar liegenden Teilen ist zu betrachten. Die Evaluation eventueller Ausweichstrategien, wie eine gezielte Bewegung der Kiste durch zusätzliche Aktorik oder den Manipulator selbst, mit dem Ziel der Herstellung einer neuen zufälligen Anordnung der Teile in der Kiste, ist hierdurch ebenso realisierbar. Auch zusätzliche sensorbasierte Funktionen, wie beispielsweise eine automatische (Re-)Kalibrierung anhand am System aufgebrachter Marken ist durch die Integration der optischen Erfassung bereits frühzeitig möglich. Zusammenfassend erlaubt die vollständige Simulation der Sensorik und Aktorik sowie die Einbindung der realen Steuerungsalgorithmen ein Vorverschiebung von Testinhalten vor die tatsächliche Inbetriebnahmephase und somit eine Zeitersparnis bei dieser sowie die Möglichkeit zur Entwicklung komplexerer Steuerungsprogramme durch die zeitliche Parallelisierbarkeit.

Eine Ausführung als HiL-Simulation erlaubt zusätzlich die Evaluation benötigten Rechenzeiten und somit eine Abschätzung der letztlich erreichbaren mittleren Zykluszeit sowie deren Streuung. Derartige Daten sind für die Auslegung des Materialflusses, Wertstroms sowie logistischer Zu- und Abführsysteme entscheidend, weshalb die zeitliche Vorverschiebung hier zusätzliche Synergien generiert.

5.2.3 Generierung synthetischer Trainingsdaten für die Optimierung maschineller Lernverfahren

Durch die realitätsgetreue Darstellung und gezielte Abstraktion virtueller Szenen unter Imitation der realen Kameraparameter werden für das Training von DNNs geeignete Eingangssignale generiert. Diese Erstellung synthetischer Trainingsdaten bietet Lösungspotenzial für die Problematik der Erfassung und Annotation von Daten für lernende Systeme. Die zugehörige Annotation der Daten, in diesem Fall beispielsweise die Objektpose relativ zur Kamera, ist anhand der bekannten Objekt- und Kameraposen im Weltkoordinatensystem der Simulation, berechenbar.

Das zu erkennende Teil wird somit bereits virtuell derart repräsentiert, dass die Merkmalsextraktion des CNNs auf die tatsächlichen Merkmale des Teils trainiert und somit eine Abstraktion in die reale Domäne ermöglicht wird. Die mittels des Renderingverfahrens mögliche Einbindung realistischer Texturen, die beispielsweise aus einfachen RGB-Bildern der Teile sowie der Umgebung gewonnen werden können, steigern weiterhin die Realitätstreue der synthetischen Simulationsdaten, siehe Bild 28.

Bild 28: Synthetisch generierte Ansicht einer zufällig gefüllten Kiste mit bekannter 6D-Pose

Da ein rein synthetisch trainiertes neuronales Netz oftmals eine geringe Robustheit beim realen Einsatz aufweist [79], wird eine Methode zur effizienten Anreicherung des Datensatzes mit Realdaten durch Nutzung von *Active Learning* für Bildverarbeitungsaufgaben, siehe Bild 29, definiert. *Active Learning* stellt dabei eine Form des *Semi-Supervised Learning* dar, also der Nutzung überwachter Lernverfahren unter Verringerung oder Elimination des Aufwands zur manuellen Generierung der *Ground Truth* Annotationen [163].

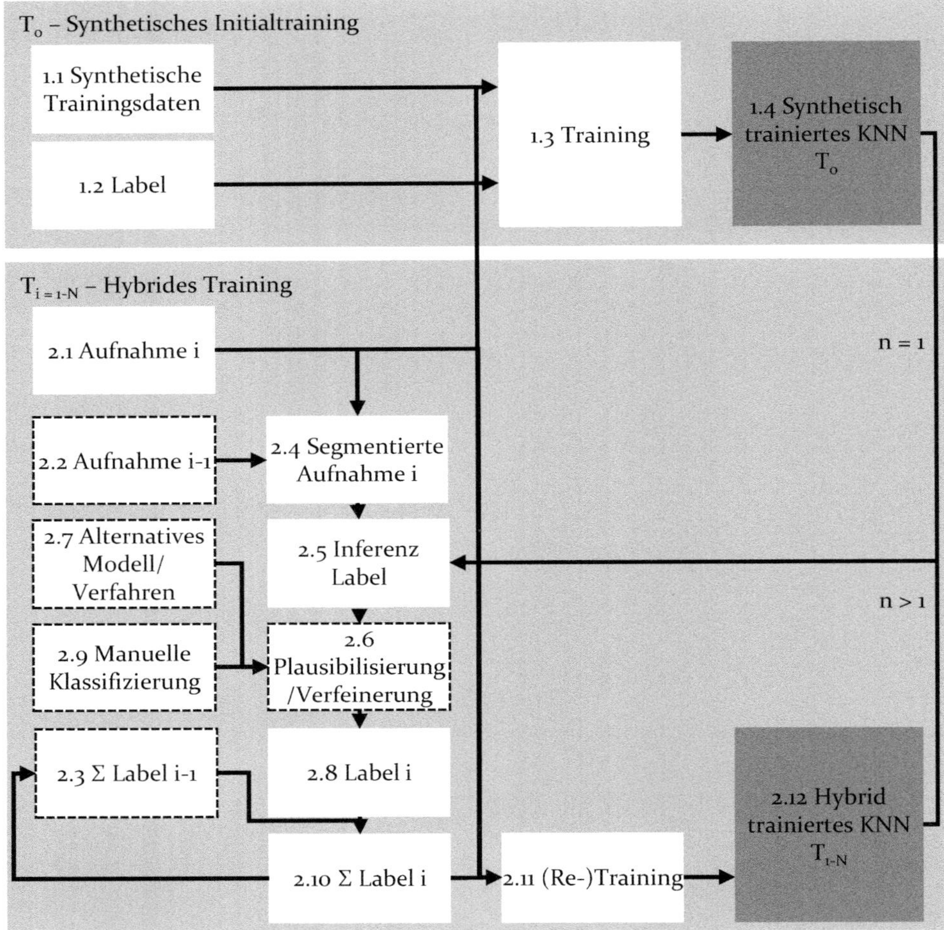

Bild 29: Methode zur (halb-)automatisierten Annotation realer Trainingsdaten auf Basis eines synthetisch vortrainierten DNN

Startpunkt bildet hierbei das mittels annotierter synthetischer Daten (1.1, 1.2) trainierte DNN (1.3, 1.4). In einem nächsten Schritt wird ein Referenzdatensatz (RGB, RGB-D) der realen Umgebung aufgenommen (2.2, Aufnahme 0). Nun werden iterativ zu erkennende Teile in die Grundszene hinzugefügt. Nach jeder Addition wird ein neuer Datensatz (2.1, Aufnahme i) erzeugt. Dieser wird mittels einer Differenzbildrechnung zum zuletzt aufgenommenen Datensatz (2.2, Aufnahme i-1) segmentiert (2.4). Auf diesem Segment findet nun eine Inferenz des vortrainierten DNNs statt (2.5).

Durch den stark eingeschränkten Datensatz sehr geringer Komplexität ist eine große Robustheit der Erkennung bereits zu einem frühen Zeitpunkt zu erwarten. [P13]

Optional kann die Erkennung weiterhin durch zusätzliche Bildverarbeitungsmethoden unterstützt werden (2.6). Hierzu zählen beispielsweise Methoden zur Feinausrichtung wie ICP, welche aus Laufzeitgründen oder aufgrund der hohen Komplexität der vollständigen realen Umgebung nicht im tatsächlichen Betrieb eingesetzt werden können. Auch ein Rückschluss von einer Datenart auf eine andere, beispielsweise von RGBD auf RGB oder von mehreren Perspektiven derselben Szene zueinander, ist so möglich.

Die Annotation der vorherigen Aufnahme i-1 (2.3) wird nun um die so gewonnene Annotation des in Aufnahme n hinzugefügten Teils ergänzt (2.10). Da die Annotationen vorher hinzugefügter Teile i-1 stets in den neuen Datensatz i übernommen wird, darf sich deren Annotation, also im Falle des Bin-Pickings die Objektpose, zwischen den Aufnahmen nicht ändern. Dieses Vorgehen wird iterativ wiederholt, bis kein Hinzufügen eines weiteren Teils ohne Beeinflussung der anderen Teile mehr möglich ist.

Die erzeugten Annotationen können nun manuell geprüft werden (2.9). Die Erzeugung realer Trainingsdaten ist dann zwar nicht vollständig automatisiert, der notwendige Aufwand durch die Reduzierung der Aufgabe auf eine Klassifikation anstatt einer 6D-Poseermittlung jedoch maßgeblich reduziert. Bei hinreichender Robustheit kann auf die händische Validierung der Daten verzichtet werden und eine vollautomatische Optimierung nach dem *Pseudo-Labelling*-Ansatz [164] wird möglich. In Abgrenzung zu klassischen *Pseudo-Labelling*-Verfahren wird durch die Komplexitätsreduktion auf Basis der Differenzsegmentierung jedoch eine höhere *Pseudo-Label*-Güte erzielt.

Das DNN wird nun mit dem hybriden Datensatz aus synthetischen und realen Daten trainiert (2.11, 2.12). Das Verfahren ist grundsätzlich anwendbar für bildverarbeitende Algorithmen auf 2D und 3D Aufnahmen und geeignet für Objekterkennung, Poseschätzung, semantische Segmentierung sowie Instanzsegmentierung. Das Verfahren kann über beliebig viele Szenen mit jeweils *i* Additionsschritten für *n* Trainingszyklen angewandt werden.

Insbesondere die realitätsgetreue virtuelle Inbetriebnahme von Bin-Picking-Applikationen sowie weiterer industrieller Bildverarbeitungsprozesse, sowie die gleichzeitige Bereitstellung synthetischer Daten zum Training überwachter Lernverfahren in diesem Bereich erhöhen dabei den Stand der Technik.

6 Human-in-the-Loop-Virtuelle Inbetriebnahme für die effiziente Planung und Bewertung kollaborativer Arbeitsplätze

Die virtuelle Abbildung hybrider Produktionssysteme zur Planung, Simulation und virtuellen Inbetriebnahme erfordert die Abbildung des Menschen zur Laufzeit sowie die realistische Echtzeitvisualisierung der virtuellen Umgebung. Im folgenden Kapitel wird die hierfür erarbeitete Systemarchitektur vorgestellt, sowie eine Methodik für den Einsatz der Methode entlang des Entwicklungsprozesses des Systems definiert.

Einige Aspekte der folgenden Ausführungen sind an den vom Autor kobetreuten Arbeiten [S2–S8] sowie den vom Autor publizierten Arbeiten [P5, P10, P14–P16] angelehnt. Entsprechende Abschnitte sind gekennzeichnet.

6.1 Systemarchitektur

Die Systemarchitektur besteht aus einem kombinierten Mensch- und Objekterfassungssystem, einem Simulationssystem, einer Robotersteuerungssimulation und einer physischen oder emulierten SPS, siehe Bild 30. In der Simulationsumgebung werden die eingehenden Trackingdaten MCS auf ein kinematisiertes digitales Menschmodell (DMM) übertragen. Die Objekterfassungsdaten dienen der Positionierung der virtuellen Abbildungen in der Simulationsszene. Die in der RCS ermittelten Achsstellungen des Roboters werden auf dessen kinematische Repräsentation übertragen. Die Simulation erfolgt ereignisbasiert in zyklischem Durchlauf (*Cyclic Event Evalution* – CEE) auf Basis in der Simulation generierter sowie durch die SPS oder weitere Peripherie bereitgestellter Signale. Die Szene wird zur Laufzeit mittels eines VR-Systems stereoskopisch auf einem HMD visualisiert.

Die einzelnen Systemkomponenten werden in den folgenden Abschnitten generisch beschrieben, um eine universelle Übertragbarkeit der Ergebnisse zu gewährleisten. Anhand beispielhafter Implementierung werden diese anschließend konkretisiert.

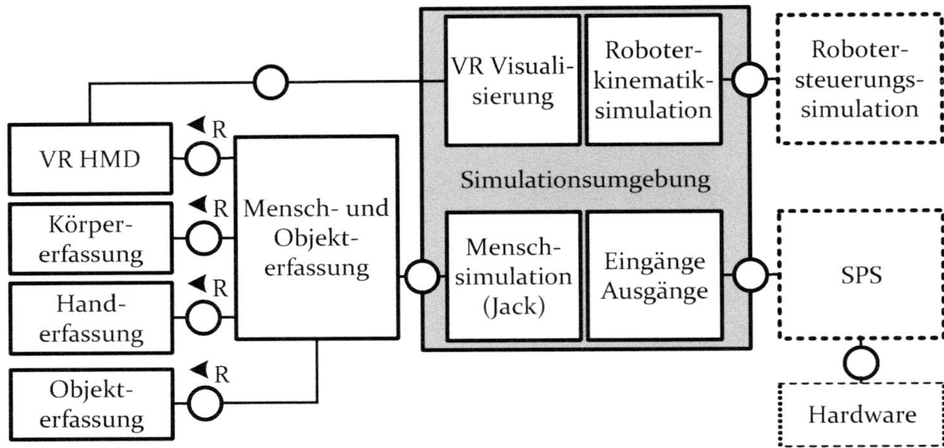

Bild 30: Systemkonzept einer HuiL-VIBN hybrider Montagesysteme in Anlehnung an [P10]

6.1.1 Mensch- und Objekterfassung für die Simulationsintegration zur Laufzeit

Die Anforderungen an das MCS für eine interaktive Planung von Systemen der MRK unter Beibehaltung der Aspekte eines Workshops unter Einbeziehung der Werker unterscheiden sich von denen klassischer MCS, welche beispielweise für eine Ergonomiesimulation oder Computeranimationen eingesetzt werden. So ist einerseits eine hohe Detailtreue in der Abbildung der Menschen, insbesondere auch seiner Hände, nötig. Diese stellen das häufigste Interaktionsmedium in derartigen Systemen dar. Gleichzeitig ist das System für den Einsatz in Workshops oder Schulungen zu konzipieren, was der Nutzung mechanischer oder markerbasierter Erfassungsverfahren, aus Umrüst- und Hygienegründen, entgegensteht. Da eine immersive Evaluation mittels VR-Technologien realisiert wird, ist weiterhin sicherzustellen, dass die virtuelle Repräsentation des Menschen aus Egoperspektive der durch die nicht-visuelle Sensorik des Menschen erwarteten entspricht, da dies ansonsten zu Unwohlsein des Nutzers führen kann.

Da für die Bewertung einer MRK-Applikation immer die gesamte Applikation relevant ist, sind insbesondere die Umgebung und eventuelle Werkstücke und Werkzeuge ebenfalls in die Simulation zu integrieren. Obwohl das Umfeld des Roboters, also die Station, in der Realität als statisch anzusehen ist, ist diese im Rahmen eines Workshops durchaus Änderungen unterworfen. Um hier eine händische Anpassung des Simulationsmodells zu vermeiden, ist eine Möglichkeit der Pose-Erfassung dieser quasistatischen

Objekte nötig. Werkzeuge und Werkstücke bewegen sich dagegen dynamisch während des Arbeitsprozesses. Die Erfassung dieser ist daher fortlaufend und hochgenau erforderlich, um wiederum die Immersion der Simulation nicht einzuschränken.

Das System besteht daher aus mehreren Erfassungssystemen, deren Daten durch ein der Simulation vorgelagertes System transformiert, integriert, gefiltert und für die weitere Verwendung bereitgestellt werden, siehe auch Bild 31. Die Sensordatenfusion findet dabei auf Ebene symbolischer Informationen statt [165]. Die Ausführung als selbstständiges Programm erlaubt eine universelle Einsetzbarkeit unabhängig von proprietären Programmierschnittstellen der Simulationswerkzeuge. Grundsätzlich ist eine direkte Übermittlung der bearbeiteten Erfassungsdaten auch in Simulationstools, welche nicht für die Menschsimulation konzipiert sind, möglich [P16, P15]. Jedoch müssen dabei fehlende kinematische Plausibilisierungsfunktionen sowie eingeschränkte Analysemöglichkeiten in Kauf genommen werden.

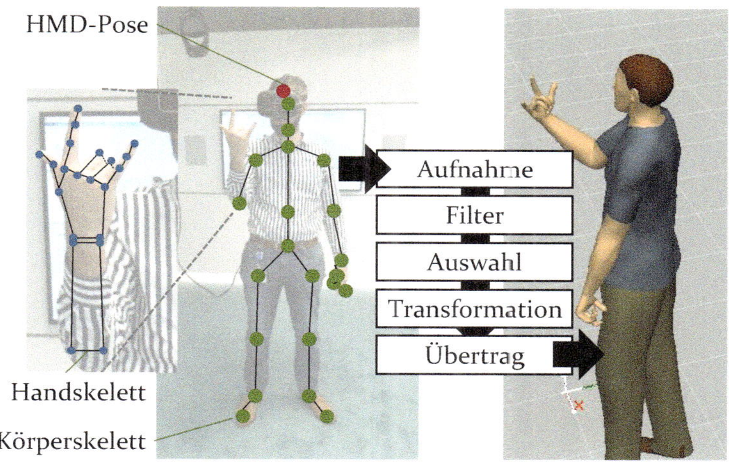

Bild 31: Fusion verschiedener Erfassungssysteme zu einem korrekten Gesamtkörpermodell

Transformation und Integration

Insgesamt werden für die Bewegungserfassung des Menschen drei Systeme verwendet: die Pose-Erfassung des VR-HMDs, ein visuelles Ganzkörper-Erfassungssystem (GKE) sowie ein dezidiertes, visuelles Hand-Erfassungssystem (HE). GKE und HE sind als markenlose visuelle Erfassungssysteme ausgeführt, wodurch ein Nutzerwechsel nur die Übergabe des HMD erfordert. Für die weiteren Ausführungen wird angenommen, dass die Erfassungssysteme GKE und HE jeweils Positionen zur Körper- oder Handbeschreibung notwendiger n Stützpunkte ausgeben können. Es gilt:

$$^{ES}\boldsymbol{p}_{i,n} = (^{ES}x_{i,n} \ ^{ES}y_{i,n} \ ^{ES}z_{i,n})^T \tag{6.1}$$

$$\text{mit } ES = \begin{cases} GKE \ für \ Körpererfassung \\ HE \ für \ Handerfassung \end{cases}$$

$$\text{und } i = \begin{cases} K \ für \ Körpererfassung \\ H \ für \ Handerfassung \end{cases}$$

Während das GKE dabei ortsfest ist, werden HMD und HE mitgeführt. Für das HMD ist dies naturgemäß Voraussetzung. Die Mitführung der visuellen HE ist sinnvoll, da das Erfassungsvolumen derartiger Systeme technisch begrenzt ist, was bei ortsfester Anbringung den Aktionsraum des Nutzers signifikant einschränken würde. Zur Vermeidung unnötiger Umrüstaufwände bei Operatorwechsel wird der Sensor an das HMD montiert.

Um die oben beschriebene Kongruenz der visuellen Körperrepräsentation mit der sensorischen Erwartung sicherzustellen, werden HE und GKE in das globale Koordinatensystem des VR-Systems transformiert, welches Grundlage ebenjener Visualisierung darstellt, siehe Bild 32.

Das lokale Koordinatensystem des HE und somit die Positionen der erfassten Handpunkte $^{HE}\boldsymbol{p}_{H,n}$ wird mittels der zeitkonstanten Rotationsmatrix $^{HE}_{HMD}\boldsymbol{R}$ und dem montagebedingte Versatz $^{HMD}\boldsymbol{v}$ in das lokale Koordinatensystem des HMD überführt ($^{HMD}\boldsymbol{p}_{H,n}$):

$$^{HMD}\boldsymbol{p}_{H,n}(t) = {}^{HE}_{HMD}\boldsymbol{R} * {}^{HE}\boldsymbol{p}_{H,n}(t) + {}^{HMD}\boldsymbol{v} \tag{6.2}$$

Ausgehend von dessen aktueller Position ($^{HMD}_{Welt}\boldsymbol{t}$) und Rotation ($^{HMD}_{Welt}\boldsymbol{R}$) im Weltkoordinatensystem zum Zeitpunkt t erfolgt schließlich die Positionsberechnung der Handpunkte im Raum:

$$^{Welt}\boldsymbol{p}_{H,n}(t) = {}^{HMD}_{Welt}\boldsymbol{R}(t) * {}^{HMD}\boldsymbol{p}_{H,n}(t) + {}^{Welt}\boldsymbol{t}(t) \tag{6.3}$$

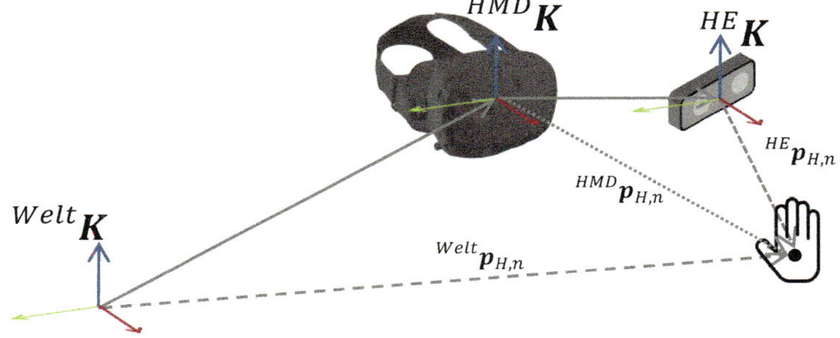

Bild 32: Umrechnung der erfassten Handstützpunkte in das Weltkoordinatensystem

Die ermittelten Körperpunkte des ortsfesten GKE werden mittels einer Differenzrechnung zum HMD in das Weltkoordinatensystem überführt, siehe Bild 33. Für jeden aufgenommenen Körperstützpunkt ${}^{GKE}\boldsymbol{p}_{K,n}$ wird zuerst dessen Differenzvektor zum Kopfstützpunkt ${}^{GKE}\boldsymbol{p}_{K,Kopf}$ ermittelt:

$$ {}^{GKE}\boldsymbol{diff}_{K,n}(t) = {}^{GKE}\boldsymbol{p}_{K,Kopf}(t) - {}^{GKE}\boldsymbol{p}_{K,n}(t) \quad (6.4) $$

Dieser wird anschließend mittels der Rotationsmatrix ${}^{GKE}_{Welt}\boldsymbol{R}$, welche bei Systeminitialisierung einmalig bestimmt werden muss, in das Weltkoordinatensystem überführt:

$$ {}^{Welt}\boldsymbol{diff}_{K,n}(t) = {}^{GKE}_{Welt}\boldsymbol{R} * {}^{GKE}\boldsymbol{diff}_{K,n}(t) \quad (6.5) $$

Die Differenz wird nun zur Position des HMD addiert, um die kongruente Position des Körperstützpunkts im Raum zu erhalten:

$$ {}^{Welt}\boldsymbol{p}_{K,n}(t) = {}^{Welt}\boldsymbol{t}(t) + {}^{Welt}\boldsymbol{diff}_{K,n}(t) \quad (6.6) $$

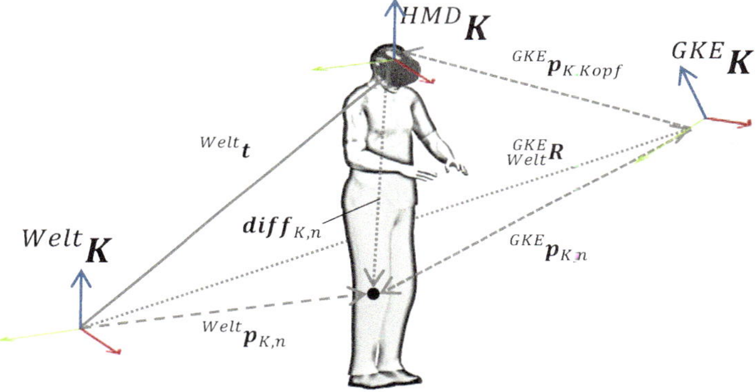

Bild 33: Visualisierungsabhängige Körperstützpunkt-Rückführung durch Differenzrechnung einer möglichen MCS-Anordnung

Als Ergebnis besteht ein homogenisiertes Körpermodell aus den Stützpunkten der Erfassungssysteme. Da insbesondere für die Hände zu diesem Zeitpunkt redundante Positionsinformationen vorliegen können, ist die Auswahl der relevanteren Daten vonnöten. Werden von der Erfassungssystemen Konfidenzwerte zu einzelnen Punkten ausgegeben, kann eine Selektion anhand dieser erfolgen. Ansonsten bietet sich eine Plausibilisierung durch Abgleich der per GKE erfassten Handposition von ${}^{Welt}\boldsymbol{p}_{K,Hand}(t)$ mit einem mittels ${}^{HE}_{HMD}\boldsymbol{R} * {}^{HMD}_{Welt}\boldsymbol{R}(t)$ errechneten maximalen Erfassungsvolumen der HE an.

Für die Erfassung quasistatischer Umgebungsobjekte bietet sich eine visuelle Erfassung, gegebenenfalls mittels des GKE, an. Die Überführung der

Objektpose erfolgt dann analog Gleichung (6.5). Methoden der Posebestimmung bekannter Objekte mittels optischer Sensorik wurden in Abschnitt 0 genauer erläutert. Die Pose dynamischer Objekte, die eine Anbringung proprietärer Marken der VR-Systeme erlauben, können direkt über dieses System erfasst werden und liegen dadurch bereits in der korrekten Transformation vor.

Filter und Plausibilisierung

Eine erste Filterung der eingehenden Sensordaten hinsichtlich zufälliger Abweichungen findet bereits in den Treiberschnittstellen der Hersteller statt. Hierbei werden beispielsweise durch Sensorrauschen bedingte fehlerhafte Daten bereits reduziert.

Die so erzeugten und nach vorigen Ausführungen transformierten Daten müssen in einem ersten Schritt auf systematische Abweichungen geprüft und gegebenenfalls nachbearbeitet werden. Systematische Abweichungen treten beispielsweise beim Vertauschen der Körperseiten oder Hände auf. Erstere kann durch Abgleich mit biomechanischen Grenzwerten aufgedeckt werden. Rotationsdifferenzen mit Betrag größer 90° zwischen der HMD ${}^{Welt}\boldsymbol{p}_{HMD}(t)$ und der durch Schultern und Körperschwerpunkt definierten Frontalebene des Oberkörpers sind biomechanisch nicht vorgesehen. Bei Auftreten liegt somit eine Links/Rechts-Vertauschung in der GKE vor, die durch eine Spiegelung an der Sagittalebene kompensiert werden kann. Vertauschungen der Hände durch das HE können analog der Ausführungen im vorigen Abschnitt mittels der identischen Handpositionen des GKE ermittelt und durch kreuzweisen Datentausch kompensiert, werden.

Konkretisierung durch beispielhafte Implementation

Das beschriebene System wird exemplarisch in zwei Konfigurationen umgesetzt, um dessen Übertragbarkeit aufzuzeigen und praxisrelevante Aspekte zu verdeutlichen. Beide Konfigurationen nutzen ein *HTC Vive* VR-System sowie einen *Leap Motion* Controller als HE. In Konfiguration 1 wird das GKE mittels einer *Microsoft Kinect V2* Tiefenkamera umgesetzt. Dies ermöglicht eine sehr kostengünstige und schnelle Implementierung. Schwächen zeigen sich in der Genauigkeit der Erfassung sowie, bedingt durch die optische Erfassung der Szene aus nur einer Perspektive, Erfassungsfehler durch Verdeckungen. [S3]

Konfiguration 2 nutzt die *Open Source* Bibliothek *OpenPTrack* (OPT) [166, 167]. Dies erlaubt die Einbindung multipler verteilter RGB-D-Erfassungssysteme, und deren vorgelagerte Datenfusion auf Symbolebene. Insgesamt findet somit eine zweistufige Symbolfusion statt. Neben der GKE [168] wird ebenfalls eine dynamische Objekterfassung ermöglicht [169]. Zwar erfordert das System performante Rechenhardware und Integrationsaufwand für jedes RGB-D-Erfassungssystem, bietet dafür jedoch hohe Robustheit und herstellerunabhängige Skalierbarkeit. [S8]

Für beide Systeme liegt das Weltkoordinatensystem ${}^{Welt}\boldsymbol{K}$ im Schwerpunkt der im VR-System kalibrierten Bewegungsfläche, wobei die x,y-Ebene mit dem Boden zusammenfällt und die z-Achse positiv nach oben zeigt. Das HE ist frontal am HMD befestigt. ${}^{HE}_{HMD}\boldsymbol{R}$ ergibt sich in diesem Fall zu

$$ {}^{HE}_{HMD}\boldsymbol{R} = \boldsymbol{R}_{\boldsymbol{y}}(180°) * \boldsymbol{R}_{\boldsymbol{x}}(90°) = \begin{pmatrix} -1 & 0 & 0 \\ 0 & 0 & -1 \\ 0 & -1 & 0 \end{pmatrix}. \tag{6.7} $$

Da in System 1 nur eine *Kinect V2* zum Einsatz kommt, ist eine direkte Registrierung der Kamera selbst und somit deren lokalen Koordinatensystems ${}^{GKE}\boldsymbol{K}_{S1}$ im Weltkoordinatensystem möglich. Dafür wird eine Marke, deren Pose ${}^{Welt}\boldsymbol{p}_{Marke}(t)$ im Weltkoordinatensystem bekannt ist, definiert an der Kamera angebracht. Über die messbare, montagebedingte Transformation kann auf die Pose der Kamera im Weltkoordinatensystem geschlossen werden.

System 2 besteht aus mehreren Kameras, deren geometrische Abhängigkeit untereinander durch eine initiale Kalibrierung berechnet wird. Das resultierende lokale Koordinatensystem ${}^{GKE}\boldsymbol{K}_{S2}$ definiert sich als Punkt auf der Kalibrierplatte zum Ende der Kalibrierung. Auch hier kann dieses, mittels Aufbringens einer Marke bekannter Pose ${}^{Welt}\boldsymbol{p}_{Marke}(t)$ mit definierter Translation und Rotation, in das Weltkoordinatensystem ${}^{Welt}\boldsymbol{K}$ überführt werden, siehe Bild 34.

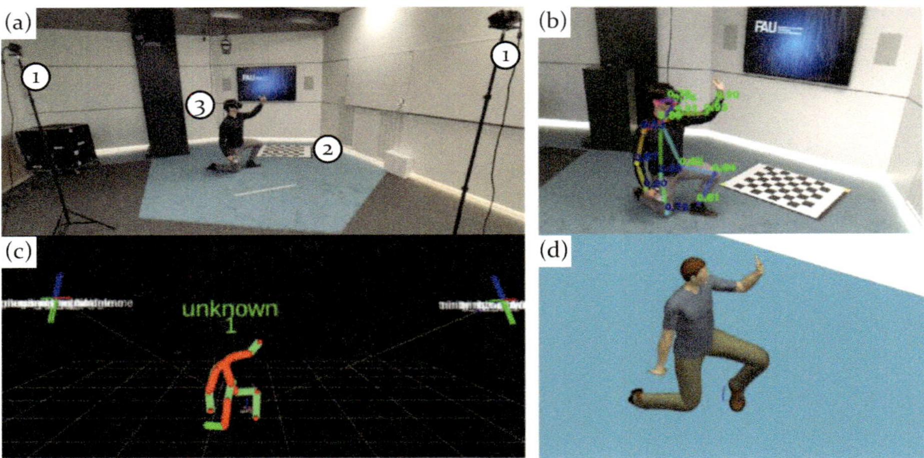

Bild 34: KI-gestütztes, redundantes Multi-Kamera-Trackingsystem in Anlehnung an [S8]. (a) Tracking-System mit zwei GKE-Systemen (1), Marker zur Registrierung (2) und Benutzer mit HMD (3). (b) Poseschätzung mit Konfidenz des rechten GKE. (c) Sensordatenfusion. (d) Resultierende DHM-Pose

6.1.2 Humansimulation zur Analyse und Dokumentation der Simulation von Mensch-Roboter-Kollaboration

Die für diese Arbeit betrachtete Humansimulation bezieht sich auf die kinematische Abbildung zum Zwecke der Abbildung von Erreichbarkeiten, der Zeitaufnahme sowie der Analyse hinsichtlich ergonomisch relevanter Parameter. Im Rahmen dieser Arbeit wird der Anwendungsbereich der Ergonomiesimulation noch hinsichtlich einer Selbstrepräsentation des Simulationsnutzers in der AR, der Interaktion mit dem mechatronischen VIBN-Modell sowie der Sicherheitstechnik erweitert.

Im Gegensatz zu klassischer Ergonomiesimulation, bei welcher der Mensch verhaltensdeterministisch programmiert ist, wird das oben beschriebene Erfassungssystem zur Steuerung des DHM verwendet.

Zum Übertrag der vereinheitlichten, gefilterten Körperstützpunkte an die proprietären Schnittstellen der Humansimulationsprogramme ist gegebenenfalls ein Schließen von vorhandenen auf andere oder weitere Körperstützpunkte nötig. Zur Errechnung dieser sei auf das Gebiet der Anthropometrie sowie die DIN 33402 verwiesen [170, 171]. Die Bewegung des DHM kann dabei live angezeigt oder mittels einer Sampling-Rate aufgezeichnet werden. Aus den aufgezeichneten Posen des DHM ist neben einer Wiedergabe auch die integrative Berechnung eines Gesamtbewegungsumschlags durch Addition aller posenbezogenen Hüllvolumina möglich.

Zur Realisierung einer intuitiven Interaktion des Nutzers mit der virtuellen Umgebung ist eine Abbildung relevanter Fähigkeiten abzubilden. Insbesondere das geordnete oder ungeordnete Greifen von Objekten ist Grundlage der meisten Handhabungs- und Montageprozesse. Zur Abbildung dieses Prozesses für rein virtuelle Objekte, die also nicht mit oben beschriebener Objekterfassung virtualisiert werden können, wird ein hybrider Ansatz aus Gesten- und Kollisionserkennung eingesetzt, siehe Bild 35.

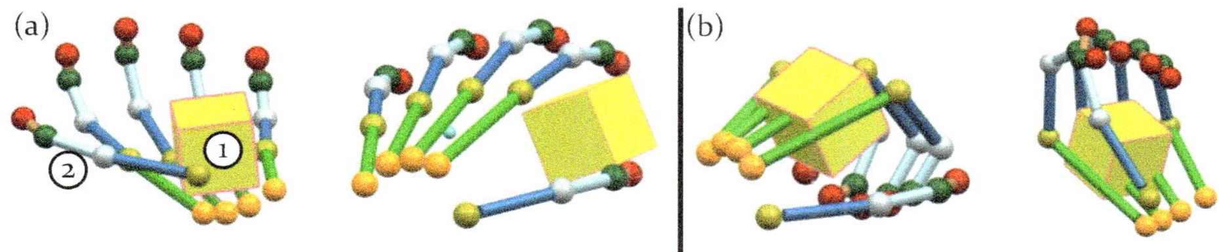

Bild 35: Methoden zum Griff virtueller Objekte (1) mittels virtuellem Handmodell (2) in Anlehnung an [P16]; (a) Kollisionsbasierter Griff durch Aufliegen und reibungsbasierter Zangengriff; (b) Griff mittels Gestenerkennung der HE, siehe auch [P17]

Für ersteren Ansatz wird die kinematische Struktur der Hand mit primitiven Kollisionskörpern nachempfunden. Durch kontinuierliche Kollisionsevaluation in der Simulationsumgebung wird dadurch ein Greifen sowie eine generelle Interaktion (Drücken, Schieben) ermöglicht. Gerade beim Greifen ist dabei jedoch das fehlende haptische Feedback des virtuellen Objekts problematisch. Ein zu starkes Schließen der Hand führt dabei zu einer Oberflächendurchdringung der Kollisionskörper mit entsprechender Gegenreaktion. Dies wird kompensiert durch die gestenbasierte Grifferkennung. Hierbei wird mittels der Erfassungsdaten der HE ein Griff erkannt und ein entsprechendes Eingangssignal für die Simulation generiert. Bei Anliegen des Signals wird zuerst eine Kollisionsprüfung der Hand durchgeführt und das kollidierende Objekt bis zum Lösen des Griffs aus der Kollisionsbehandlung ausgeschlossen. Für die Abbildung der häufigsten Griffszenarien sind sowohl Faustgriff als auch Pinzettengriff, also ein Griff zwischen Daumen- und Zeigefingerspitze, umgesetzt.[P15, P17]

6.1.3 Augmented Virtuality zur immersiven Einbindung von Nicht-Experten in die Systemsimulation

Zur Ermöglichung einer direkten Interaktion mit einer virtuellen Anlage ist zusätzlich die Interaktion mit Sensorik Voraussetzung. Hierzu zählen in der industriellen Praxis Bedienelemente, wie Schalter und Taster, sowie berührungslose Sicherheitssensoren, wie Lichtgitter oder LiDAR-Scanner, und komplexere Mensch-Maschine-Schnittstellen (*Human Machine Interface, HMI*), wie berührungsempfindliche Bildschirme (*Touch Panel*).

Die Interaktion mit mechanischen Schaltern und Tastern wird mittels einer Kollisionserkennung durchgeführt. Hierbei wird diese mit internem, dem Element zugeordnetem Logikverhalten verknüpft. Abbildbar sind hierdurch einerseits direkte Verknüpfungen zwischen Kollisionserkennung und Signalverhalten. Diese werden zur Abbildung einfacher Taster sowie bei der Interaktion mit berührungslosen Sensoren eingesetzt. Zusätzlich ist jedoch auch die Implementation komplexerer Verknüpfungen möglich. Für die Abbildung des Verhaltens einrastender Taster sowie Schalter werden bistabile Kippglieder verwendet.

Bei der Einbindung von Sicherheitssensorik entsprechender SiL/PL-Klassifizierung sind zusätzlich die erhöhten Anforderungen an die Signalübertragung zu berücksichtigen. Insbesondere eine geforderte redundante Verbindung für I/O-Systeme oder die Nutzung sicherheitszertifizierter Nachrichtenprotokolle für Bussysteme sind entsprechend auch im Logikverhalten des Elements zu berücksichtigen.

Weiterhin relevant ist die Abbildung einer Interaktion mit Touch Panels. Zur Darstellung dieser in der virtuellen Welt wird eine virtuelle Netzwerkverbindung genutzt, um einen Fernzugriff auf die grafische Nutzeroberfläche des Steuerungspanels, welches beispielsweise auf einer, für die virtuelle Inbetriebnahme vorhandenen, emulierten oder echten SPS bereitgestellt wird. Die so generierte Anzeige kann entweder ortsfest oder dynamisch nutzerabhängig in der virtuellen Umgebung erfolgen. Eine nutzerabhängige Visualisierung wird wiederum mittels einer Gestenerkennung realisiert. Eine mittels HE erkannte Rotation des linken Handgelenks in Richtung des, durch die HMD-Erfassung bekannten, Nutzersichtfelds blendet eine Live-Anzeige des MHI-Panels ein, welche dynamisch mit der Hand verbunden ist. [P15]

Die Nutzereingabe wird simuliert durch Berechnung eines unsichtbaren Zeigers anhand des, mittels der HE erfassten, rechten Zeigefingers des Nutzers. Trifft der Zeiger auf das virtuelle HMI, wird der Schnittpunkt bestimmt und mittels des Fernzugriffs eine dem Zeigerschnittpunkt auf der virtuellen HMI-Ebene entsprechende Mauszeigerposition in Pixelkoordinaten übergeben. Eine Kollision des Zeigefingers mit dem virtuellen Panel resultiert zusätzlich in einem Mausereignis äquivalent dem Berühren der Oberfläche des *Touch Panels*. Somit wird eine Bedienung des virtuellen Panels analog dessen realen Äquivalents ermöglicht, siehe Bild 36. [P15]

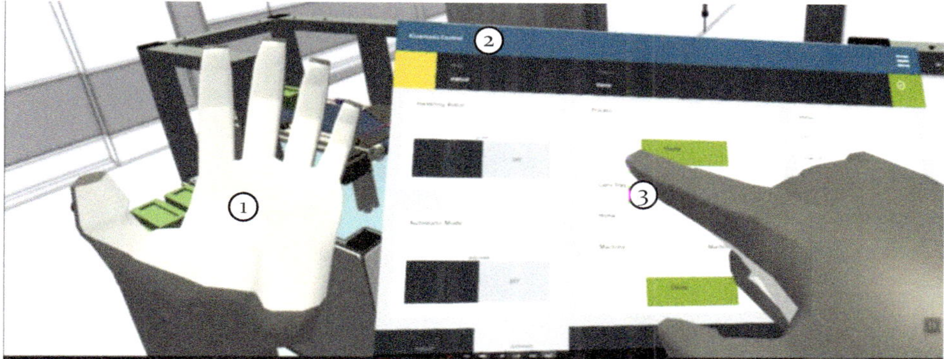

Bild 36: Virtuelle Nutzerinteraktion mit einem, durch Gestenerkennung der HE (1) dynamisch platzierten Touch Panels (2) durch simulierte Berührung (3) in Anlehnung an [P15]

6.1.4 Schnittstelle für die virtuelle Inbetriebnahme der Steuerungsalgorithmen

MRK-Systeme verfügen generell über mindestens einen Industrieroboter, inklusive dessen Steuerung, eine Anlagensteuerung, die entweder als SPS, IPC oder Modul in der Robotersteuerung implementiert sein kann, sowie sensorische und aktorische Peripherie. Daher ist für die virtuelle Inbetriebnahme die Anbindung von echten oder realistisch simulierten Robotersteuerungen, Anlagensteuerungen und Peripherien notwendig.

Roboter-Controller-Simulation für die realitätsgetreue Roboterverhaltensabbildung

Basis sowohl für die Gefährdungs- als auch die Risikobewertung ist das Verhalten der Anlage in ihren Betriebszuständen. Neben eventuellen Peripheriegeräten und dem Menschen ist bei MRK-Systemen naturgemäß das Roboterverhalten zentraler Fokus. Anhand dieses können Kollisions- und Quetschgefahren identifiziert und entsprechend verhindert oder gemindert werden. Grundlegende Voraussetzung hierfür ist jedoch eine exakte Abbildung des realen Roboterverhaltens in der Simulationsumgebung. Hierfür ist die Verbindung einer realen oder emulierten Robotersteuerung mit der Simulation zur Laufzeit erforderlich. Für kommerzielle Robotersimulationsumgebungen stehen hier oftmals RCS-Module, virtuelle Robotersteuerungen oder simulationsintegrierte Emulatoren zur Verfügung [172, 173]. Für die Umsetzung in anderen Simulationsumgebungen oder bei Verwendung realer oder virtueller Robotersteuerungen ist eine Integration dieser analog des in Kapitel 5.1.4 vorgestellten Aufbaus vorzusehen.

Da gerade bei Betrachtungen zu Kollisions- und Quetschbereichen nicht eine diskrete, sondern die über den gesamten Programmablauf kumulierten Posen des Manipulators relevant sind, ist eine Aufzeichnung durchgeführter Bewegungen zur weiteren Analyse und Dokumentation nötig. Hierbei werden die Roboterposen analog der DHM-Aufzeichnung aus 6.1.2 mit einer Sampling-Rate aufgezeichnet. Nach Ablauf der Simulation wird für jede der aufgezeichneten Posen ein entsprechendes Hüllvolumen eingesetzt. Die Summe der Hüllvolumina wird als Bewegungsumschlag bezeichnet.

6.2 Methodischer Einsatz im Planungsprozess

Zur Einordnung der Anwendungsbereiche in den Planungsprozess muss im ersten Schritt erst ein derartiger Prozess unter Berücksichtigung aller relevanter Planungsdimensionen definiert werden. Unter Anlehnung an das bereits in Abschnitt 2.2.1 vorgestellte allgemeine Vorgehensmodell für die Entwicklung mechatronischer Systeme nach VDI 2206 [29] wird im Folgenden ein detailliertes Vorgehen für die Entwicklung hybrider, roboterbasierter Montageanlagen unter durchgängiger Betrachtung sowohl funktionaler als auch sicherheitsrelevanter Aspekte definiert. Dieses ist in Bild 37 vereinfacht dargestellt. Analog des allgemeinen Vorgehensmodells unterteilt sich die Methodik in die Phasen der Anforderungsermittlung, des Systementwurfs, der domänenspezifischen Ausarbeitung, Systemintegration und letztlich Übergabe des Produkts, in diesem Fall das hybride Robotersystem.

In Abgrenzung zum normativ festgelegten Vorgehen für allgemeine mechatronische Systeme wird aufgrund der übergeordneten Relevanz sicherheitsbezogener Aspekte bei hybriden Systemen für jede der Phasen neben der funktionalen Ausarbeitung des Produkts eine sicherheitsgerichtete Betrachtung unter Beachtung der Maschinenrichtlinie (MRL) definiert [17]. Weiterhin werden explizite, für die Entwicklung hybrider Robotersysteme relevante Arbeitspakete definiert und in den folgenden Abschnitten hinsichtlich ihrer Unterstützung durch virtuelle Planungsverfahren analog Abschnitt 6.1 kategorisiert. Insoweit stellt das vorgestellte Vorgehen eine um Sicherheitsaspekte erweiterte, für MRK-Systeme spezialisierte Abwandlung des normativ festgelegten Vorgehens dar.

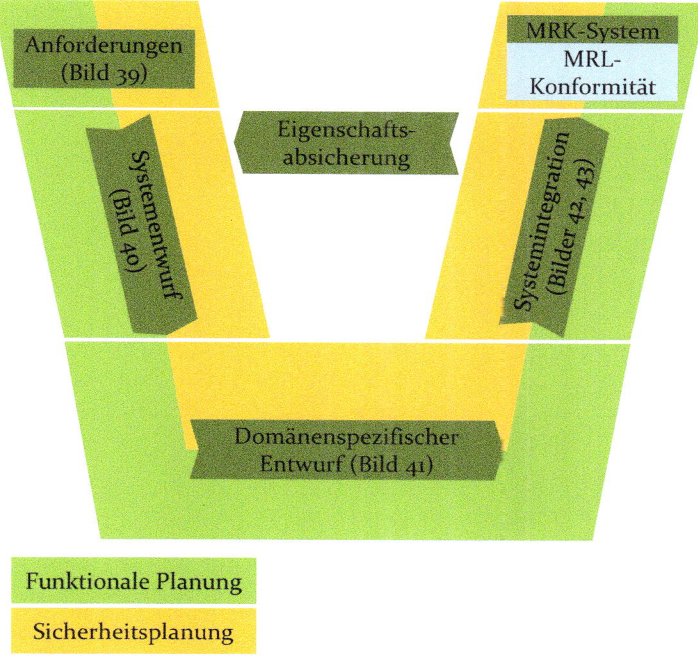

Bild 37: Übersicht des um Sicherheitsaspekte erweiterten V-Modells für die Entwicklung hybrider Montagesysteme unter Beachtung sicherheitsrelevanter Aspekte in Anlehnung an [S4], siehe auch Bilder 39 - 43

Die erste Phase dient der Festlegung funktionaler und sicherheitsrelevanter Anforderungen an das System, siehe Bild 38. Hierbei wird anhand eines Steckbriefs der geforderte Funktionsumfang und wichtige Leistungsparameter des Systems definiert. Gleichzeitig sind die relevanten gültigen Sicherheitsbestimmungen, abhängig von der Funktionalität, einzuholen. Im Anschluss erfolgt daraus die Festlegung des Anlagentyps und nötige Interaktionen zwischen Mensch und Roboter. Abschließend werden weitere formale Rahmenbedingungen, beispielsweise das Einverständnis des Betriebsrats, eingeholt und die Anforderungen in einem Lastenheft definiert.

Ausgehend vom Lastenheft werden zu Beginn des Systementwurfs die für die Planung benötigten Domänen definiert und eingebunden, siehe Bild 39. Diese spiegeln dieselben Domänen wider, in denen in der nächsten Phase der spezifische Entwurf erarbeitet wird.

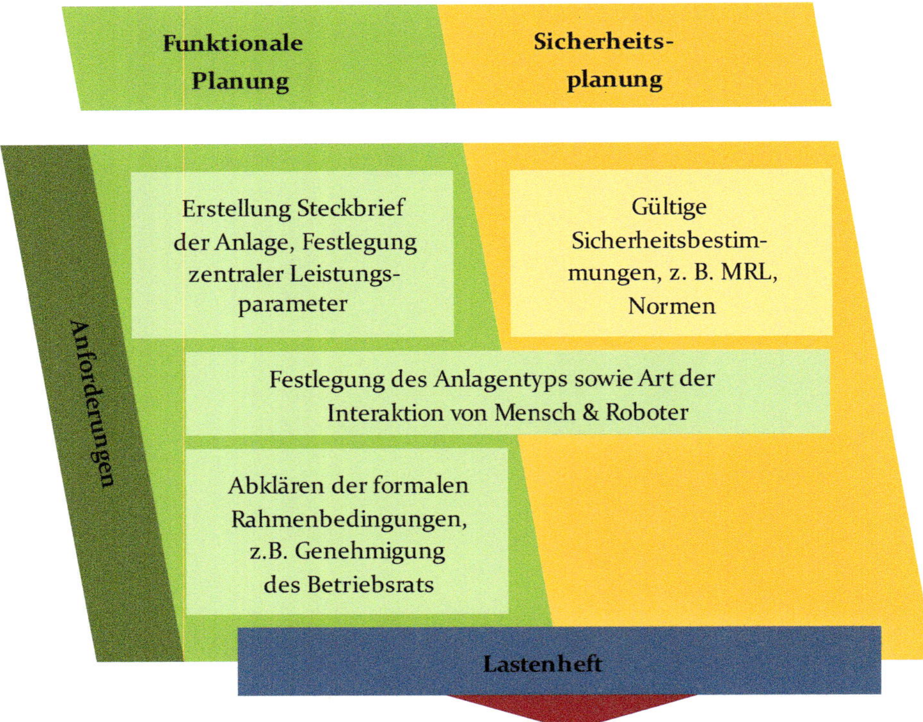

Bild 38: Anforderungsdefinitionsphase hybrider Montagesysteme in Anlehnung an [S4]

Für hybride Systeme muss nun die Kollaborationsart im Regelbetrieb definiert werden. Daraus lässt sich im nächsten Schritt der Ablaufgraph des Systems inklusive der Aufgabenverteilung ableiten. Für Methoden zur Aufgabenverteilung zwischen Mensch und Roboter sei auf [174] verwiesen. Aus dem somit bestimmten Ablauf lassen sich die Grenzen der Maschine, also insbesondere die Verwendungsgrenzen und die räumliche Begrenzung, grundsätzlich festlegen und dokumentieren. Zu berücksichtigen ist hierbei, dass die Verwendungsgrenzen sowohl die bestimmungsgemäße Verwendung als auch eine vernünftigerweise vorhersehbare Fehlanwendung einschließen. Dies stellt gleichzeitig den Start des zur CE-Zertifizierung durchzuführenden Risikobeurteilungsprozesses dar. Aus den Grenzen folgen auch die funktionalen Schnittstellen mit anderen Fertigungssystemen sowie der Logistik.

Nachdem der reguläre Betrieb definiert ist, müssen weitere Lebensphasen und Betriebszustände identifiziert werden, die weitere Interaktionen mit Menschen und somit dokumentationspflichtige funktionale und sicherheitstechnische Auswirkungen erzeugen. Hierzu zählen unter anderem der

Einrichtbetrieb, Entstörung, Wartung und Rüstvorgänge. Auch diese müssen im Rahmen der Risikobeurteilung betrachtet werden.

Nun erfolgt die konkrete Ausgestaltung des Anlagengrobkonzepts. Hierbei werden die Bestandteile der Anlage sowie deren räumliche Anordnung geplant. Anhand dieser können anhand erster Simulationen und den in Kapitel 2.1.3 referenzierten Normen bereits mögliche Gefährdungen wie Quetsch- und Stoßgefahren identifiziert werden. Zur Vermeidung dieser Risiken können anschließend Maßnahmen zur inhärent sicheren Konstruktion (ISK) definiert werden, die sich wiederum auf den ersten Schritt des Mikrozyklus, die Anlagenbestandteile und deren Anordnung, auswirkt. Die drei Teilprozesse werden somit iterativ durchlaufen, bis ein funktional und sicherheitstechnisch akzeptables Anlagengrobkonzept festgelegt ist.

In dieser Phase verbleibende Gefährdungen, die nicht mittels ISK-Maßnahmen vermieden werden können, sind durch technische Schutzeinrichtungen (TSE) zu mindern, welche als abschließender Prozess der Systementwurfsphase grundlegend definiert werden.

Im Anschluss erfolgt die domänenspezifische Ausarbeitung des Systems, siehe Bild 40. Neben den normativ standardisierten Domänen der mechanischen, elektrischen und informationstechnischen Ausarbeitung ist für MRK-Systeme zusätzliche eine sicherheitstechnische Ausarbeitung der Anlage vonnöten, die als Überlappungsbereich keiner der Domänen zugeordnet werden kann, und meist einer dedizierten Ressource, dem Sicherheitsingenieur zugeordnet ist. Neben klassischen Konstruktionstätigkeiten fallen in der mechanischen Konstruktion insbesondere roboterspezifische Tätigkeiten, wie die Auslegung von Endeffektoren und Zellenlayout, an. Insbesondere in der MRK sind in Ausarbeitung weiterhin die ergonomischen Aspekte von Interesse. Diese sind ebenfalls in der domänenspezifischen Ausarbeitung zu berücksichtigen und fallen der Domäne der Arbeitswissenschaft zu. Ergebnis der domänenspezifischen Ausarbeitung des Systems bildet ein Feinentwurf, der im nächsten Schritt zu einem Gesamtsystem integriert wird.

Die Integrationsphase, siehe Bild 41, startet mit der Bestellung der benötigten Materialien. Diese werden anschließend mechanisch montiert und elektrisch verschalten. Gegebenenfalls werden anschließend anwendungsspezifische Prüfungen durchgeführt, beispielsweise hinsichtlich elektrostatischer Aufladung (ESD) im Bereich der Elektronikproduktion.

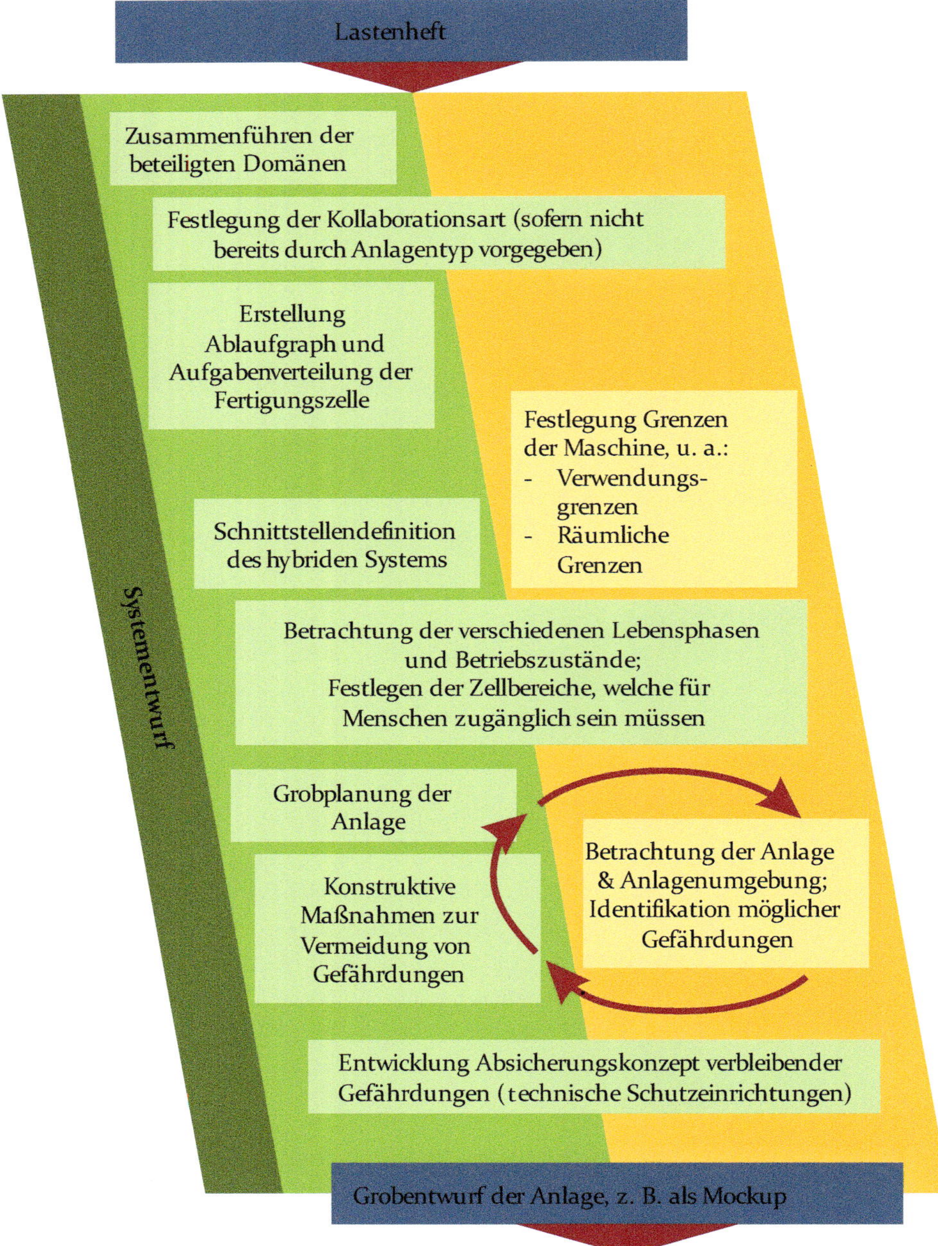

Bild 39: Vorgehen zum Systementwurf hybrider Systeme unter Beachtung sicherheitsrelevanter Aspekte in Anlehnung an [S4]

Nach dem Aufspielen der entwickelten Steuerungsprogramme erfolgt eine Anpassung dieser an die realen Gegebenheiten. Sicherheitstechnisch relevant sind hierbei die Einrichtung und Konfiguration der TSE. Ebenfalls sicherheitstechnisch relevant ist die bei Roboteranlagen gängige Online-Programmierung des Roboters beziehungsweise die Anpassung eines Programms mittels Teach-In-Verfahren. Einerseits stellt dies eine Lebensphase der Anlage mit inhärent hohem Risikopotential dar, da sich der Programmierer oftmals im Arbeitsraum des Roboters aufhält, während dieser im Einrichtbetrieb aktiv ist.

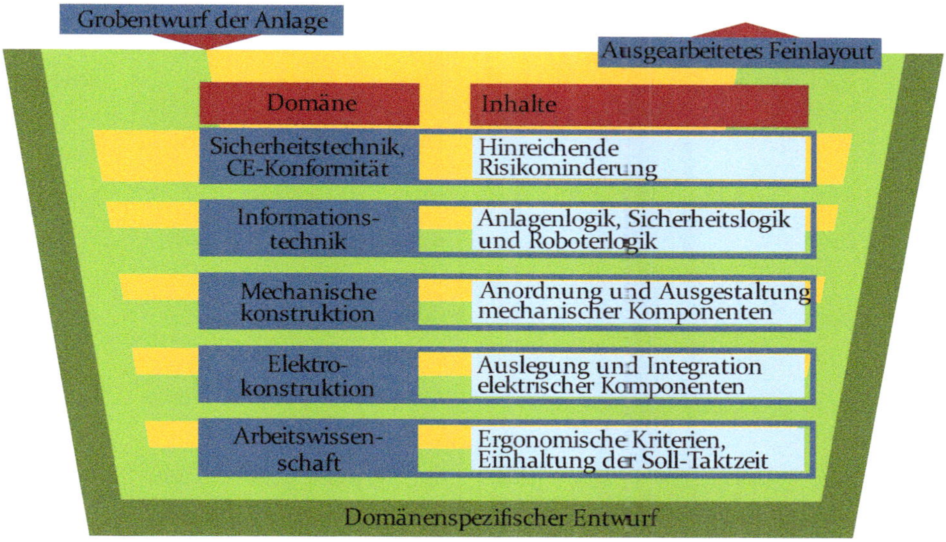

Bild 40: Domänenspezifischer Entwurf hybrider Montagesysteme in Anlehnung an [S4]

Weiterhin ist ebenfalls sicherzustellen, dass durch die Programmanpassungen keine weiteren, in früheren Beurteilungen unberücksichtigten oder nicht zutreffenden Risiken entstehen. In der Betriebsart LKB werden mittels physischer Messungen Kollisionskräfte und -drücke zum Abgleich mit den normativ vorgegebenen biomechanischen Grenzwerten nach ISO/TS 15066 [13] ermittelt. Beim Einsatz von TSE sind Nachlaufwerte vom Auslösen der TSE bis zur Beendigung der gefährdenden Maschinenfunktion und somit die Zulässigkeit der zuvor festgelegten Sicherheitsabstände zu prüfen [19]. Anschließend erfolgt die Fertigstellung der Anlagendokumentation, welche neben Benutzerinformationen wie der Betriebsanleitung auch den Wartungsplan enthält und somit für die Mitarbeiterschulung verwendet wird. Hier wird auch auf verbleibende Gefährdungen, welche nicht durch ISK und TSE vermindert werden können, hingewiesen. Die Benutzerinformation (BI) stellt damit die letzte Stufe des Drei-Stufen-Verfahren der Risikominderung dar [17]. Hierdurch kann der letzte Schritt der CE-Konformitätsbeurteilung abgeschlossen werden. Es erfolgt nun,der Übergang der Maschine vom Hersteller zum Betreiber.

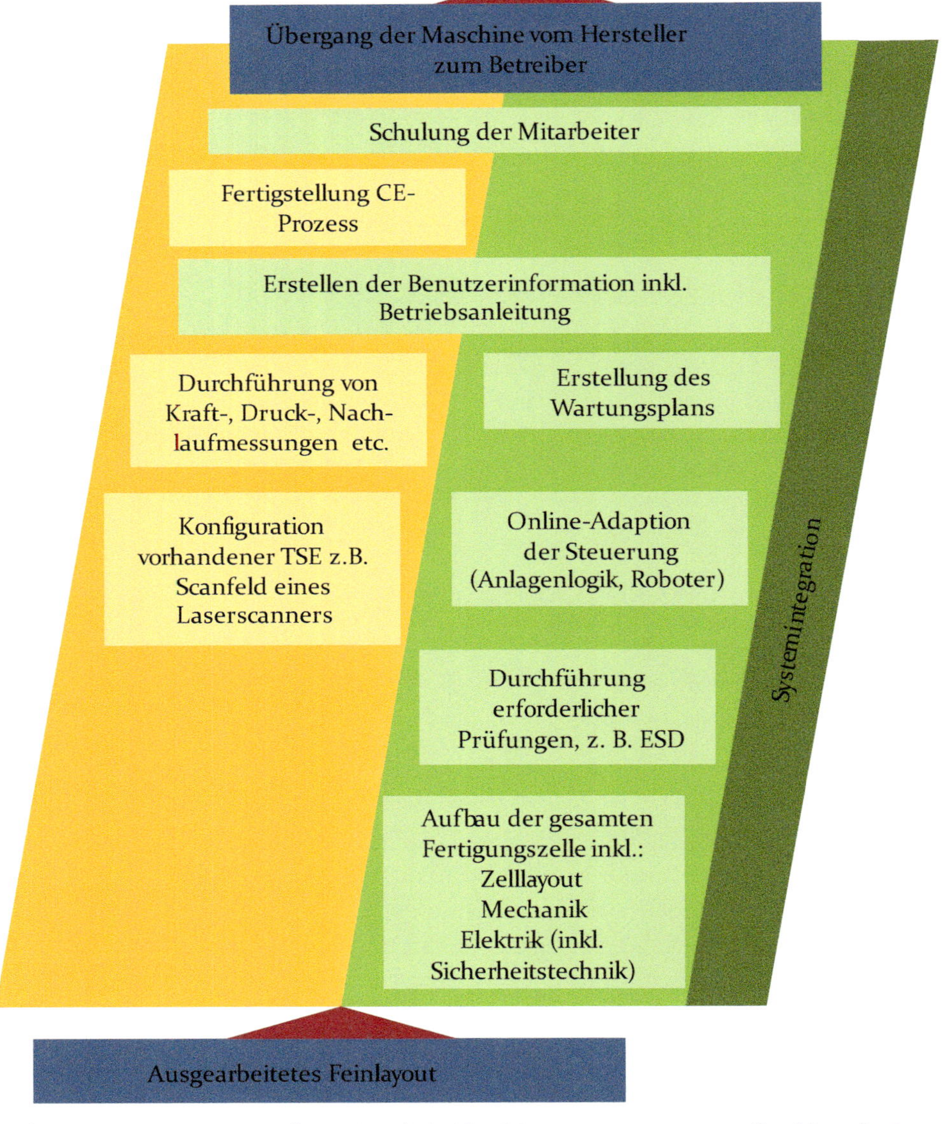

Bild 41: Systemintegrationsphase eines hybriden Montagesystems unter Abschluss des herstellerseitigen CE-Prozesses in Anlehnung an [S4]

Parallel zur Integrationsphase findet durchgängig eine Absicherung der Eigenschaften in Bezug auf die Entwurfsphase statt. Hierbei werden aufsteigend Einzelfunktionen und schließlich das Gesamtsystem getestet um die Erfüllung der zu Beginn festgelegten Anforderungen zur validieren. Insbesondere der Validierung der Maßnahmen zur Risikominderung kommt hierbei im Umfeld hybrider Systeme eine Schlüsselfunktion zu.

Der Betreiber führt im ersten Schritt eine Sicherheitsabnahme der Maschine durch, in deren Rahmen eine Gefährdungsbeurteilung stattfindet. Diese unterscheidet sich von der herstellerseitigen Risikobeurteilung durch die zusätzliche Betrachtung der Anlagenumgebung und ist durch die Betriebssicherheitsverordnung vorgeschrieben [24]. Anschließend wird eine Betriebsanweisung für den Betrieb der Maschine im speziellen Umfeld des Betreibers erstellt. Nun erfolgt die rechtliche Inbetriebnahme der Anlage nach Maschinenrichtlinie. Die Maschine geht anschließend in den Bestimmungsgemäßen Betrieb durch den Betreiber über, siehe Bild 42.

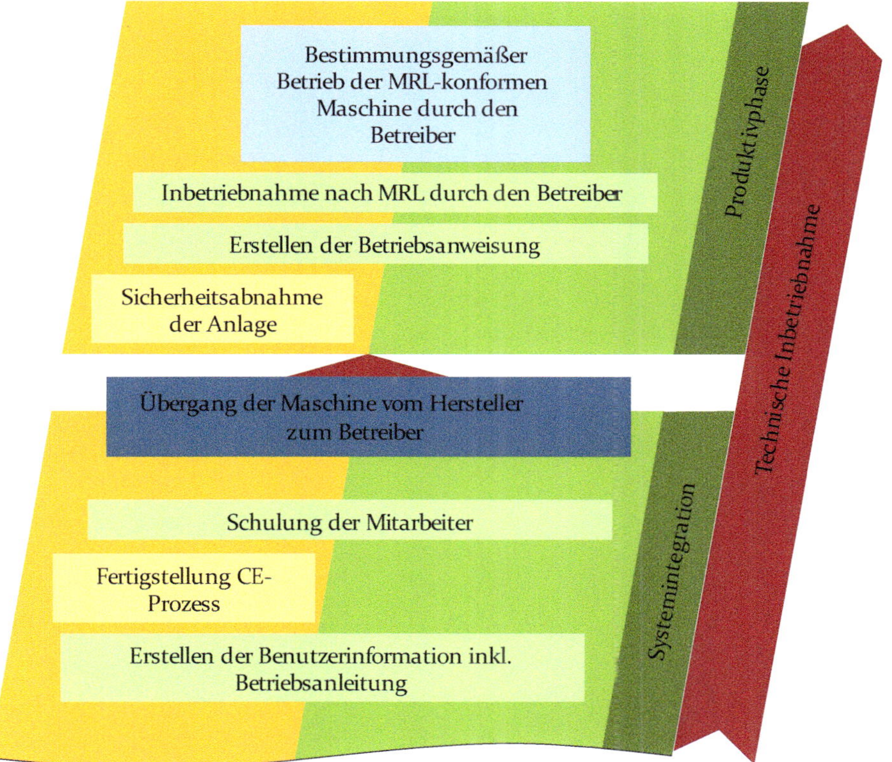

Bild 42: Inbetriebnahme- und Betriebsphase eines hybriden Montagesystems durch den Betreiber in Anlehnung an [S4]

6.2.1 Virtuelle Workshops zur werkerintegrierten Planung und Schulung

Das erste Einsatzpotential MCS-basierter Simulationsmethoden betrifft die Einbindung von Nicht-Experten in die Planung des Arbeitssystems. Ziel ist insbesondere der Einbezug von Erfahrungswissen der Werker und des Instandhaltungspersonals in die digitale Systemplanung sowie die Schulung relevanter Mitarbeiter.

Der Schritt Planungsintegration direkter Fertigungsmitarbeiter betrifft insbesondere die frühe Entwurfsphase des Systems, nach Einordnung in Bild 1 die Layoutplanung, und ergänzt die bei manuellen Arbeitsplätzen gebräuchlichen physischen Mockups. Da das Erfahrungswissen aufgrund seines internen Charakters nur schwer auf den Planer übertragbar ist und der Planer im Allgemeinen nicht im direkten Fertigungsumfeld arbeitet, ist dieses als nicht vorhanden anzusehen. Da insbesondere MRK-Systeme den Menschen als Kernkomponente beinhalten, ist dieses Wissen jedoch als zentral bei der Planung anzusehen. Durch die Intuitivität der Interaktion mit der virtuellen Umgebung ist eine Einbindung der direkten Fertigungsmitarbeiter in die virtuelle Planung möglich. Die AV-Fähigkeiten des entwickelten Systems erlauben weiterhin die Spiegelung physischer Aufbauten in die virtuelle Planungsumgebung und somit auch eine Erhaltung der bei Kartonagen-Workshops auftretenden gruppendynamischen Effekte. Die AV verbindet damit die physische Mockup-Umgebung zur Simulation manueller Arbeitsschritte mittels vereinfachter Aufbauten mit der Möglichkeit der digitalen Abbildung komplexerer automatisierter Teile des MRK-Systems, insbesondere des Roboters.

Das zweite Einsatzszenario dient der Schulung der Mitarbeiter. Sie verfolgt das Ziel sowohl der Steigerung der Mitarbeiterakzeptanz, welche für MRK-Applikationen herausragende Wichtigkeit einnimmt [107] als auch die Durchführung der im Rahmen des 3-Stufen-Modells vorgesehene Mitarbeiterinformation [17]. Der Einsatz zu diesem Zweck erfolgt zum Ende der Integrationsphase beim Systemhersteller sowie bei der Inbetriebnahme beim Betreiber. Die vollwertige virtuelle Abbildung des Anlagenverhaltens ermöglicht dabei eine gefahrlose und immersive Interaktion mit dem System und damit den Abbau von Unsicherheiten des Fertigungspersonals sowie das Aufzeigen möglicher Risiken im Umgang mit dem System.

6.2.2 Analyse der Ergonomie und Gefährdungen zur Umsetzung einer inhärent sicheren Konstruktion

Der Einsatz des MCS sowie der Erfassung dynamischer und quasistatischer Objekte ermöglicht eine erweiterte Betrachtung des menschlichen Faktors, insbesondere hinsichtlich ergonomischer Aspekte in der Entwurfsphase. So kann die zu diesem Zeitpunkt erfolgte Aufgabenverteilung zwischen Mensch und Roboter sowie das Layout der Anlage hinsichtlich körperlicher Belastungen evaluiert, angepasst und dokumentiert werden. Die Kombination des MCS mit der virtuellen Simulation unterstützt weiterhin die Planung von ISK-Maßnahmen. Anhand der Arbeitsinhalte und des groben Anlagenlayouts können durch eine Simulation der vorläufigen Robotertrajektorien sowie die Bewegungsaufnahme bereits Stoß- und Quetschgefahren identifiziert werden (Risikoanalyse) und Layoutänderungen vor der Ausarbeitung berücksichtigt werden (Risikobewertung). Abhängig vom MRK-Betriebsmodus werden für verbleibende Stoß- und Quetschgefahren TSE vorgesehen oder, im Falle der LKB, kritische Stellen für eine spätere Überprüfung der Kraft- und Druckmessungen identifiziert. Hierbei ist über die rein digitale Abbildung des Menschen hinaus eine Einbindung des Fertigungspersonals analog zu Kapitel 6.2.1, zur Abbildung realistischer Arbeitsabläufe und insbesondere auch Fehlverhaltens möglich. [P5, P18]
Auch für den Roboter selbst ist, gerade für den Fall nicht-deterministischen Roboterverhaltens, klassischerweise eine Analyse von Stoß- und Quetschgefahren am Realsystem kaum möglich, da eine stochastische Betrachtung aller möglichen oder zumindest wahrscheinlichen Trajektorien aufwändig wäre. Nicht-deterministisches Roboterverhalten entsteht beispielsweise durch die Nutzung probabilistischer Bahnplanungsverfahren oder als Reaktion auf zufällige Umgebungsbedingungen, siehe beispielsweise den in Kapitel 0 detaillierten Griff in die Kiste. Simulativ kann hier jedoch aufwandsarm eine Vielzahl an Versuchen durchgeführt werden. Durch die Betrachtung des Bewegungsumschlags, siehe Kapitel 6.2.3, können diese nicht-deterministisch ablaufenden Roboterbewegungen zeitlich integriert dargestellt werden. Durch wiederholte Simulationsläufe entsteht dabei ein statistisch analysierbarer Ergebnisraum.

Die Ermittlung geeigneter Stellen für die spätere Kraft- und Druckmessung mittels eines geeichten Messgerätes kann ebenfalls, unter Nutzung der dynamischen Objekterfassung virtuell vorgenommen werden. Im Vergleich zur experimentellen Ermittlung am realen System ergibt sich durch die vorherige virtuelle Planung des Versuchs die Möglichkeit der Verifikation der wahren kritischen Punkte. Somit ist eine vollständigere und systematische

Prüfung möglich. Durch die Einbindung des Prüfsystems in die virtuelle Welt ist eine Plausibilisierung der Durchführbarkeit der Messung gegeben.

6.2.3 Virtuelle Inbetriebnahme zum Testen technischer Schutzmaßnahmen und deren Dokumentation

Der letzte Schritt in der virtuellen Unterstützung der Planung hybrider Robotersysteme stellt die menschintegrierte VIBN dar. Durch den HuiL-Ansatz kann dabei sowohl die Funktionalität der mechatronischen Systembestandteile, der menschliche Faktor als auch deren Interaktion gerade im Hinblick auf Sicherheitsaspekte überprüft werden. Der Systemfunktionstest im Rahmen der VIBN findet während und nach der domänenspezifischen Ausarbeitung statt und dient der Absicherung der definierten Eigenschaften des Systems. Durch die zeitliche Vorverlagerung wird die Auswirkung aufgedeckter Fehler minimiert. Die Parallelisierung mit der physischen Bestellung und Montage des Systems erlaubt eine Zeiteinsparung in der realen IBN und somit eine Verkürzung der Systementwicklungsdauer. Durch die SiL- oder HiL-Integration der SPS sowie einer RCS können unter funktionaler Abbildung relevanter Sensorik und Aktorik funktionale Aspekte des Logikablaufs analysiert und validiert werden. Die Echtzeit-Kombination mit dem MCS zu einer HuiL-VIBN erlaubt darüber hinaus jedoch auch die Betrachtung der Interaktion des Menschen mit vorgesehenen TSEs. So können relevante Detektionsbereiche (DB) nicht-trennender Schutzeinrichtungen bereits virtuell definiert und auf Wirksamkeit überprüft werden. Weiterhin ist bei Verwendung einer sicherheitszertifizierten SPS ebenfalls eine virtuelle Validierung der Sicherheitslogik des Systems möglich. Insbesondere die Möglichkeit der Simulation von vorhersehbarem Fehlverhalten im Umgang mit dem System stellt dabei eine deutliche Verbesserung gegenüber der realen Inbetriebnahme dar, da gerade derartige, grundsätzlich nicht vorgesehene Interaktionen oftmals mit verbleibenden Risiken einhergehen. Eine rein reale Inbetriebnahme der sicherheitsrelevanten Funktionen eines Robotersystems stellt daher an sich einen gefährlichen Prozess dar. [P5]

Es wurde in diesem Kapitel somit eine neuartige Methodik für die virtuelle Planung und Inbetriebnahme von Arbeitsplätzen mit Mensch-Roboter-Kollaboration vorgestellt, die eine sicherere und schnellere Auslegung und Inbetriebnahme erlaubt. Das hierfür nötige technische Systemkonzept wurde erarbeitet und vorgestellt. Dieses stellt eine Weiterentwicklung zum Stand der Technik im Bereich HuiL-fähiger Simulations- und VIBN-Systeme dar.

7 Exemplarische Implementation der Methoden in der Elektronikproduktion

Die hergeleiteten Methoden werden im Folgenden anhand realer Applikationen aus dem Bereich der Elektronikproduktion validiert. Hierauf basiert die Evaluation der Einsatzfähigkeit basierend auf dem Erfüllungsgrad der in Abschnitt 3 definierten Anforderungen und den in den Abschnitten 4-6 definierten methodischen Anwendungen. Das Ausmaß der Unterstützung hinsichtlich der Planungsinhalte wird mittels des Unterstützungsgrads (UG) ausgewiesen. UG0 bedeutet hierbei, dass die vorgestellten Methoden nicht bei der Planung unterstützen. UG1 weist eine teilweise Unterstützung aus, die jedoch nicht alle realen Prozessschritte der Planung ersetzen kann. UG2 repräsentiert eine inhaltliche Parität der virtuellen Methoden zu deren realem Gegenpart, alle real zu untersuchenden Aspekte können somit auch virtuell untersucht werden. UG3, als höchste Stufe, beschreibt ein Übertreffen der inhaltlichen Betrachtungstiefe durch den virtuellen Ansatz, es können somit virtuell auch Szenarien untersucht werden, die real nicht oder nur mit erheblichem Mehraufwand abbildbar wären.

7.1 Integration eines hybriden Regelalgorithmus für das Fügen bedrahteter Elektronikbauelemente

Die Montage bedrahteter Elektronikbauelemente, auch *Through-Hole-Devices* (THD), stellt einen häufigen Arbeitsprozess in der Elektronikproduktion dar. Hierbei werden die Drahtbeinchen der THD durch Bohrungen in der elektronischen Flachbaugruppe (FBG) gesteckt und dort in einem Folgeprozess verlötet. Das Lot fließt hierbei unter Nutzung des Kapillareffekts zwischen Drahtbeinchen und Bohrungswand. Dies führt zur technologischen Anforderung sehr enger Fügespalte zwischen den Partnern. Die Drahtbeinchen sowie die THD selbst sind dazu äußerst empfindlich. Weiterhin ist die THD-Bestückung charakterisiert durch eine Vielzahl verschiedener Bauteilgeometrien und -größen sowie eine hohe Variantenvielfalt. Eine Automatisierung dieses Prozesses ist in Grenzen mit sogenannten *Odd-Shape*-Bestückern möglich, welche mit hochgenauen Kinematiken und unter Nutzung von Bildverarbeitungsmethoden eine ausreichend präzise Montage ermöglichen. Genauigkeitsbedingt sind derartige Anlagen auf Steifigkeit optimiert und weisen entsprechend einen hohen Flächenbedarf auf. Eine Ausführung mit kostengünstigerer Hardware sowie eine Integration in flexible Montageinseln ist dadurch nicht möglich. Da derartige Anlagen keine wirtschaftliche Vollautomatisierung des gesamten Varianten- und Bauteilspektrums zulassen und eine sinnvolle Kombination mit manuellen Arbeitsplätzen oder gar eine MRK kaum möglich ist, wird das THD-Bestücken oftmals manuell durchgeführt. Der Mensch nutzt seine haptischen Fähigkeiten für den filigranen Fügevorgang. Hohe Monotonie und Bestückfrequenzen sowie die präzise Fügeaufgabe führen dabei zu ergonomischen Problemen.

Der Prozess erfordert höchste Genauigkeit, eine variantenbedingte Effizienz an die Programmierung sowie eine hohe Flexibilität, beispielsweise für die Einführung neuer Varianten auf einer bestehenden Anlage. Analog der in Abschnitt 4 beschriebenen Vorgehensweise werden daher folgende Aspekte in Abschnitt 7.1.2 untersucht:

- Dreidimensionale Erfassung industrieller Arbeitsplätze, insbesondere Roboterstationen, und Nutzung zur Offlineprogrammierung von Industrierobotern
- Integration von visueller und taktiler Regelalgorithmen als Bausteine der Offlineprogrammierung von Industrierobotern
- Ableitung von Adaptionsvorschlägen zur Optimierung des Roboterprogramms

Letztlich findet im selben Abschnitt die Integration der gesamten Wirkungskette statt, um die vorgeschlagene direkte OLP hochpräziser, selbstoptimierender Montageprozesse zu validieren.

7.1.1 Versuchsaufbau eines flexiblen THD-Montagesystems

Zur Evaluation der Methoden wird ein Versuchsaufbau entworfen, dessen Hauptkomponenten in Bild 43 dargestellt sind.

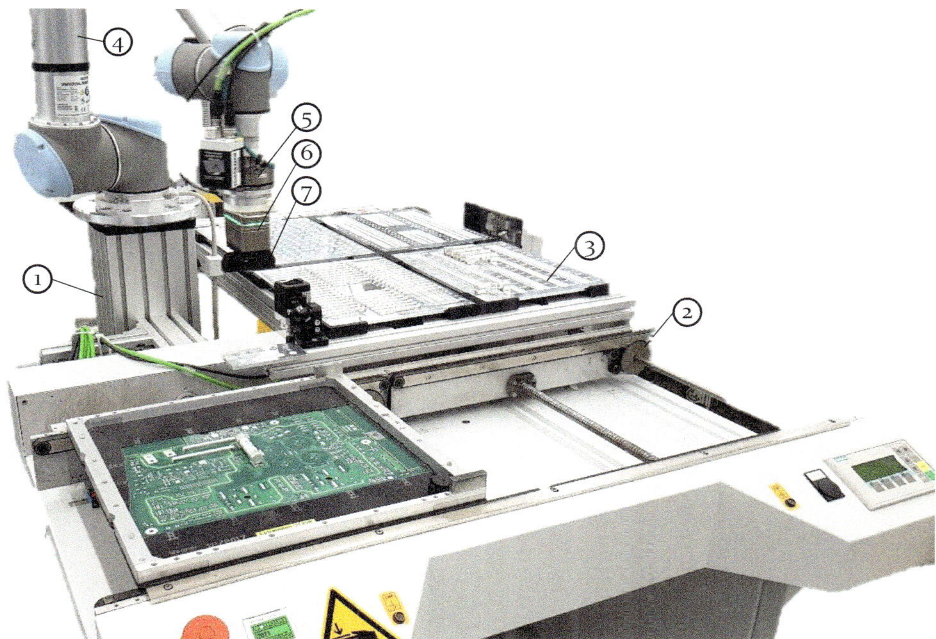

Bild 43: Versuchsaufbau zur taktilen Präzisionsmontage mittels taktil gesteuertem LBR

Die funktionalen Komponenten des Aufbaus umfassen:

- Maschinengestell (Eigenkonstruktion) (1)
  Das aus Aluminiumprofilen bestehende Grundgestell der Anlage, auf welchem die Grundplatte des Manipulators sowie die Materialzuführung und das Werkstückfördersystem angebracht sind, dient als Basis des Systems. Der Aufbau aus zugeschnittenen und mit Nutmuttern verbundenen Profilen unterliegt fertigungs- und montagebedingt Toleranzen, die jedoch auch die industrielle Praxis flexibler Fertigungssysteme widerspiegeln und somit realistische Versuchsbedingungen darstellen.
- Werkstückfördersystem mit Werkstückträger (2)
  Die Anlieferung der FBGs erfolgt mittels in der Elektronikproduktion verbreiteter Werkstückträgersysteme. Hierbei liegt die FBG in einem mit zusätzlichen Spannklammern versehenem Nest in einem Werkstückträger. Die Klammern fixieren die FBG auf dem Träger und verhindern ein Aufschwimmen im nachfolgenden Lötprozess. Der Träger selbst wird auf gummierten Riemen in Transportrichtung gefördert und ist dabei seitlich durch einstellbare Leitplanken geführt. Die Positionierung erfolgt durch das Ausfahren pneumatischer Stopper vor dem Träger.

- Materialzuführung (Eigenkonstruktion) (3)
  Da für die Materialzuführung zahlreiche Bereitstellungsformen möglich sind, wird in diesem Versuch eine emulierte Anlieferung in einem Tray, bestehend aus einer Stahlplatte mit gefrästen Löchern, umgesetzt.
- Manipulator (*Universal Robots UR10*) (4)
  Die Manipulation der Teile und Sensorik erfolgt durch einen Leichtbau-Knickarmroboter mit sechs seriellen Rotationsachsen. Die Wiederholgenauigkeit ist mit 0,1 mm angegeben. Bezüglich der Absolutgenauigkeit wird keine Angabe gemacht.
- Kraft-Momenten-Sensor (ATI FT AXIA 80) (5)
  Der flanschgeführte KMS liefert eine Auflösung von 0,1 N in allen translatorischen sowie 0,005 Nm in allen rotatorischen Freiheitsgraden. Die Anbindung erfolgt über Ethernet.
- Greifer (Weiss CRG 200-085) (6)
  Um eine Platzierung auch bei enger Packungsdichte der Bauelemente auf der FBG zu ermöglichen, wird ein servoelektrischer Greifer mit steuerbarem Greifhub von 85 mm genutzt. Die ebenfalls steuerbare Greifkraft von 75-200 N erlaubt eine beschädigungsfreie Handhabung verschiedener Bauelemente bei gleichzeitiger Sicherstellung eines festen Halts während des Fügevorgangs.
- Greiferfinger (Eigenkonstruktion) (7)
  Um einer Verschiebung der Bauteile im Greifer während dem Fügeprozess vorzubeugen, wird anhand der CAD-Geometrien der Bauelemente ein Greiferfingerdesign entwickelt, welches durch Hilfskonturen für die häufigsten Bauteilelementargeometrien eine Mischung aus Form- und Kraftschluss realisiert. Die Zusammensetzung der Fingergeometrie ist in Bild 44 dargestellt.

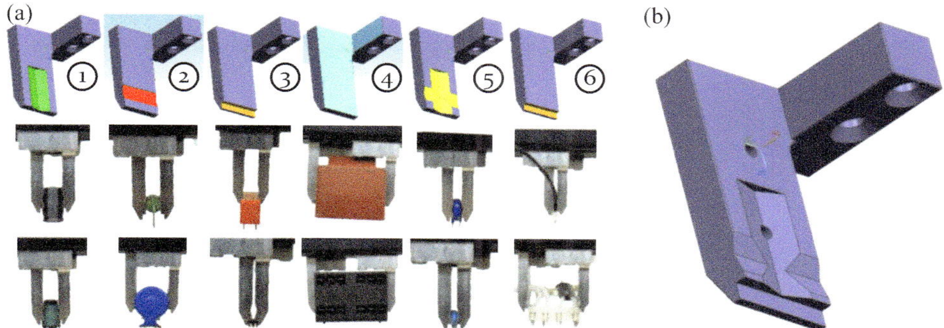

Bild 44: Integriertes Greiferfingerdesign. (a) Formelemente zur Aufnahme von Bauteilelementargeometrien: (1) vertikal zylindrisch; (2) horizontal zylindrisch; (3) flach quaderförmig; (4) hoch quaderförmig; (5) taschenförmig; (6) quaderförmig mit Anschlüssen. (b) Resultierendes Integraldesign

7.1.2 Funktionale Validierung der Systemkomponenten

Zuerst werden die einzelnen Systemkomponenten, die dreidimensionale Erfassung zur Kompensation von Makroabweichungen, die taktile Kompensation von Mikroabweichungen und die datengetriebene Programmadaption unabhängig voneinander in jeweils spezialisierten Versuchen validiert.

Dreidimensionale Digitalisierung zur Kompensation makroskopischer Abweichungen

Zur Validierung der Nutzbarkeit photogrammetrisch erzeugter Punktwolken für die Kompensation von Abweichungen in der OLP-Umgebung werden mehrere Teilschritte an oben beschriebenem Demonstrator durchgeführt und jeweils evaluiert. Erst wird die Erzeugung sowie die Genauigkeit der Punktwolke bewertet. Für eine erweiterte Diskussion hinsichtlich der Verwendbarkeit von Punktwolken für verschiedene Planungsaufgaben in der Produktionsplanung, siehe auch [P11]. Anschließend erfolgt die Betrachtung der Oberflächenerzeugung aus der Punktwolke. Schließlich wird die Nutzbarkeit der Modelle zur Anpassung der Platzierung in der OLP verwendet.

Die Aufnahme der Versuchsumgebung erfolgt mittels einer *Sony Alpha 6000* RGB-Kamera im Format 6.000 x 4.000 Pixel. Die Rekonstruktion erfolgt anhand 263 freihändig aufgenommener Aufnahmen. Die erzeugte Punktwolke wird verglichen mit einer mittels einem *FARO Quantum S* sowie *Blue LLP* Scanner erzeugten Punktwolke, wie in Bild 45 abgebildet. Die

Genauigkeit des Systems liegt nominal bei 0,043 mm [175]. Zur Abstandsberechnung werden die beiden Punktwolken mittels ICP-Verfahren fehlerminimal registriert. Anschließend wird der Abstand der Punktwolke (a) zum Referenzscan (b) ermittelt. Da beide Punktwolken unterschiedliche Auflösungen aufweisen, führt eine direkte punktweise euklidische Abstandsberechnung zum nächstgelegenen Punkt der Referenz zu einer systematischen Überschätzung des Fehlers [176]. Aus diesem Grund wird der Abstand zur Referenz basierend auf einer Oberflächenschätzung aus k = 6 nächstgelegenen Punkten mittels einer quadratischen Funktion nach [177] bestimmt, siehe auch [P11].

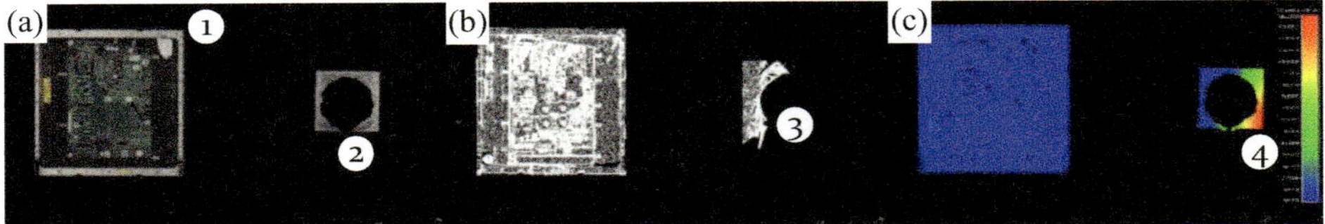

Bild 45: Vergleich der Aufnahmen durch Photogrammetrie und Messarm. (a) SfM-Photogrammetrie aus freihändig aufgenommenen RGB-Bildern, zugeschnitten auf FBG (1) und Roboterbasis (2). (b) 3D-Scan derselben Komponenten mittels koordinatenmessarmgeführtem Scanner; Aufnahme der Roboterbasis nur einseitig aufgrund der Armreichweite (3). (c) Distanz von (a) zur Referenzpunktwolke (b) mit Abweichungsspitze an Fehlstelle (4).

Die Abweichungen liegen zwischen 0 und 142,14 mm. 75% der Punkte fallen in einen Abweichungsbereich kleiner als 2,22 mm. Wie in Bild 45 zu erkennen, treten die maximalen Abweichungen sämtlich an der Fehlstelle der Referenzaufnahme im Bereich der Roboterbasis auf und sind daher für den Einsatzzweck unerheblich. Aus diesem Grund erfolgt eine detaillierte Betrachtung eines um diese Ausreißer gefilterten Datensatzes mit einer maximalen Abweichung von 3 mm, siehe Bild 46. Alle weiteren Analysen beziehen sich auf diesen gefilterten Datensatz.

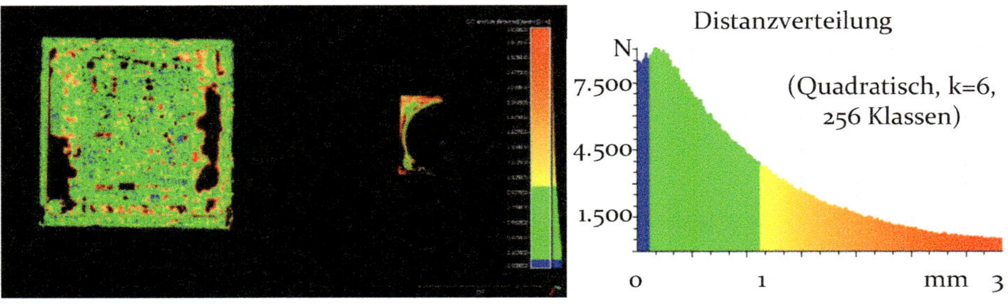

Bild 46: Verteilung und Histogramm des gefilterten Datensatzes

67% der Punkte fallen unter die Schwelle von 1 mm Abweichung (grün, blau), 41% unter 0,5 mm (dunkelgrün, blau) und 8% unter 0,1 mm (blau). Der Median der Abweichung liegt bei 0,63 mm, das arithmetische Mittel bei 0,83 mm. Es fällt auf, dass die Punkte höherer Abweichung (> 1 mm) auf spezielle Bereiche schwacher Texturierung beschränkt sind, insbesondere die Metallplatte an der Roboterbasis sowie die matt schwarze Grundplatte des Werkstückträgers. Dies ist durch die auf Merkmalsvergleich basierende Rekonstruktionsmethode zu erwarten. Betrachtet man alle Punkte mit einer Abweichung geringer 1 mm, siehe Bild 47, wird deutlich, dass die zur Ausrichtung insbesondere genutzten Konturen des Werkstückträgers, der FBG sowie der Roboterbasis vollständig präzise erfasst sind. Auch die Fügelöcher der THDs sind weiterhin in diesem Datensatz enthalten. Es kann somit geschlossen werden, dass die dreidimensionale Aufnahme mittels Photogrammetrie geeignet ist, um eine hochpräzise Aufnahme von Fertigungssystemen zum Zwecke einer Kalibrierung der OLP-Umgebung zu realisieren.

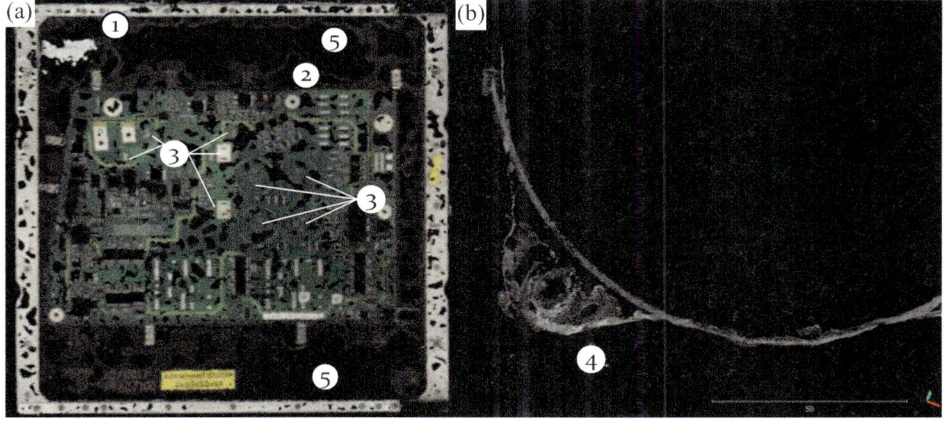

Bild 47: Gefilterte Punktwolke (Maximalabweichung 1 mm vom Referenzscan). (a) Ausschnitt der FBG mit klar erkennbarem Carrier (1), FBG-Rand (2) sowie Fügepunkten (3). (b) Roboterbasis mit Außenkontur und Fixierungsschraube

Die Programmierung der Roboterinteraktionspunkte kann einerseits mittels der Punktwolken und Registrierungsverfahren, wie ICP, oder aber direkt auf Basis der Aufnahmedaten erfolgen. Gerade wenn keine vollständigen oder akkuraten CAD-Modelle bestehen, ist ein Rückgriff auf letztere Variante nötig. Da Punktwolken abhängig von ihrer Auflösung bei starker Vergrößerung schwer zu interpretieren sind, wird eine Oberflächenrückführung mit den in Kapitel 4.1.1 erläuterten Methoden, wie in Bild 48 dargestellt, durchgeführt.

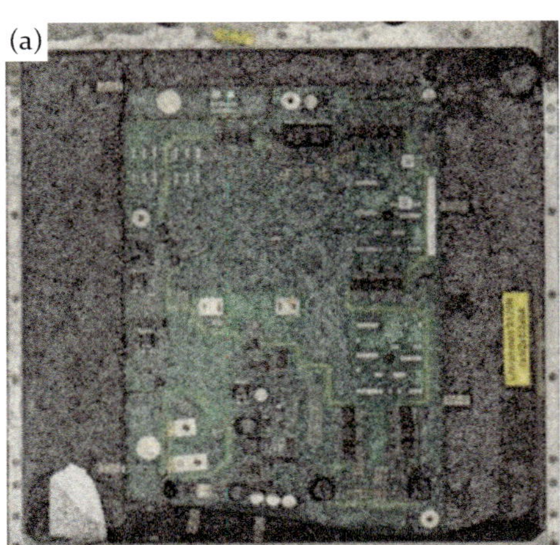
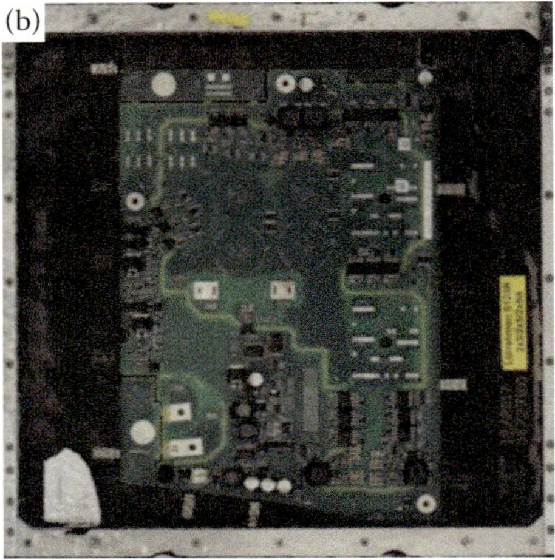

Bild 48: Ergebnis einer photogrammetrischen Aufnahme einer Leiterplatte mit Werkstückträger; (a) Punktwolkendarstellung mit Auflösungsverlust bei starker Vergrößerung; (b) geschlossenes (wasserdichtes) Oberflächenmodell

Es kann gezeigt werden, dass das generierte Oberflächenmodell ausreichend detailliert ist, um die für die OLP relevanten Montagebohrungen sowie auch Details der Roboterbasis exakt zu erkennen. Abweichungen zum Referenzoberflächenmodell des oben beschriebenen FARO-Scanners sind in Bild 49 dargestellt. Aufgrund des Vergleichs von Oberflächenmodellen ist eine direkte Ermittlung der Abweichung mit Richtungsangabe zum Flächennormalenvektor möglich. In einem gefilterten Datensatz mit einer Maximalabweichung von 3 mm fallen 70% der Punkte unter die Schwelle von 1 mm Abweichung (grün, blau), 46% unter 0,5 mm (dunkelgrün, blau) und 11% unter 0,1 mm (blau). Diese Werte gelten jeweils bei Betrachtung des Absolutwerts. Der Median der Abweichung liegt bei 0,56 mm, das arithmetische Mittel bei 0 mm. Auch hier ist eine hohe Genauigkeit der für die Ausrichtung nötigen Werkstückträger-, FBG- und Roboterbasiskonturen erkennbar, Fehlstellen höherer Abweichung treten insbesondere an schwach texturierten Flächen auf. Die Oberflächenrückführung aus der Punktwolke zeigt somit keinen negativen Einfluss auf die Genauigkeit der 3D-Erfassung.

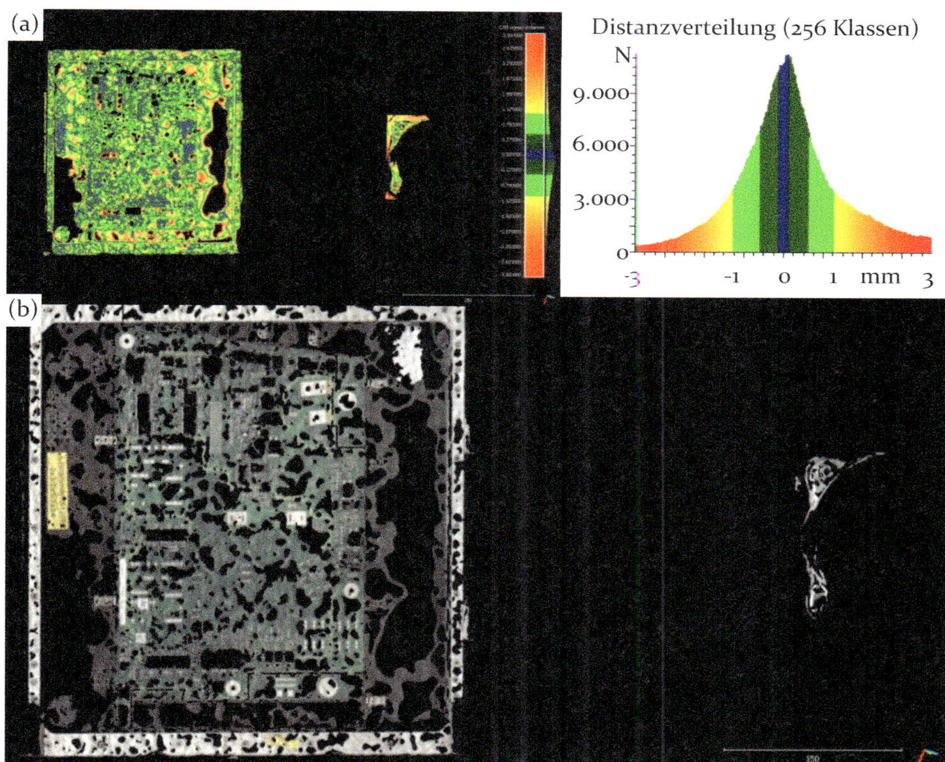

Bild 49: Genauigkeit des Oberflächenmodells. (a) Verteilung und Histogramm eines gefilterten Modells mit Maximalabweichung ± 3 mm. (b) Gefiltertes Oberflächenmodell mit Maximalabweichung ± 1 mm

Die gesamte für die Planung verwendete SfM-Aufnahme des Versuchsaufbaus ist dies in Bild 50 exemplarisch dargestellt. Neben Roboterbasis und FBG werden weite Teile der umgebenden Anlage miterfasst und können für die Registrierung im Weltmodell sowie für Roboterbahnplanung verwendet werden.

Bild 50: Dreidimensionale Aufnahme einer THD-Montagestation mit LBR; (a) Draufsicht des Aufbaus mit Roboterbasis (1) sowie Basisfügeteil (2); (b) Perspektivische Ansicht; (c) Vergrößerung der Roboterbasis mit deutlich erkennbarer Roboterbasis mit Montagelöchern zur Referenzierung (3); (d) Vergrößerung der Leiterplatte mit erkennbaren Steckplätzen (4)

Einsatz taktiler Strategien für die Montage elektronischer Durchsteckbauelemente und Fusion zu Programmierbibliothek

Die definierten Such- und Fügestrategien werden anhand 27 verschiedener THD-Bauelemente auf zwei verschiedenen FBGs untersucht. Es werden THDs aus der industriellen Leistungselektronikproduktion ausgewählt. Die Auswahl der Teile erfolgt nach dem Prinzip der Maximierung der Teilevarianz zur Abdeckung eines möglichst breiten Spektrums im Rahmen der Versuche. Die untersuchten Bauteile weisen zwischen zwei und 72 Kontaktpins auf, mit minimalen Pin-Durchmessern von 0,2 mm bis 1,9 mm und einer Länge von 2,5 mm bis 13,9 mm. Eine Auswahl berücksichtigter Bauelemente ist in Bild 51 abgebildet. Bauteilspezifische Fügestrategie-Kombinationen sowie initiale Fügeparameter wie Greif- und maximale Kontaktkraft werden durch Belastungstests ermittelt.

FBG1 enthält insgesamt 10 verschiedene THD, FBG2 17. FBG1 wird für die Untersuchung ausgewählt, da das dicht gepackte Layout eine Evaluation der Anfahrstrategien ermöglicht. FBG2 dagegen wird aufgrund der hohen Varianz verschiedener THD betrachtet. Für jede FBG-Variante werden zwei PCBs verwendet. Insgesamt werden 30 Testläufe pro PCB durchgeführt, also 120 Versuche mit insgesamt 3000 Fügevorgängen unter Nutzung der jeweils THD-spezifisch ausgewählten Fügestrategien.

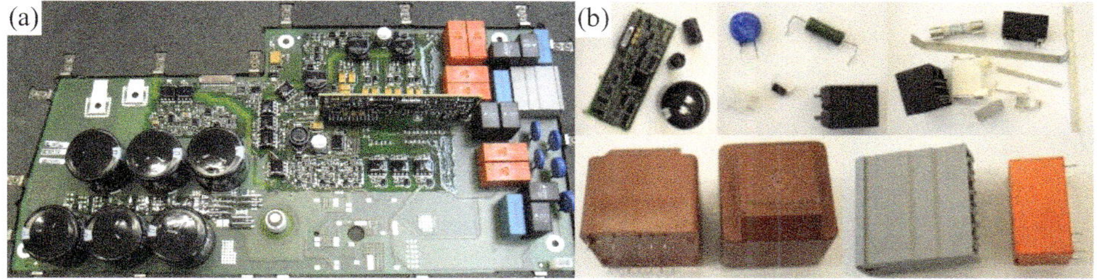

Bild 51: Beispiele der untersuchten THD-Fügeexperimente. (a) FBG1 mit dicht gepacktem Layout. (b) Einige Variationen untersuchter THD, in Anlehnung an [P16]

Trotz des Einsatzes der taktilen Fügestrategien schlagen insgesamt 38 Fügeversuche fehl, die Fehlerrate beträgt somit 1,27%. Auffallend ist, dass die Fehlerrate abhängig von der THD-Art stark variiert. Elf der 27 betrachteten THDs werden in der Versuchsreihe fehlerfrei gefügt (41%). Andererseits verursachen fünf THDs (19%) 79% der Fehlversuche in der Untersuchung, welche deshalb detaillierter untersucht werden.

Es zeigt sich, dass insbesondere der Freiraum bei der Anfahrt, das Längen/Durchmesser-Verhältnis der Pins, die Anzahl der Pins sowie das Fügespiel einen entscheidenden Einfluss auf den Fügeerfolg sowie die benötigten Strategien und deren Parameter besitzen. Entsprechend wird für diesen

Anwendungsfall eine Bibliothek erstellt, die regelbasiert anhand der oben genannten Haupteinflussfaktoren und ergänzt um die maximal zulässige Zykluszeit zur Plausibilisierung der Umsetzbarkeit einen passend konfigurierten und parametrierten Programmablauf aus den vordefinierten Modulen erstellt.

Der Freiraum der Anfahrt wird dabei zur Wahl der Anfahrstrategie verwendet. Das Durchmesser/Längen-Verhältnis wirkt sich direkt auf die maximal wirkenden Kontaktkräfte sowie zur Entscheidung über einen kontinuierlichen (S1/S3) oder punktuellen (S2/S4) Oberflächenkontakt aus. Die Anzahl der Pins entscheidet ebenfalls über die Wahl der Suchstrategie, jedoch zur Unterscheidung gekippter (S3/S4) oder oberflächenparalleler (S1/S2) Suche. Das Fügespiel dient der Festlegung der Einführungsstrategie.

Da alle der genannten Haupteinflussfaktoren produktspezifisch sind und spätestens nach der Produktentwicklungsphase vorliegen, wird eine Konfiguration, Implementierung und Simulation der Fügeroutinen bereits zu einem sehr frühen Zeitpunkt ermöglicht.

Ableitung von Adaptionsvorschlägen zur Programmoptimierung

Die Validierung der Abweichungskompensation gliedert sich in drei Unterabschnitte, die jeweils am vorgestellten Versuchsaufbau durchgeführte Versuchsreihen beinhalten. Teile des Kapitels wurden bereits in [P19] veröffentlicht. Die Ermittlung der Roboterpose und der TCP-Pose basiert dabei auf den aus der Robotersteuerung ausgelesenen Zustandsdaten.

Zuerst wird mittels eines *Baseline*-Tests die Konsistenz der Daten plausibilisiert und gleichzeitig der Einfluss zufälliger Abweichungseinflüsse quantifiziert. Hierfür wird der Werkstückträger mit der FBG starr fixiert und ein daran möglichst exakt manuell geteachter Fügepunkt eines THD im Montageloch wiederkehrend ($n = 75$) durch den Roboter angefahren. Hierbei wird der Mittelpunkt des Lochs durch Mittelung der durch taktiles Antasten der positiven und negativen Extremwerte in der x- und y-Koordinate bestimmten Randpunkte hergeleitet. Die Abweichungen der dabei erreichten Ist-Positionen zum geteachten Punkt schwanken hierbei in einem Bereich von etwa 0,2 mm, was durch die Wiederholgenauigkeit des Manipulators zu erwarten ist. Anschließend wird die Referenzposition anhand der mittleren erreichten Positionen adaptiert, um eine möglichst optimale Ausgangskalibrierung zur Evaluierung der datengetriebenen Optimierung zu erzeugen. [P19]

Es werden künstliche Abweichungen von der Referenzposition in x- und y-Richtung auf Basis eines Parametersatzes abgeleitet und zu dieser Referenz addiert. Hierzu werden drei synthetische Abweichungseinflüsse definiert: Hersteller (H), Werkstückträger (W) und Materialzuführung (M). H und M besitzen jeweils zwei diskrete Ausprägungen (A/B bzw. 1/2), W drei (1/2/3). Die Magnitude des Abweichungseinflusses ist dabei angelehnt an praktische Beobachtungen. Die Asymmetrie der Abweichungen zum Referenznullpunkt dient der Imitation einer systematischen Verschiebung des Referenzpunkts, beispielsweise verursacht durch eine verzerrte Parameterverteilung während der Referenzermittlung. Eine Übersicht der jeweiligen Abweichungseinflüsse ist in Tabelle 2 dargestellt. [P19]

Tabelle 2: Übersicht der synthetischen Abweichungseinflüsse, jeweils Erwartungswert und Standardabweichung, in Anlehnung an [P19]

Parameter	Ausprägung	Δx [mm]	Δy [mm]	Sx [mm]	Sy [mm]
M	A	0,1	-0,1	0,025	0,025
	B	-0,1	0,1	0,025	0,025
W	1	0,5	0,5	0,125	0,125
	2	-0,5	0,2	0,125	0,05
	3	0,3	-0,2	0,075	0,05
M	1	0,7	-0,2	0,175	0,05
	2	-0,2	0,7	0,05	0,175

Es werden insgesamt 900 Fügeversuche mit jeweils Normalverteilung der Einflussparameter durchgeführt. Bei jedem Versuch wird für jeden Parameter ein Zufallswert aus der Normalverteilung der angegebenen Ausprägung mittels der Polarmethode gezogen [178]. Die Gesamtabweichung ergibt sich aus der Summe der Einzeleinflüsse. Für jeden erfolgreichen Fügevorgang wird die gefundene Ist-Position als Kompensationswert ab dem vorgegebenen Startpunkt gespeichert und für die spätere Kompensationswertberechnung zur Verfügung gestellt. Der errechnete Kompensationswert ist naturgemäß gegenüber der vorgegebenen Abweichung negiert. Die Ergebnisse der Versuchsreihe sind in Bild 52 dargestellt. [P19]

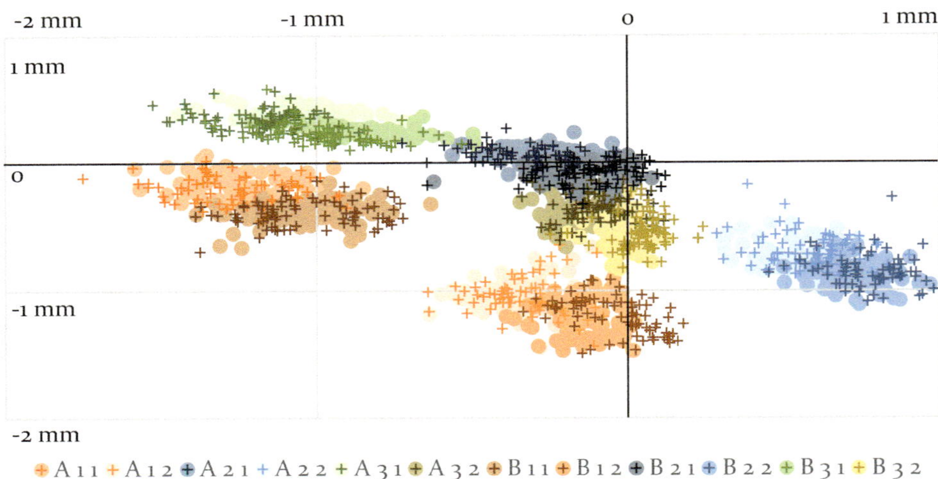

Bild 52: Verteilung der negierten vorgegebenen Abweichungen (·) sowie der erreichten Kompensationswerte (+) nach Parameterkombination. Eine hohe Überdeckung der jeweils zusammengehörigen Abweichungen und Kompensationswerte weist auf eine exakte Ermittlung der wahren Abweichung durch die Kompensationsfunktion hin. In Anlehnung an [P19]

In der Basistestreihe wird bei 689 Montagevorgängen eine Suche S1 durch Verfehlen der Fügeposition beim initialen Anfahren ausgelöst (76 %), die anderen Versuche sind direkt erfolgreich. Die durchschnittliche Suchdauer bei Auslösen beträgt 1,23 Sekunden. Kein Montagevorgang schlägt fehl. [P19]

Nach Abschluss der Testreihe werden für jeden Parameter anhand seiner durchschnittlichen erreichten Kompensationswerte spezifische Anpassungswerte errechnet und in das Roboterprogramm integriert. Zusätzlich wird die asymmetrische Verschiebung des Referenzpunktes datengetrieben global kompensiert ($\Delta\bar{x} = 0{,}14\ mm$; $\Delta\bar{y} = 0{,}49\ mm$). In einer zweiten Testreihe, welche hinsichtlich Versuchsanzahl, Parametern und Verteilungen identisch ist, wird nun der Einfluss der datengetriebenen Programmoptimierung evaluiert. Der Roboter bekommt hierbei die nächste anstehende Parameterkombination übermittelt, sodass eine eigenständige vorausschauende Kompensation erfolgen kann. [P19]

Auch hier schlägt kein Montageprozess fehl. Zusätzlich wird in keinem Fall die Fügeposition derart verfehlt, dass eine Suche ausgelöst würde. Die abhängigen Abweichungen nach AK2 werden somit vollständig vorausschauend kompensiert.

Die Validierung der gesamten Funktionalität erfolgt durch den kombinierten Einsatz der Einzelkomponenten, wie in Bild 53 abgebildet. Hierbei wird anhand eines 3D-Scans des Montagesystems, insbesondere der Roboterbasis, der Fügepositionen sowie der Materialzuführung, eine Kalibrierung der OLP-Umgebung vorgenommen. Das anhand dieser Szene erstellte Programm wird auf den Roboter übertragen und direkt, ohne jegliche Adaption, ausgeführt. Beim ersten Programmdurchlauf wird dabei sowohl die Aufnahmeposition des THD sowie die Fügeposition taktil erfasst. Bereits beim zweiten Durchlauf wird aufgrund der automatischen Kompensation bereits kein Suchprozess mehr ausgelöst. Die fortwährende Optimierung kleinster Abweichungen der AK2 wurde am selben Szenario bereits demonstriert.

7.1.3 Beurteilung der erzielten Ergebnisse

Die dreidimensionale Erfassung realer Produktionssysteme in Verbindung mit der Methodik zur Datenaufbereitung, -organisation und -nutzung bietet für den Einsatz zur Layoutplanung das Potenzial der Berücksichtigung der vollständigen 3D-Geometrie, welche mit etablierten Planungsmethoden auf 2D-Zeichnungsbasis nicht möglich ist (UG3).
Die Nutzung der erfassten 3D-Geometrie zur Kalibrierung von Simulationsstudien zur OLP bietet grundsätzlich denselben Funktionsraum wie die Arbeit am realen System (UG2), erlaubt jedoch die zeitliche Vorverlagerung der Programmerstellung. In Kombination mit den taktilen Strategien wird ein direktes Einspielen und Ausführen offline programmierter Programme, selbst bei hohen Genauigkeitsanforderungen der Montageapplikation, ermöglicht. Durch die Einbindung regelbasierter Programmbibliotheken wird zusätzlich der Einrichtaufwand derartiger Systeme massiv verringert sowie die Erstellung bereits zur Planungsphase ermöglicht (UG3).

Die Kategorisierung der Genauigkeitseinflüsse ermöglicht zudem die systematische Kompensation ebendieser unter Nutzung der entstehenden Prozessdaten. Die so erzeugten optimierten Programme sind in dieser Präzision durch manuelles Teach-In praktischer nicht implementierbar (UG3).

a)

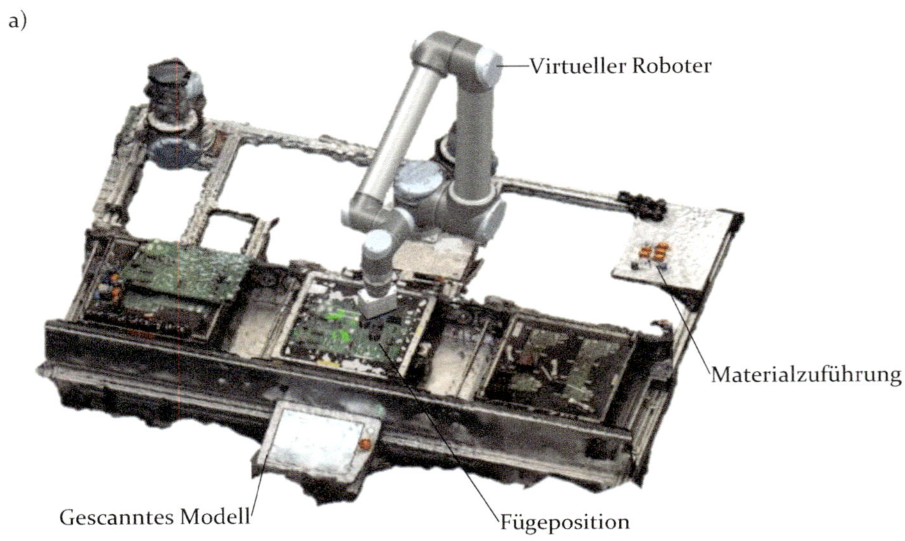

b)

Bild 53: OLP eines THD-Montageprozesses anhand eines mittels 3D-Scan kalibrierten Simulationsmodells. (a) Kombinierte Simulationsszene mit virtuellen Komponenten und digitalisiertem Montagesystem. (b) Programmausführung: (1) Initialanfahrt mit sichtbarem Versatz; (2) Erzielte Endposition der Suche S1; (3) Zweiter Programmdurchlauf mit optimierter Startposition; (4) Direktes Einführen ohne Suche

7.2 Simulation und Optimierung eines hybriden Systems für den automatisierten Griff in die Kiste

In der Elektronikproduktion sind, bedingt durch die hohe Variantenvielfalt, gerade auch Prozesse in der Endmontage oftmals noch manuell durchzuführen. Benötigte Teile werden hierbei meist unsortiert in Standardladungsträgern direkt zum Arbeitsplatz zugeführt. Während die Montageprozesse selbst dabei Automatisierungspotenziale aufweisen, stellt gerade die definierte Handhabung der unsortiert angelieferten Teile ein großes Automatisierungshemmnis dar. Entsprechend werden die Methoden zur virtuellen Auslegung, Training und Test von Bin-Picking-Applikationen anhand mehrerer grundsätzlich unterschiedlicher Teile aus der Endmontage von Elektronikprodukten validiert.

7.2.1 Versuchsumgebung und Implementierung

Als Simulationsumgebung wird die CAD-integrierte Umgebung Siemens *NX 12 Mechatronics Concept Designer* (MCD) verwendet. Neben einer physikbasierten Simulation und Rendering-Funktionalitäten sind hier für die virtuelle Inbetriebnahme nötige Schnittstellen vorhanden. Als Robotermodell für Simulation und reale Integration dient ein *UR10* LBR der Firma *Univeral Robots* mit einem additiv gefertigten Vakuumgreifer, siehe Bild 54. Die verwendete virtuelle Robotersteuerung ist dementsprechend *URSim*. Als Sensoren für die RGBD-Aufnahme kommen die Stereokameras *Roboception rc_vizard 160* sowie *Intel Realsense D415* zum Einsatz. Die Disparitäts- und Tiefenberechnung beider Kameras findet bereits auf der Kamera statt. Die virtuelle Disparitäts- und Punktewolkenberechnung erfolgt mittels des blockweisen Moduls *StereoBM* in der Bilderarbeitungsbibliothek *OpenCV*.

Die Sensordatenverarbeitung und Roboteransteuerung basiert auf dem Framework *ROS Kinetic Kame* [162] implementiert auf einer *Ubuntu 16.04 LTS* Plattform. Zur Objekterkennung und Poseschätzung werden sowohl featurebasierte Verfahren der *Point Cloud Library* (PCL) eine kombinierte Pipeline aus dem CNN-basierten *Single-Shot-Pose* (SSP) [84], dem punktwolkenbasierten Vergleichsverfahren *Iterative Closest Point* (ICP) [125], sowie einer Regressorstufe zur Greifobjektbestimmung genutzt. Zusätzlich können weitere Postprocessing-Schritte, wie eine Farbsegmentierung erfolgen. Für die Trainingsdatenerzeugung wird sowohl Siemens *NX 12* als auch *Blender* verwendet.

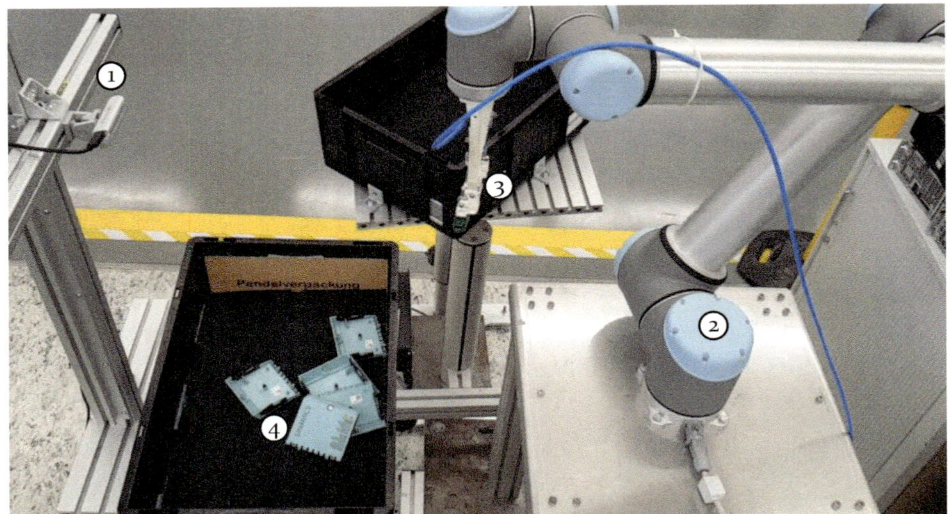

Bild 54: Versuchsaufbau für den Griff in die Kiste mit Intel Realsense D415 Stereokamera (1), UR10 Manipulator (2), Vakuumgreifer (3) und zu greifenden Bauteilen (4)

7.2.2 Funktionale Validierung der Simulationskomponenten und des Gesamtsystems

Die Verifizierung einzelner Simulationskomponenten ist anhand exemplarischer Implementierungen bereits in den entsprechenden Abschnitten des Kapitels 5.1 durchgeführt. Im Folgenden werden funktionale Aspekte der Komponenten verifiziert und validiert, die für eine Systemauslegung relevant sind. Für die Sensordatensimulation betrifft dies

- den Einfluss von Beleuchtung, optischen Eigenschaften der Materialien, sowie die Anwendbarkeit von Post-Processing-Schritten,
- die Objekterkennung und Poseschätzung sowie
- die Nutzung zum Training ML-basierter Routinen.

Optische Einflüsse und Postprocessing

Die Validierung erfolgt jeweils anhand ähnlicher Kistenfüllungen durch den virtuellen Nachbau einer realen Anordnung, um eine Vergleichbarkeit der Ergebnisse zu gewährleisten.

Der Einfluss von Beleuchtungseffekten wird durch definiertes Aufbringen einer punktförmigen Überblendung in das Bild validiert. In der realen Versuchsumgebung geschieht dies durch eine fokussierte Lichtquelle, in der Simulation durch Definition einer punktförmigen Lichtquelle. In beiden Fällen wird durch die Überblendung ein Merkmalsvergleich verhindert, was zu einer unvollständigen Punktwolke an der Lichteinfallstelle führt. Der Effekt der definierten Aufbringung eines Projektionsmusters zur Unterstützung der Tiefenberechnung wird durch Applikation eines Streifenmusters simuliert. Es kann gezeigt werden, dass die Punktwolke gerade in texturschwachen Bereichen unterstützt wird, wie dies auch in der Realität zu erwarten ist. [P12]

Ein oftmals verwendeter Post-Processing-Schritt ist die Segmentierung der Sensordaten zur Einschränkung des Suchraums der Objekterkennung und Poseschätzung. Eine identisches, zweistufiges Post-Processing wird simulativ und real angewendet. Im ersten Schritt wird die per Objekterkennung detektierte Kiste aus der Punktwolke entfernt. Im zweiten Schritt wird der Zwischenboden, der sich aufgrund seiner braunen Farbe (Karton) von den schwarzen Teilen abhebt, mittels einer Farbsegmentierung ebenfalls entfernt. Das Ergebnis des Post-Processings einer virtuellen und realen Kiste ist in Bild 55 dargestellt.

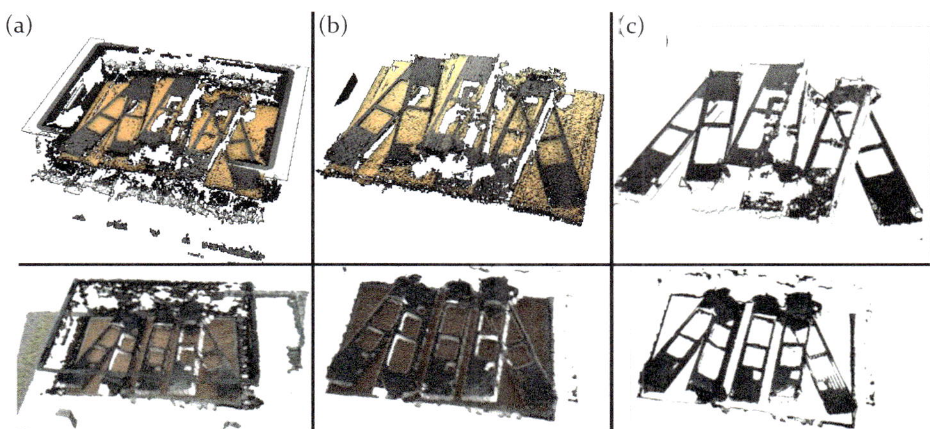

Bild 55: Punktewolkensegmentierung einer virtuellen (oben) und realen (unten) Kiste; (a) ungefilterter Sensordateninput; (b) geometrisches Ausschneiden der per Objekterkennung erkannten Kiste; (c) farbliche Segmentierung des Zwischenbodens; in Anlehnung an [P12]

Objekterkennung und Poseschätzung

Zur Validierung der Simulationsdaten für die Objekterkennung werden verschiedene Objekterkennungsroutinen, basierend auf klassischen Merkmalsvergleichsverfahren (PCL), aber auch das CNN-basierte SSP betrachtet. Beim Vergleich merkmalsbasierter Verfahren werden dazu reale Kistenfüllungen virtuell imitiert, um anschließend die Konfidenzwerte der Erkennungen vergleichen zu können. Sowohl die ausgewählten Treffer als auch deren Konfidenzwerte sind dabei in fünf getesteten, unterschiedlichen Szenarien vergleichbar, siehe auch Bild 56. [P12]

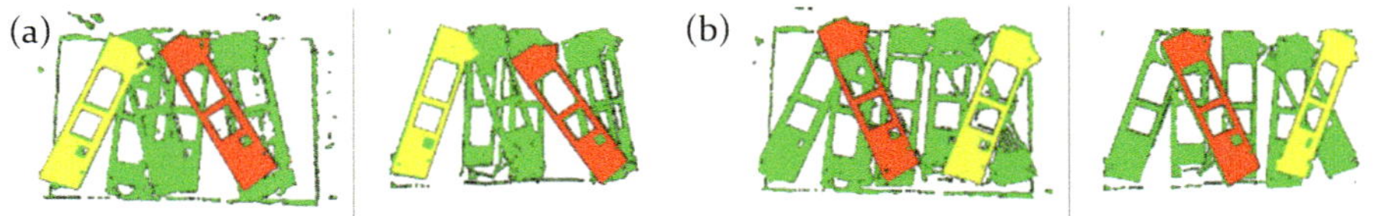

Bild 56: Vergleich realer (links) und synthetischer (rechts) Daten anhand merkmalsbasierter Matching-Verfahren an zwei exemplarischen Szenarien (a, b), in Anlehnung an [P12]

Vergleichbare Ergebnisse werden auch beim Einsatz punktwolkenbasierter Matching-Verfahren wie ICP erzielt. Wie in Bild 57 ersichtlich, ähneln sich die hierbei generierten Punktwolken vor allem hinsichtlich ihrer Schwächen, beispielsweise bei der Erfassung dünner Stege. Dies grenzt das Verfahren gegenüber anderen Verfahren ab, die lediglich eine auf der Idealgeometrie basierende Punktwolke mit statischem Rauschen beaufschlagen. Allerdings ist auch zu beobachten, dass die hier erzeugte synthetische Punktwolke eher digitales Rauschen aufweist, statt das typische Wellenrauschen der Stereokamera zu imitieren. Gerade im Bereich des Kistenrands ist dies unter anderem durch die zu einheitlichen synthetischen RGB-Bilder erklärbar, die hier aufgrund auflösungsbedingt fehlender Textur des Modells keinen Merkmalsvergleich zulassen.

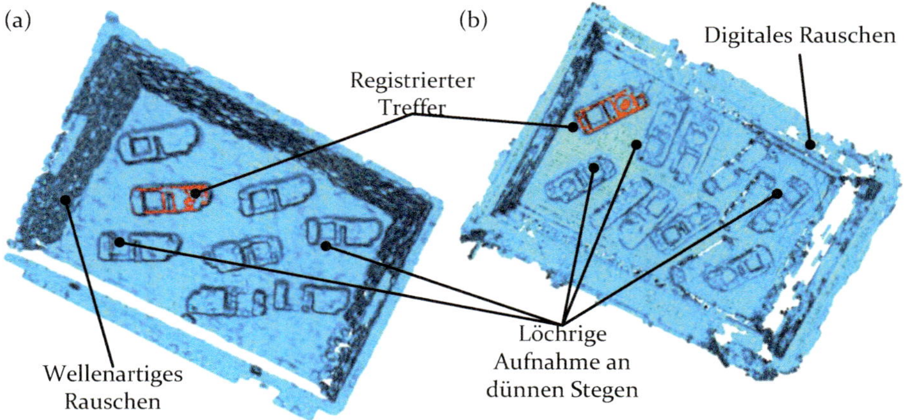

Bild 57: Reale und synthetische Punktwolke einer zufälligen Kistenfüllung mit ICP-Match

Die Evaluation der Poseschätzung mittels eines synthetisch trainierten CNN-basierten SSP-Algorithmus ist in Bild 58 dargestellt. Auch hier zeigt sich, dass der mittels synthetischer Daten aus einem anderen System trainierte Algorithmus mit der Realität vergleichbare Ergebnisse erzielt.

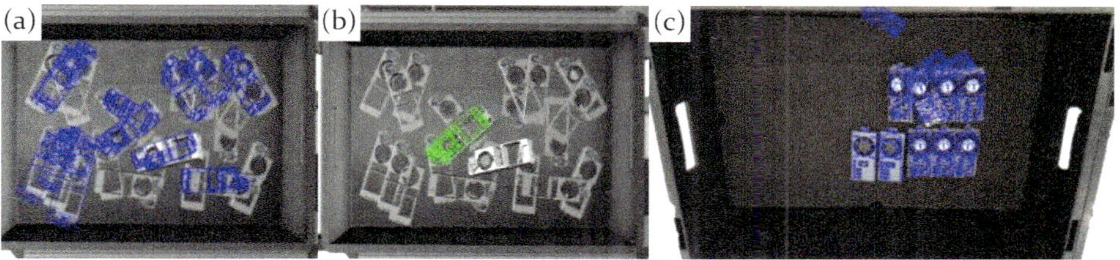

Bild 58: Hypothesen eines synthetisch trainierten SSP-Algorithmus auf synthetischen (a, b) und realen (c) RGB-Bildern

Generierung synthetischer Trainingsdaten für lernende Verfahren

Die Validierung der Erzeugung synthetischer Trainingsdaten erfolgt mittels sieben verschiedener Teile. Zur Sicherstellung der Übertragbarkeit der Ergebnisse werden Teile verschiedener Texturierung, geometrischer Komplexität, Symmetrien sowie Materialien verwendet, siehe Bild 59.

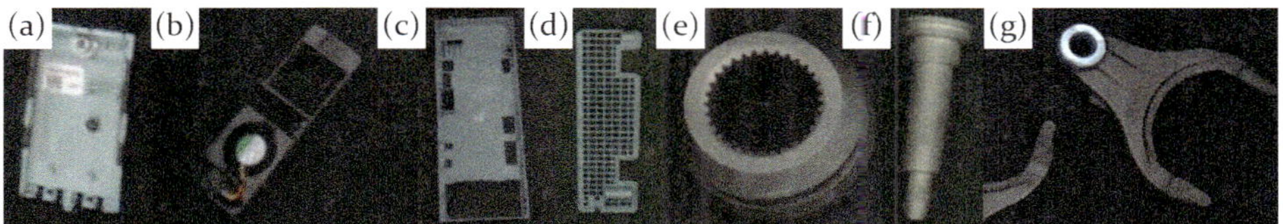

Bild 59: Teile zur Validierung der synthetischen Trainingsdatengenerierung

Für jedes der Teile werden in einer virtuellen Umgebung zufällige Kistenfüllungen erzeugt, deren Annotation in Form der wahren 6D-Pose bekannt ist, siehe Bild 60. Falls für die Teile in der Realität keine vollständig unsortierte Anlieferung mit Ordnungszustand (0/0) vorliegt, ist eine Berücksichtigung in den Trainingsdaten möglich.

Bild 60: Zufällige synthetische Kistenfüllungen zur Trainingsdatengenerierung

Die Güte der Erkennung wird über einen winkelfehlergewichteten Abstand zur Grundwahrheit (*ground truth* – gt) nach

$$\Delta gt = \sqrt{(\Delta t)^2 + G * (\Delta\varphi)^2} \tag{7.1}$$

berechnet. Der translatorische euklidische Abstand Δt wird dabei um einen mit G gewichteten Winkelfehler $\Delta\varphi$ ergänzt. Für den allgemeinen Anwendungsfall eines Griffs in die Kiste bei Messung in Metern und Radianten wird der einheitenabhängige Gewichtungsfaktor G mit 0,0025 m^2 angesetzt, womit ein translatorischer Versatz von 0,005 m einem Winkelfehler von 0,1 rad gleichgewertet wird.

Für die Auswertung auf Realdaten wird analog dem Vorgehen nach Abschnitt 5.2.3 die Kiste iterativ mit Teilen befüllt und jeweils ein Datensatz angelegt. Anhand des Differenzbildes zur vorigen Aufnahme wird das neu hinzugekommene Teil automatisch segmentiert. Auf diesem Segment wird nun eine verfeinerte Poseschätzung unter Nutzung der RGB- und RGBD-Daten mittels SSP, dem Regressor sowie ICP-Verfahren durchgeführt. Da das Segment nur noch ein Teil enthält, ist die Poseschätzung auch für ein rein synthetisch trainiertes Netz trivial, siehe Bild 61. Das so erzielte Ergebnis wird durch einen Experten geprüft und zur Annotation des realen Bilds hinzugefügt. Das Verfahren setzt voraus, dass sich bereits in der Kiste befindliche Teile nicht mehr bewegen, weshalb ein Stapeln der Teile im Sinne einer vollständig chaotischen Kistenfüllung nicht umsetzbar ist. Jedoch ist durch diese Implementation der Annotationsaufwand durch die Transformation des Problems in eine Klassifikation statt einer 6D-Annotation massiv verringert.

Bild 61: Pseudo-Labelling mittels auf simplifizierten Datensatz. (a) RGB-Aufnahme i. (b) Differenzbild zum Zustand i-1. (c) Inferenz des vortrainierten CNN auf vereinfachtem Datensatz zur Erzeugung des Pseudo-Labels i in Anlehnung an [S9]

Eine erste Auswertung der Teile (a)-(d) mit nach HODAŇ ET AL. [79] definiertem maximaler Abstandsschwellwert von 0,02 m ergibt für ein rein synthetisch trainiertes Modell auf Realdaten 58%, 83%, 60% und 30% akzeptable Treffer. Für die metallischen Teile (e)-(g) können mangels passender

Hypothesen keine konsistenten Werte ermittelt werden, was auf ein Scheitern des Transfers von synthetischen auf komplexe reale Daten hinweist. Diese Leistung ist für sich genommen für einen produktiven Einsatz ungenügend. Für die Teile (a)-(c) ist ein Einsatz als erste Stufe einer mehrstufigen Routine jedoch denkbar.

Bei der durch Regressor- und ICP-Verfahren unterstützten Annotation einzelner Segmente analog dem oben beschriebenen Vorgehen können durchweg sinnvolle Ergebnisse erzielt werden, weshalb eine automatische Annotation realer Aufnahmen durchgeführt wird. Das Vorgehen ist für das flache Teil (d) nicht anwendbar, da die Höhe des Teils kleiner als das Rauschen der verwendeten Tiefenkamera ist und somit keine Poseverfeinerung mittels ICP stattfinden kann.

Entsprechend werden für jedes Teil (a)-(c) sowie (e)-(g) zwischen 7% und 11% automatisch annotierte Realdaten jeweils in 7-8 Belichtungsstufen zur *Data Augmentation* in das Trainingsset aufgenommen. Die Ergebnisse der mittels hybrider Trainingsdaten angelernten Netzes sind in Tabelle 3 abgebildet.

Tabelle 3: Anteil akzeptabler Poseschätzungen des neuronalen Netzes SSP mit hybridem Trainingsdatensatz

		Objekt					
		a	b	c	e	f	g
Δgt [m]	≤ 0,02	100%	98%	100%	93%	93%	100%
	≤ 0,01	100%	92%	100%	90%	55%	100%
	≤ 0,005	90%	50%	100%	31%	7%	90%
	≤ 0,002	47%	8%	6%	17%	3%	51%

Die hybrid trainierte Poseschätzung erreicht auf Realdaten mit Schwellwert 0,02 m robust akzeptable Treffer. Sogar bei Einschränkung des akzeptablen Bereichs auf 0,005 m werden für Teile (a), (c) und (g) gute Werte, die auf RGB-Daten erzielt werden. In Kombination mit einer weiteren Regressorstufe zur Hypothesenklassifikation sowie einer punktwolkenbasierten Verfeinerung, wie in Bild 62 dargestellt, ist das größtenteils synthetisch trainierte System als für den produktiven Einsatz geeignet anzusehen.

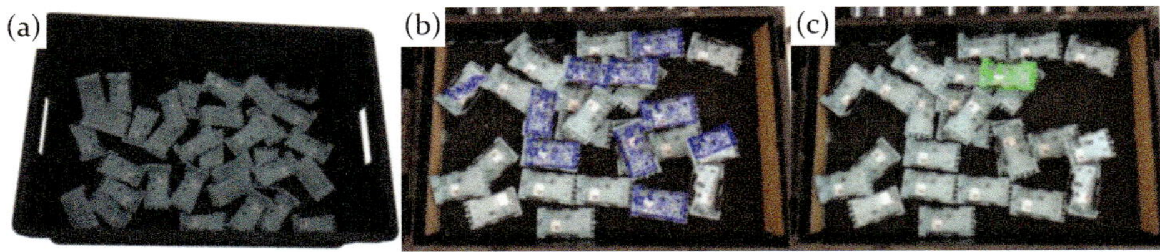

Bild 62: Einsatz einer synthetisch trainierten Poseschätzungspipeline auf reale Daten am Beispiel des Deckels. (a) Exemplarisches synthetisches Trainingsbild mit bekannter Annotation. (b) Hypothesen des SSP auf realer RGB-Aufnahme. (c) Verfeinerte Hypothese des zu greifenden Teils

Ein Praxistest der Gesamtimplementation zeigt, dass eine Verknüpfung der synthetischen Sensordatenerzeugung, die Signalintegration des virtuellen Robotercontrollers sowie des virtuellen Greifsystems mit der real einsetzbaren Bin-Picking-Routine funktioniert. In mehreren Szenarien können hierbei zufällige Kistenfüllungen erzeugt und zugehörige Sensordaten synthetisiert werden, die eine Poseschätzung und signalüberwachte Griffausführung, hin zum Neustart des Bin-Picking-Zyklus ausführbar sind. Dieser Zyklus ist in Bild 63 dargestellt.

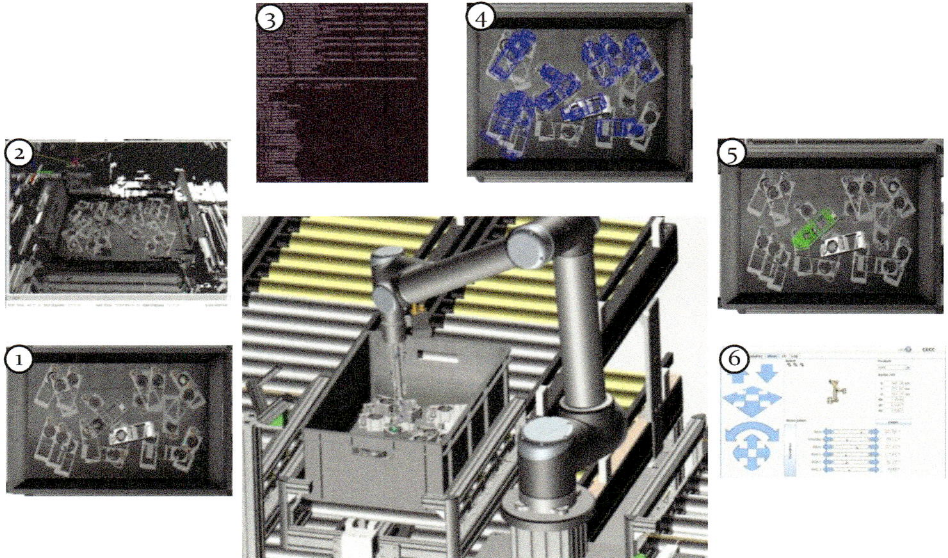

Bild 63: Vereinfachte Darstellung des virtuellen Bin-Picking-Zyklus mit Aufnahme der RGB-Bilder (1), stereoskopische Punktwolkenberechnung (2), Auswertung durch die Originalpipeline (3) zur Hypothesengenerierung (4) und -verfeinerung (5) sowie signalüberwachte Ausführung des Griffs durch die Robotersteuerung (6)

7.2.3 Erweiterung des Anwendungsspektrums auf allgemeine Bildverarbeitungsaufgaben

Neben der betrachteten definierten Handhabung unsortiert angelieferter Teile ist ein Einsatz der in 5.2.3 entwickelten Methode auf für weitere Bildverarbeitungsaufgaben möglich. Insbesondere für in der Montage ebenfalls verbreitete optische Prüftätigkeiten, die in manuellen Systemen neben der reinen Fügetätigkeit anfallen, sind derartige Bildverarbeitungssysteme bei Automatisierung der Fügetätigkeit vorzusehen. Auch bei der Prüfung können neben Systemen zur Anomaliedetektion, die keine annotierten Trainingsdaten benötigen, insbesondere Verfahren der Objekterkennung zum Einsatz kommen. Auch hier bietet sich die Ausleitung synthetischer Trainingsdaten mit Annotation zur effizienten Einrichtung an.

Zur Validierung der Nutzbarkeit für diesen Anwendungsfall wird ein System zur automatisierten Trainingsdatengenerierung direkt aus dem PLM/CAD-System umgesetzt. Durch die in derartigen Systemen ebenfalls hinterlegten Arbeitspläne ist eine direkte Zuordnung von Fügeteilen und Prozessstation und damit eine Ausleitung stations- oder prozessspezifischer Trainingsdaten möglich. Am Beispiel der in 7.1 dargestellten THD-Montage wird ein derartiges System umgesetzt. Hierbei werden basierend auf den CAD-Daten der FBG gleichzeitig Methoden der *DA* und *DI* eingesetzt. Durch eine möglichst realistische Darstellung der zu erkennenden THD mittels Renderingverfahren bei gleichzeitiger Randomisierung der Hintergründe, Kamerapositionen, Textur der PCB, THD-Positionierung sowie der Anzahl angezeigter Instanzen wird eine Robustheitssteigerung beim Transfer in die Realität erzielt. Die zu randomisierenden Parameter sowie das Ausmaß der Randomisierung wurde zuvor durch eine teilfaktorielle Parameterstudie bestimmt.

Da für diesen Anwendungsfall eine ebene Erkennung ausreicht, wird für die exemplarische Implementation eine Erkennung durch Transfer Learning einer mittels des *COCO-Datensatzes* vortrainierten *Faster ResNet50*-Architektur umgesetzt [179, 180]. Hierbei wird die Position gefundener Objekte im RGB-Bild mittels einer *Bounding Box* beschrieben.

Zur Messung der Erkennungsleistung wird ein gewichteter F-Score nach

$$F_\beta = (\beta^2 + 1)\frac{Precision * Recall}{\beta^2 * Precision + Recall} \tag{7.2}$$

mit β = 2 gewählt, um den bei der Bestückkontrolle wichtigeren Faktor der Precision höher zu gewichten. Die Bewertung der getroffenen Hypothesen erfolgt mittels der *Intersection over Union* (IoU), auch *Jaccard-Koeffizient*

[181] genannt, der Schnittmenge der wahren und prognostizierten Bounding Boxes, geteilt durch deren Vereinigungsmenge, siehe Bild 64. Für den vorliegenden Anwendungsfall wird der IoU-Schwellwert 0,5 gewählt. Hierbei werden nur Hypothesen einer Konfidenz größer 0,5 ausgewertet.

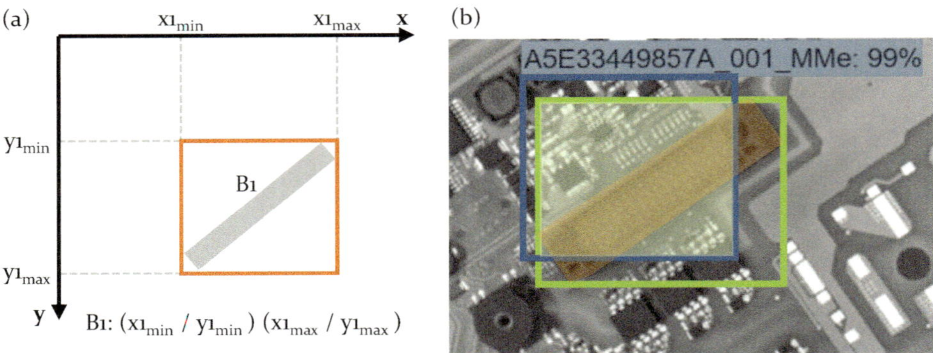

Bild 64: Bounding-Box-Lokalisierung und Performance-Messung. (a) Objektlokalisierung mittels achsparalleler Bounding Box. (b) Darstellung der IoU einer Lokalisierungshypothese der Konfidenz 99% (blau) sowie der wahren Lokalisierung (grün) in Anlehnung an [S10]

Es kann gezeigt werden, dass ein rein synthetisch trainiertes Netz auf Realdaten bereits einen F_2-Score von 81,2% erzielen kann. Durch ein Nachtraining mit 50 realen Bildern kann dieser bereits auf 99% gesteigert werden. Dasselbe Netz, rein auf realen Daten trainiert, erreicht selbst nach 450 Bildern lediglich einen F_2-Score von 98,5%, siehe auch Bild 65. [S10]

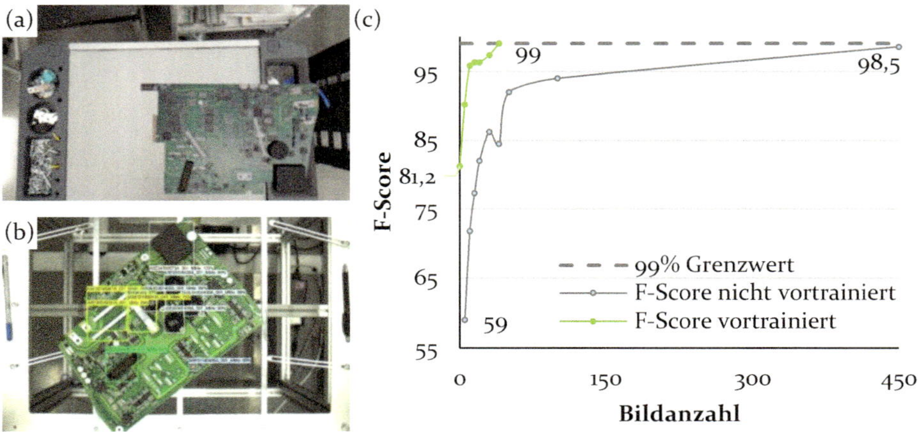

Bild 65: Einsatz eines mittels synthetischer Daten trainierten CNN zur Sichtprüfung. (a) Synthetisches Bild mit zufälligem Hintergrund, Textur, FBG-Position und relativer Bauteilpositionen. (b) Erkennungsergebnisse auf realer FBG. (c) F-Score-Vergleich abhängig von genutzten Realbildern, in Anlehnung an [S10]

7.2.4 Beurteilung der erzielten Ergebnisse

Es kann gezeigt werden, dass die erzeugten virtuellen Sensordaten den realen Daten hinsichtlich Form, Verhalten und Nutzbarkeit für Postprocessing und Verarbeitungsschritte hinreichend ähnlich sind. Entsprechend kann die Planung und Auslegung diesbezüglicher Routinen mit UG2 unterstützt werden.
Weiterhin wird demonstriert, dass sowohl klassische merkmalsbasierte als auch CNN-gestützte Verfahren auf Basis der künstlichen Daten validiert, in letzterem Fall auch trainiert werden können. Durch die Integration aller relevanten Parameter in eine Simulationsumgebung kann dabei jeder Aspekt von Kistenfüllung, Sensorik und deren Positionierung, Roboterpositionierung und Bahnplanung bis hin zu Greiferdesign analog der Realität betrachtet werden (UG2).
Ein Test der realen Algorithmen für die Bildverarbeitung, Poseschätzung, Greif- und Bahnplanung als auch des Robotersteuerungscodes kann sowohl in einem SiL als auch HiL-Setup erfolgen. Hierbei können auch Extremszenarien, die in der Realität nur mit großem Aufwand oder unter dem Risiko einer Beschädigung des Systems getestet werden könnten, virtuell nachgestellt und evaluiert werden (UG3).
Speziell die Erzeugung synthetischer Trainingsdaten zur Einrichtung CNN-basierter Verfahren sowie die Nutzung eines derartig vortrainierten Netzes zur (halb-)automatischen Generierung annotierter Realdaten verspricht eine enorme Reduzierung des Einrichtungsaufwands derartiger Systeme, die den Stand der Forschung im Bereich des Bin-Pickings darstellen. Gerade hinsichtlich der Erzeugung großer Mengen an Trainingsdaten kann durch die vorgestellte Methodik eine Unterstützung über das in der Realität mit vertretbarem Aufwand darstellbare Maß und damit UG3 erzielt werden.
Zusätzlich wird die Übertragbarkeit des Verfahrens auf allgemeinere Bildverarbeitungsaufgaben exemplarisch am Beispiel eines optischen Prüfsystems nachgewiesen. Auch hier kann der Nutzen der Implementation synthetischer Trainingsdaten nachgewiesen werden (UG3).

7.3 Menschintegrierte Augmented-Virtuality-Inbetriebnahme von Robotersystemen

Die Elektronikproduktion ist geprägt durch sehr kurze Produktlebenszyklen und im industriellen Bereich eine hohe Variantenzahl. Dementsprechend sind Montageinseln nach dem One-Piece-Flow-Prinzip weit verbreitet. Eine Automatisierung einzelner Prozesse erfordert daher häufig eine MRK-Fähigkeit der Station, welche mit hohem Entwicklungs- und Absicherungsaufwand verbunden ist. Die Methoden werden daher an verschiedenen Szenarien funktional erprobt und letztlich die Einsetzbarkeit für die in 6.2 definierten methodischen Anwendungsfälle validiert.

7.3.1 Versuchsumgebung und Implementierung

Das System wird mittels der Roboter- und Menschsimulationsumgebung *Tecnomatix Process Simulate* implementiert. Die verschiedenen simulativ evaluierten Szenarien nutzen die Robotermodelle UR3, UR5 und UR10. Zur Robotersteuerungssimulation und OLP wird einerseits der proprietäre Emulator des Simulationsprogramms, zur Validierung dann die virtuelle Robotersteuerung *URSim* verwendet. Im Rahmen der virtuellen Inbetriebnahme wird eine Siemens *SIMATIC S7-F1500* Sicherheits-SPS mittels einer *Simulation Unit PN 128* an die Simulation angebunden. An die SPS per Kommunikationsbus angebunden sind ein HMI-Panel, ein 2D-Strichcodeleser sowie eine sicherheitsfähige I/O-Peripheriebaugruppe. Mit dieser sind weiterhin ein Laser-Abstandssensor sowie ein Not-Halt-Pilztaster verbunden. Die GKE wird realisiert über eine *Microsoft Kinect v2* ToF-Kamera. Als HE-System kommt ein *Leap Motion Controller* zum Einsatz. Die VR-Visualisierung und das Objektracking erfolgen über das *HTC Vive* VR-System.

7.3.2 Funktionale Evaluation der menschintegrierten Augmented Virtuality-Inbetriebnahme

Die funktionale Evaluation der Einzelkomponenten des Systems fokussiert einerseits die Validierung des Trackings sowohl des Menschen als auch weiterer Objekte. Auch die sich daraus ergebenden Interaktionsmechanismen werden überprüft. Weiterhin wird die Abbildung im Kontext der MRK gängiger technischer Schutzeinrichtungen und deren Interaktion mit dem DHM dargelegt. Zusätzlich wird die Anbindung realer Sicherheitshardware und der Test damit auszuführender Sicherheitsfunktionen untersucht.

Konsistenz des Trackingsystems und der Interaktionsmechanismen

Der für die intuitive Interaktion wichtigste Teil des Trackings betrifft die Hände des Operators. Anhand einer Nutzerstudie (N = 30) zur virtuellen Interaktion mit einem Industrierobotersystem wird in einem ersten Schritt die reine Integration der Hände in eine VR-Simulationsumgebung evaluiert. Die Teilnehmer müssen die durch eine SiL-Simulation gesteuerte Anlage mittels eines nach 6.1.3 virtuell projizierten HMI starten und diese anschließend durch Einlegen virtuell zu greifender Teile mit Material versorgen, siehe auch Bild 66. [P15]

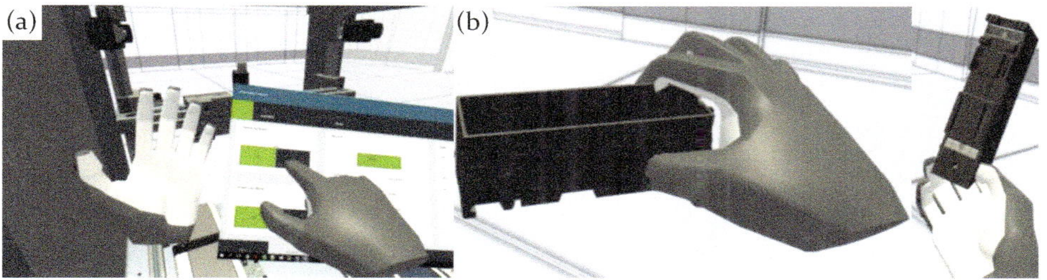

Bild 66: Virtuelle Interaktion mit einem Modell zu virtuellen Inbetriebnahme. (a) Steuerung des Systems über projiziertes HMI-Panel. (b) Griff und Manipulation eines virtuellen Teils, in Anlehnung an [P15]

Hierbei soll die Genauigkeit der Interaktion sowie deren Nutzbarkeit durch Nicht-Experten geprüft werden. Obwohl keiner der Teilnehmer Vorerfahrungen mit einem derartigen HE besitzt und nur wenige (N_{VR} = 3) mit VR vertraut sind, kann die Aufgabe konsistent erfüllt werden. Der Grad der Intuitivität der Interaktion wird dabei auf einer Skala von 1 (niedrigste) bis 5 (höchste) sehr gut bewertet ($\varnothing_{HuiL}$ = 4,5), gerade im Vergleich mit einer klassischen Bedienung der Simulation mit Tastatur und Maus ($\varnothing_{TM}$ = 2). [P15]

Die Analyse der GKE erfolgt durch Nutzung des Systems für verschiedene für die Montage relevanter Bewegungsabläufe, wie Gehen, Vorbeugen und Zugreifen. Die Konsistenz mit dem dynamischen Objekttracking wird durch das Greifen und Führen realer, mit Marken versehener Objekte, wie in Bild 67 dargestellt, überprüft. Auch hier kann eine gute Übereinstimmung der geometrischen Abhängigkeiten der wahren Objektposition zu den Händen des Operators und deren jeweiligen virtuellen Repräsentation beobachtet werden. So ist auch das gezielte Greifen frei im Raum befindlicher realer Gegenstände mit den virtuellen Händen möglich. [P10]

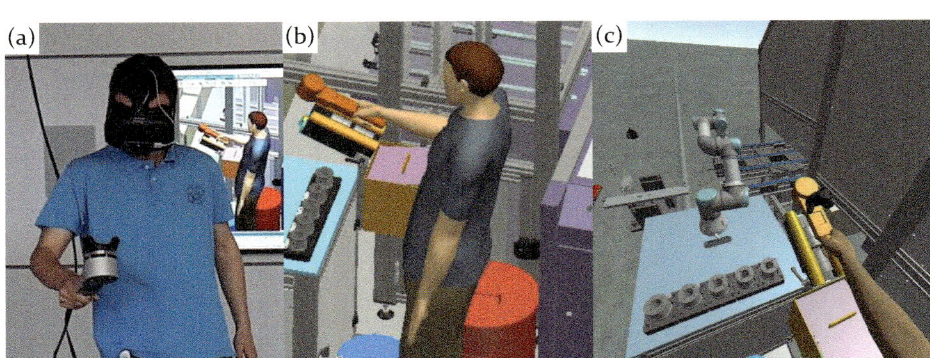

Bild 67: Konsistenzprüfung des Objekt- und Menschtrackings anhand eines handgeführten Kraftmessgeräts. (a) Handführung des mit Marker bestücken Kraftmessgeräts. (b) Dynamische Integration in die Simulationsumgebung. (c) Live-VR-Visualisierung für den Bediener; in Anlehnung an [P10]

Abbildung und Funktionalität technischer Schutzeinrichtungen

Zur Abbildung der meisten im Kontext der MRK gebräuchlichen Sicherheitssensorik werden Lichtgitter, LiDAR-Scanner, taktile Schutzkappen, Ultraschallsensoren sowie Not-Halt-Taster umgesetzt, siehe Bild 68. Die Detektionsbereiche der Sensoren werden dabei jeweils als Kollisionskörper ausgeführt, wodurch ein Kontakt sowie eine signaltechnische Behandlung mit dem DHM erfolgen kann. Durch die Modellierbarkeit des DB kann eine Anpassung des Erfassungsbereichs, insbesondere für die optischen Sensorsysteme erfolgen. Die interne Logik des Sensors, wie beispielsweise unterschiedliche Signalzustände des LiDAR abhängig von der Entfernung, werden mittels Logikblöcken direkt an die Komponenten angehängt, um eine effiziente Wiederverwendbarkeit zu ermöglichen.

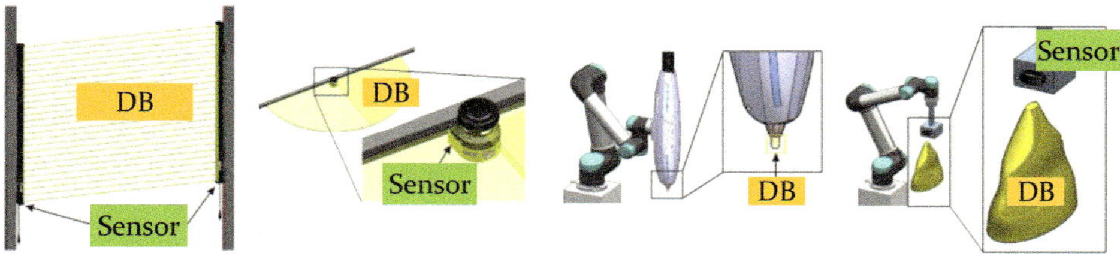

Bild 68: Integration gebräuchlicher Sicherheitssensorik mit Detektionsbereich in die Inbetriebnahmeumgebung. (a) Lichtgitter mit definierbarem Strahlenabstand. (b) LiDAR-Scanner. (c) Druckempfindliche Schutzkappen. (d) Ultraschallsensor. In Anlehnung an [S4]

Die Funktionalität des Einsatzes virtueller nicht-trennender Schutzeinrichtungen wird mittels der Verknüpfung eines HiL-Versuchsaufbaus demonstriert. Der Aufbau ist in Bild 69 dargestellt. Es kann nachgewiesen werden, dass ein virtueller Test von Sicherheitsfunktionen mit virtueller Sensorik möglich ist.

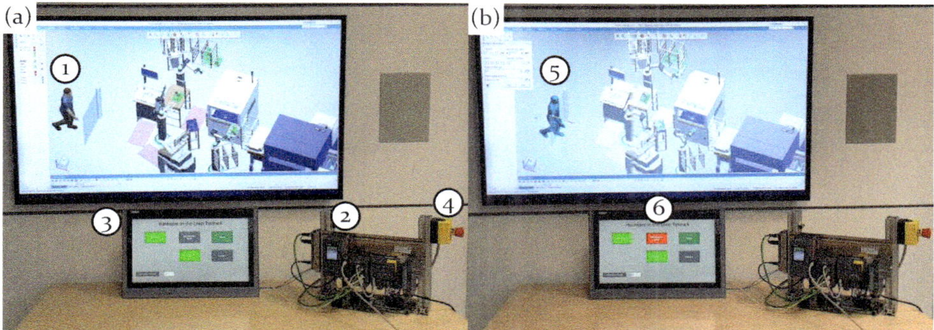

Bild 69: HiL-Testaufbau zur VIBN von Sicherheitsfunktionen. (a) Versuchsaufbau mit Simulationsstudie inklusive DMM (1), Sicherheits-SPS und Peripheriebaugruppen (2), HMI-Panel (3) und Not-Halt-Taster (4). (b) Durchdringung des virtuellen Lichtgitters durch das DMM (5) verursacht Sicherheitsereignis in der Steuerungshardware (6). In Anlehnung an [S11]

7.3.3 Anwendung zur virtuellen Absicherung hybrider Montagesyteme

Die Unterstützung des Planungsprozesses wird zuerst anhand der einzelnen Phasen der in 6.2 definierten Methodik und der hierfür erforderlichen funktionalen oder normativ regulierten Inhalte evaluiert. Anschließend wird auf dieser Basis ein Rückschluss auf den Grad der Unterstützung bei der Planung von MRK-Applikationen unterschiedlichen Kollaborationsgrads eingegangen.

Die methodischen Einsatzgebiete der HuiL-Simulation umfassen die Einbindung direkter Fertigungsmitarbeiter zur kollaborativen Planung neuer Montagesysteme sowie zu Schulungszwecken, die Evaluation der Umsetzung einer inhärent sicheren Konstruktion und letztlich der Test der Funktionalität technischer Schutzeinrichtungen.

Workshops unter Einbeziehung direkten Fertigungspersonals werden unterstützt durch die direkte Integration bereits bekannter Fertigungsressourcen wie Prozessanlagen, Grundmodule standardisierter Montagearbeitsplätze sowie deren Bestandteilen wie Kisten und Werkzeuge. In Abgrenzung zu etablierten Kartonagenaufbauten müssen diese nicht aufwändig nachempfunden werden und bieten einen höheren Detaillierungsgrad. Unbekannte Systembestandteile können durch eine Kombination von Elementargeometrien angenähert werden. Das Layout kann ständig durch ein Verschieben der Komponenten optimiert werden. Hierbei ist jedoch zusätzlich eine realistische Integration von Robotern möglich, deren TCP dynamisch virtuell per Hand adaptierbar ist, um beispielsweise erste Reichweitenanalysen durchzuführen. Die Intuitivität der Interaktion auch für Nicht-Experten wurde bereits diskutiert. Im Gegensatz zu klassischen Kartonagenaufbauten ist eine direkte Übernahme des Workshopergebnisses in folgende Planungsschritte möglich, siehe auch Bild 70.

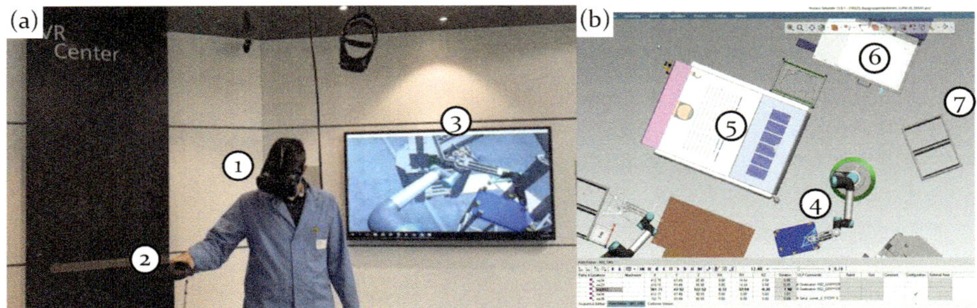

Bild 70: VR-Unterstützte Grobplanung eines Robotersystems. (a) Virtueller Reichweitentest durch VR-basiertes (1) Ziehen des TCP (2) in der Egoperspektive (3). (b) Live-Übernahme der Roboterpose (4) in das Planungswerkzeug zur Layoutoptimierung unter Nutzung bekannter Ressourcen (5-7).

Eine Aufzeichnung der menschlichen Bewegung im System sowie der Integration des Bewegungsablaufs in ein Hüllvolumen erlaubt bereits zu diesem frühen Zeitpunkt eine Analyse möglicher Kollisions- oder Quetschgefahren nach DIN EN ISO 13857 [20] sowie DIN EN ISO 13854 [21] durch den Roboter. Bereits in der Entwurfsphase kann somit eine der ISK dienende Optimierung des Layouts erfolgen, bevor dieses weiter ausgearbeitet wird. Auch eine Ergonomieanalyse ist dabei möglich.

Nachdem das System ausgearbeitet wurde, ist eine erneute Überprüfung der ISK möglich. Zusätzlich kann hier noch die Anordnung vorhandener TSEs bezüglich des Bewegungsbereichs des Roboters nach DIN EN ISO 13855 [19] evaluiert werden. Hier kann auch eine Anpassung der ausgestalteten Roboterbahn derart vorgenommen werden, dass der Abstand zum Bewegungsumschlag des Menschen maximiert wird. Verbleibende Kollisionsszenarien können anhand der Geschwindigkeit sowie des Kollisionspartners gegliedert und bewertet werden. Hierdurch ist bereits eine Planung der später im Sinne der DIN ISO/TS 15066 [13] vorgesehenen Überprüfung biomechanischer Grenzwerte möglich.

Nach der Ausgestaltung der Systemgeometrie erfolgt mittels SiL- oder HiL-Simulation ein Test der Steuerungssoftware. Durch die Menschintegration im Sinne der HuiL ist dabei auch eine Funktionsprüfung der Sicherheitslogik mittels virtueller Interaktion mit den TSE möglich, siehe Bild 71. Somit können auch kritische Extremszenarien gefahrlos geprüft werden, die in der Realität Gefahren für Mensch oder Anlage nach sich ziehen könnten.

7.3.4 Beurteilung der erzielten Ergebnisse

Auf die vier Kollaborationsarten bezogen ergeben sich variierende Unterstützungsmöglichkeiten. Die beiden Kollaborationsarten SBH und GAÜ werden integriert betrachtet, da ihr Sicherheitskonzept jeweils auf der Nutzung von TSEs basiert, welche eine Kollision mit einem bewegten Roboter ausschließen. Folglich ergibt sich für beide Kollaborationsarten ein UG3. So sind alle normativ erforderlichen Überprüfungen zur Auslegung der TSE virtuell möglich [19, 20]. Zusätzlich kann auch die Funktionalität der Sicherheitslogik virtuell getestet werden. Somit ist eine vollständige Absicherung der funktionellen Komponenten des Systems, auch für in der Realität zu aufwendigen oder zu gefährlichen Szenarien, möglich.

Die Kollaborationsart LKB erlaubt einen physischen Kontakt zwischen Mensch und bewegtem Roboter. Daher ist für diesen Anwendungsfall eine detaillierte Betrachtung der Kontaktszenarien nötig. Es wird für die unterschiedlichen Planungsinhalte UG1 bis UG2 erreicht. So können Quetschstellen und Kollisionspotenziale virtuell ermittelt und proaktiv durch Layoutanpassungen und Bahnanpassungen eliminiert werden (UG2) [20, 21]. Auch können diese nach ihrer potenziellen Schwere anhand der Kollisionspartner, insbesondere deren Geometrie des mechanischen Partners und dem getroffenen Körperteil und deren Geschwindigkeit priorisiert und für die Versuchsplanung herangezogen werden (UG2). Diese Faktoren definieren in Kombination mit in DIN ISO/TS 15066 angegebenen biomechanischen Kennwerten die zu erwartenden Kollisionskräfte und Flächenpressungen. [13] Jedoch ist eine rein virtuelle Ermittlung dieser nicht ausreichend, weshalb eine reale Messung mit einem kalibrierten Messgerät zwar unterstützt, jedoch nicht ersetzt werden kann (UG1).

Die Kollaborationsart HF basiert auf der Führung des Roboters durch Vorgabe physikalischer Kräfte. Da für das System ein rein optisches Tracking verwendet wird, ist ein physikalisches Feedback an den Operator nicht ohne weiteren Hardwareeinsatz darstellbar, weshalb die Simulation derartiger Systeme mittels des vorgestellten Verfahrens, außer zur Reichweitenanalyse, wenig sinnvoll ist (UG0).

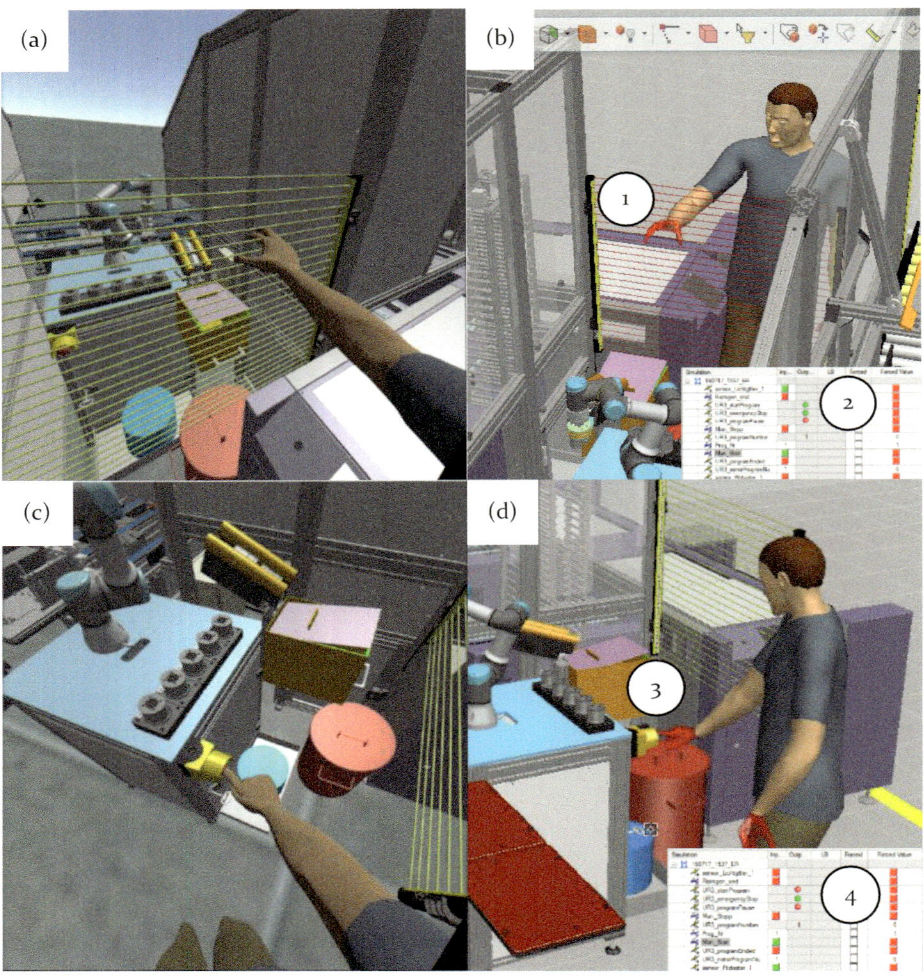

Bild 71: Test technischer Sicherheitseinrichtungen im Rahmen einer virtuellen HuiL-Inbetriebnahme; (a) Durchgreifen eines Lichtvorhangs in VR mittels MCS; (b) Simultane Abbildung in der Simulationsumgebung und Kollisionserkennung (1) zur Signalanpassung (2) der CEE; (c) Drücken eines virtuellen Not-Halt-Drucktasters; (d) Abbildung der Aktivierung durch Kollisionsanalyse (3) und Signalgenerierung (4); in Anlehnung an [P10]

Die meisten MRK-Anwendungen sind in der Zusammenarbeit auf eine Koexistenz beschränkt [107]. Sie fallen daher in den Bereich des SBH oder der GAÜ, welche durch das postulierte Verfahren insbesondere unterstützt werden. LKB ist aufgrund des weiteren Erfordernisses eines menschlichen Wertschöpfungspartners nur teilweise als Automatisierung zu beurteilen und fällt daher nicht zentral in die mit dieser Arbeit verfolgten Zielsetzung.

7.4 Zusammenfassende Beurteilung und synergetische Kombination der entwickelten Verfahren

Zusammenfassend lässt sich folgern, dass die entwickelten Methoden die Einsatzfähigkeit derartiger fortgeschrittener Robotertechnologien in der Montage steigern, indem die Planungseffizienz drastisch erhöht wird. Da oftmals jedoch eine Kombination dieser Technologien zur Materialzuführung, der Fügeoptimierung sowie die sicherheitstechnische Absicherung als hybrides System für einen Montageprozess relevant sein können, werden die entwickelten Methoden auf Kombinierbarkeit und Synergieeffekte untersucht.

So ist die Erweiterung der mittels OLP abbildbaren Prozesse zentral für den Einsatz der HuiL-Simulation für MRK-Anwendungen, da die Absicherung und Zertifizierung das konkrete Roboterprogramm umfasst, welches also zum Planungszeitpunkt der HuiL-Absicherung bereits definiert sein muss.

Gleichzeitig können die in diesem Rahmen genutzten Verfahren zur Digitalisierung realer Produktionsumgebungen genutzt werden, um die virtuelle Absicherung durch Ergänzung der realen Systemumwelt zu erweitern. Die erzeugten 3D-Modelle der Anlage können beispielsweise als Kollisionsobjekte in die Bahnplanung eines Bin-Picking-Systems integriert werden Dieselben Verfahren können auch zur einfachen Digitalisierung klassischer Karton-Mockups genutzt werden, sodass auch ein zweistufiges Workshop-Konzept aus kartonbasierter Ausarbeitung der manuellen Montageprozesse und einer darauffolgenden virtuellen Ausarbeitung des roboterrelevanten Layouts denkbar ist.

Weiterhin ist eine Einbindung der genutzten Objekterkennungs- und Poseschätzungsalgorithmen zur Grobpositionierung vor dem taktilen Fügen mithilfe der vorgestellten Algorithmen möglich. Hier ermöglicht die Erzeugung synthetischer Trainingsdaten sowie die Simulation derartiger Systeme unter Nutzung optischer Sensorik eine Vorbereitung und Validierung entsprechender Systeme ohne den Bedarf eines realen Systems und ergänzt somit synergetisch den Offline-Ansatz der Programmierung. Die Möglichkeit der aufwandsarmen Einrichtung einer optischen Prüfung mittels der gezeigten Datenerzeugung unterstützt weiterhin die Automatisierung derartig präziser Montageoperationen, da hier dem Werker zumeist implizit auch Prüfaufgaben zukommen.

Sowohl das taktile Fügen als auch Bin-Picking stellen nicht-deterministische Prozesse dar, die jeweils anhand der sensorischen Erfassung der relevanten Umwelt zu einer individuellen Roboterbewegung führen. Beim taktilen Fügen ist die Abweichung zum ursprünglichen Soll-Pfad relativ gering, beim Bin-Picking kann diese abhängig vom Ordnungszustand der zu greifenden Teile zu einer anderen Pose führen. Daher ist die Gefährdungs- sowie die Risikobeurteilung einer solchen Applikation anhand der Beobachtung der realen Anlage wenig zielführend, da die stochastische Streuung der möglichen Roboterposen und -bahnen damit nicht analysiert werden kann. Die simulative Abbildung dieser Prozesse erlaubt ebendies, da über wiederholte Simulationsläufe eine immer repräsentativere Menge möglicher Roboterposen und –bahnen dokumentiert und analysiert werden kann. Die Integration der ermittelten Posen kann erneut für die Erzeugung eines integrativen Hüllvolumens herangezogen werden, siehe Bild 72. Zwar ist nach heutiger normativer Regelung eine derartige Ermittlung beispielsweise potenzieller Quetschgefahren nicht zulässig, da nicht garantiert werden kann alle Extremwerte simulativ ermittelt zu haben. Jedoch ist eine sichere Beschränkung der Roboterbewegung durch Achsgrenzwerte oder kartesische Sicherheitswände möglich, die für alle simulativ ermittelten Posen eine Programmausführung zulässt und trotzdem optimal im Sinne einer ISK oder für die Auslegung von TSE nutzbar ist [21, 20, 19].

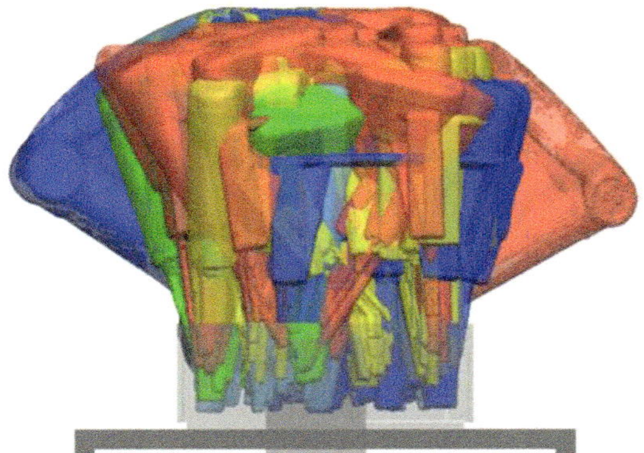

Bild 72: Kumuliertes Hüllvolumen eines Kistenleerungszyklus einer Applikation zum Griff in die Kiste mit Teilen des Ordnungszustands (0/2) (n=100), in Anlehnung an [S4]

Andersherum können die mittels HuiL ermittelten Zugriffsbereiche des Menschen als gesperrte Bereiche um einen Minimalsicherheitsabstand erweitert in die Bahnplanung des Roboters verwendet werden oder die Abstandsmaximierung zum gesperrten Bereich als Optimierungskriterium der Bahnplanung ergänzt werden. Allesamt sind diese synergetischen Potenziale mit klassischen Planungsverfahren sowie teilweise selbst durch reale Versuchsreihen nicht darstellbar, weshalb sie mit UG3 bewertet werden.

8 Zusammenfassung und Ausblick

Die vorliegende Abhandlung beschäftigt sich mit der robotergestützten Steigerung der Automatisierungsgrad in der Montage. Hierzu werden verbleibende Handlungsfelder zur Automatisierung komplexerer Montageprozesse sowie des flexiblen Einsatzes abgeleitet. Insbesondere die Durchführung hochpräziser Montagevorgänge, die definierte Handhabung ungeordneter Teile als auch die Fähigkeit zur Zusammenarbeit mit dem Menschen werden als kritische Befähiger identifiziert. Der effiziente Einsatz derartiger Technologien erfordert bedarfsgerechte Planungswerkzeuge und entsprechende Vorgehensweisen, welche derzeit nicht vollumfänglich verfügbar sind. Entsprechend ist die industrielle Verbreitung derartiger Verfahren, trotz vielversprechender Technologien und Forschungsansätzen, gering.

Entsprechend werden für jedes identifizierte Handlungsfeld Anforderungen an derartige Werkzeuge definiert, diese anschließend konzeptionell hergeleitet, praktisch umgesetzt und an realen Anwendungsfällen validiert. Zusätzlich wird der methodische Einsatz der neuen Werkzeuge beschrieben.

Zur Planung und skalierbaren Umsetzung komplexer, kraftgesteuerter Montageprozesse wird ein Vorgehen unter Nutzung von SfM-Aufnahmeverfahren definiert, welches für eine Kalibrierung der Simulationsszene für die OLP genutzt wird. Hierbei werden auftretende Genauigkeitseinflüsse systematisiert, die anschließend durch entwickelte Regelalgorithmen kompensiert werden. Die dabei entstehenden Daten werden weiterhin für eine kontinuierliche Verbesserung der Prozessrobustheit und Zykluszeit genutzt, indem systematisch auftretende Abweichungen dauerhaft vorausschauend kompensiert werden. Weiterhin werden am Beispiel der THD-Montage in der Elektronikproduktion exemplarisch bauteilbezogene Parameter ermittelt, deren Ausprägung ausschlaggebend für die Konfiguration und Parametrierung passender Regelalgorithmen der verschiedenen Fügephasen ist. Die Integration in eine regelbasierte Bibliothek erlaubt dabei eine weitere Effizienzsteigerung in der Planung derartiger Systeme.

Für die Umsetzung KI-basierter optischer Bildverarbeitungssysteme, insbesondere hinsichtlich der Handhabung ungeordneter Teile, wird ein Vorgehen vorgeschlagen, welches sowohl der Auslegung und dem Funktionstest der gesamten Anwendung dient, gleichzeitig jedoch genutzt werden kann, um Trainingsbilder inklusive deren Annotation für das Anlernen des

Algorithmus zu nutzen. Da rein synthetische Trainingsdaten allein für einen robusten Einsatz nicht ausreichen, wird weiterhin ein Vorgehen für das effiziente, automatisierbare Generieren von Annotationen für reale Bilder vorgestellt, welches auf Basis von Pseudo-Labeln des vortrainierten Systems auf einem künstlich vereinfachten Eingangsdatensatz robust korrekte Annotationen erzeugt. Weiterhin wird die Übertragbarkeit des Vorgehens auch auf andere Bildverarbeitungsaufgaben, wie der Bestückungsprüfung mittels Objekterkennung gezeigt.

Die Gestaltung und Absicherung von MRK-Systemen erfordert die Einbindung des Menschen als zentralen Systembestandteil in die Roboter- und Anlagensimulation. Hierzu wird ein neues Vorgehen zur HuiL-VIBN entwickelt und mittels eines eigens entwickelten hybriden Motion-Capturing Systems, welches einerseits ohne optische Marken, inertiale Sensoren und Tracking-Anzüge auskommt, andererseits trotzdem eine erwartungstreue Selbstdarstellung des Menschen in der VR ermöglicht. Das System erlaubt eine Interaktion mit dem virtuellen System und dessen Bestandteilen, sodass eine umfassende Analyse der Systemfunktionalität, aber auch von Sicherheitsaspekten möglich ist. Das System unterstützt dabei die Absicherung der meistverwendeten Kollaborationsarten.

Es kann gezeigt werden, dass die erarbeiteten Systeme die Planung taktiler Montageprozesse unter Nutzung datengetriebener Optimierungsverfahren, die Auslegung und den Test von Systemen zum Griff in die Kiste sowie allgemeine optische Prüfaufgaben sowie die Gestaltung und Absicherung von MRK-Systemen bezüglich deren Kernherausforderungen unterstützen können. Ebenfalls ist eine Kombination der einzelnen Verfahren möglich, um Synergieeffekte bei der Planung von Systemen unter Nutzung mehrerer der beschriebenen Technologien zu realisieren.

Durch die Berücksichtigung industrieller Standards sowohl in der signaltechnischen Anbindung von Robotersteuerungen, industriellen Logiksteuerung sowie weiterer Hardware ist eine Übertragbarkeit auf weitere industrielle Anwendungen sichergestellt. Die Methoden eignen sich dabei auch für die Integration in etablierte Planungswerkzeuge, die auch als Basis für die exemplarische Umsetzung genutzt wurden.

Weitere Forschungsgegenstände bei der dreidimensionalen Aufnahme und Kalibrierung betreffen die automatisierte semantische Segmentierung aufgenommener Punktwolken verschiedener Herkunft. Durch diese Segmentierung können bekannte Objekte in Scans erkannt und grob positioniert werden. Anschließend ist eine automatische Feinausrichtung anhand der hier beschrieben Vorgehensweise möglich. Dies ermöglicht die automatisierte Aktualisierung von Layouts und damit verbundenen Simulationsmodellen. In einer Vision könnte eine durch unterschiedliche Agenten, beispielsweise automatische Transportfahrzeuge oder sogar autonome Flugroboter [182], häufig kartierte Umgebung automatisiert zum Abgleich des dazugehörigen digitalen Abbilds genutzt werden, und somit einen Beitrag zur durchgehenden Aktualität digitaler Zwillinge liefern.

Weitere sinnvolle Forschungsaktivitäten auf dem Gebiet der intelligenten industriellen Bildverarbeitung betreffen einerseits die Erforschung von Systemen mit niedrigerem Bedarf annotierter Trainingsdaten sowie die Einführung automatisierten maschinellen Lernens für gängige Anwendungsfälle. Erste Arbeiten auf dem Gebiet des *Few Shot Learnings* beweisen eine gute Leistungsfähigkeit der speziellen Netzarchitekturen auch bei Training mit nur wenigen Datensätzen. Dieses Vorgehen erlaubt ein noch schnelleres Anlernen KI-basierter Bildverarbeitungssysteme auf neue Anwendungen. Der zweite Forschungsbereich des automatisierten maschinellen Lernens verfolgt dagegen das Ziel der Auswahl oder Erstellung möglichst optimaler Bildverarbeitungsroutinen basierend auf beispielhaften Datensätzen [81]. Beide Ansätze sind mit dem hier vorgestellten synthetischen Trainingsansatz sowie dem Simulationsprinzip vereinbar und würden eine Erweiterung des Einsatzspektrums derartiger Systeme bei gleichzeitiger Reduktion des dafür benötigten Aufwands bedeuten.

Forschungsbedarf bei kollaborativen Robotersystemen besteht weiterhin bezüglich der möglichst sinnvollen Aufgabenverteilung zwischen Mensch und Roboter sowie der Förderung der Akzeptanz solcher Systeme im industrielen Alltag. Ebenfalls von wichtiger praktischer Bedeutung ist die Umsetzung sicherheitszertifizierter Systeme zur dynamischen Kollisionsvermeidung zwischen Mensch und Roboter, um eine sichere Zusammenarbeit ohne aufwendige Sicherstellung der Einhaltung und Dokumentation der Grenzwerte der Kraft und Flächenpressungen zu ermöglichen.

9 Summary and outlook

This contribution focuses on the increase of the degree of automation in assembly through extended robot applicability. For this purpose, remaining fields of action for the automation of more complex assembly processes as well as flexible application are derived. Especially the execution of high-precision assembly processes, the defined handling of chaotically supplied parts, as well as the ability to collaborate with humans are identified as critical enablers. The efficient use of such technologies requires suitable planning tools and corresponding methodologies, which are currently not available. Accordingly, the industrial distribution of such approaches is low, despite promising available technologies and research.

Thus, for each identified field of action requirements for such tools are defined, which are then defined conceptually, implemented practically and validated in real applications. Additionally, the methodical application of the new tools is described.

For the planning and scalable implementation of complex force controlled assembly processes a procedure using structure-from-motion scanning methods is defined, which is used for a calibration of the simulation scene for offline programming. Furthermore, occurring accuracy influences are systematized, and compensated afterwards by developed control algorithms. The resulting data is further used for a continuous improvement of the process robustness and cycle time by systematically compensating occurring deviations permanently and in advance. Furthermore, component-related parameters are determined using the example of Through-Hole Device assembly in electronics production, the characteristics of which are decisive for the configuration and parameterization of suitable control algorithms for the various joining phases. The integration into a rule-based library allows a further increase in efficiency in the planning of such systems.

For the implementation of AI-based optical image processing systems, especially with regard to the handling of chaotically supplied parts, a procedure is proposed, which serves both the design and the functional test of the entire application, but can also be used to generate training images including their label for the learning of the algorithm. Since purely synthetic training data alone is not sufficient for a robust application, a procedure for the efficient, automatable generation of labels for real images is presented, which robustly generates correct labels based on pseudo-labels from the pre-trained system on an artificially simplified input data set. Furthermore, the transferability of the procedure to other image processing tasks, such as assembly inspection using object recognition, is shown.

The design and validation of human-robot collaboration systems requires the integration of humans, as a central system component, in the robot and system simulation. For this purpose, a new approach for human-in-the-loop virtual commissioning is developed. This is achieved means of a specially developed hybrid motion-capturing system, which on the one hand provides tracking without optical markers, inertial sensors and tracking suits, and on the other hand enables the self-portrayal of humans in VR. The system allows for an interaction with the virtual system and its components, so that a comprehensive analysis of the system functionality, but also of safety aspects is possible. The system supports the validation of the most common types of collaboration.

It is shown that the developed systems support the planning of tactile assembly processes using data driven optimization methods, the design and test of systems for bin picking as well as general optical inspection tasks and the design and validation of human-robot collaboration systems regarding their core challenges. Also a combination of the individual procedures is possible to realize synergy effects when planning systems by using several of the described technologies.

Through consideration of industrial standards, both in the signal-technical connection of robot controls, industrial logic control and further hardware, a transferability to other industrial applications is possible. The methods are also suitable for the integration into established planning tools, as shown by the exemplary implementation.

Further research topics in three-dimensional acquisition and calibration concern the automated semantic segmentation of acquired point clouds of different origins. Through this segmentation, known objects in scans can be recognised and roughly positioned. Subsequently, an automatic fine alignment is possible using the procedure described here. This enables the automated updating of layouts and associated simulation models. In a vision, a frequently mapped environment by different agents, for example automatic transport vehicles or even autonomous flying robots [181], could be used automatically to match the corresponding digital image, thus contributing to the continuous up-to-dateness of digital twins.

Further research activities in the field of intelligent machine vision should focus on the one hand on the exploration of systems with a lower demand for annotated training data and, on the other hand, the introduction of automated machine learning for common use cases. Initial work in the field of Few Shot Learning has demonstrated good performance of the special network architectures even for training with only a few data sets. This procedure allows even faster training of AI-based image processing systems for new applications. The second research area of automated machine learning, on the other hand, pursues the goal of selecting or creating the most optimal image processing routines possible based on exemplary data sets [81]. Both approaches are compatible with the synthetic training approach presented here as well as the simulation principle and would mean an expansion of the application spectrum of such systems with a simultaneous reduction of the effort required for this.

There is still a need for research on collaborative robot systems with regard to the most sensible distribution of tasks between humans and robots as well as the promotion of the acceptance of such systems in industrial settings. The implementation of safety-certified systems for dynamic collision avoidance between humans and robots is also of important practical significance in order to enable safe collaboration without the need for time-consuming engineering and documentation of force and surface pressures.

Literaturverzeichnis

[1] STATISTISCHES BUNDESAMT. *Statistisches Jahrbuch 2017* [online]. *Volkswirtschaftliche Gesamtrechnungen,* 2017. Verfügbar unter: https://www.destatis.de/DE/Publikationen/Statistisches-Jahrbuch/VGR.pdf?__blob=publicationFile

[2] FELDMANN, K., V. SCHÖPPNER und G. SPUR, Hg. *Handbuch Fügen, Handhaben und Montieren.* München: Carl Hanser Verlag GmbH & Co. KG, 2013. ISBN 978-3-446-42827-0

[3] BOGNER, E. *Strategien der Produktindividualisierung in der produzierenden Industrie im Kontext der Digitalisierung,* 2019. ISBN 978-3-96147-247-5

[4] MANYIKA, J., S. LUND, M. CHUI, J. BUGHIN, J. WOETZEL, P. BATRA, R. KO und S. SHANGVI. *Jobs lost, jobs gained: Workforce transistions in a time of automation,* Januar 2017

[5] WINZENICK, M. *StatistischerJahresbericht 2019* [online]. *Fachbereich Schaltgeräte, Schaltanlagen, Industriesteuerungen,* 2020 [Zugriff am: 24. September 2020]. Verfügbar unter: https://www.zvei.org/fileadmin/user_upload/Presse_und_Medien/Publikationen/2020/Juli/Statistischer_Jahresbericht/ZVEI_WP_Statistischer_Jahresbericht_2019-20_DOWNLOAD.pdf

[6] Deutsches Institut für Normung; EN; International Standardization Organization. DIN EN ISO 10218 - 1, *Industrieroboter – Sicherheitsanforderungen – Teil 1: Roboter.* Berlin: Beuth Verlag GmbH

[7] HESSE, S. und V. MALISA. *Taschenbuch Robotik - Montage - Handhabung. Mit 42 Tabellen.* 2., neu bearbeitete Auflage. München: Fachbuchverlag Leipzig im Carl Hanser Verlag, 2016. ISBN 3446445498

[8] International Standardization Organization. ISO 9283:1998-04, *Industrieroboter - Leistungskenngrößen und zugehörige Prüfmethoden.* Berlin: Beuth Verlag GmbH

[9] BUSCHHAUS, A. *Hochpräzise adaptive Steuerung und Regelung robotergeführter Prozesse.* Bamberg: Meisenbach GmbH Verlag, 2017. Fertigungstechnik - Erlangen. 300. ISBN 3875254279

[10] WEBER, W. *Industrieroboter*. München: Carl Hanser Verlag GmbH & Co. KG, 2019. ISBN 978-3-446-45952-6

[11] VDI Verein Deutscher Ingenieure e.V. VDI 3633 Blatt 8, *Simulation von Logistik-, Materialfluss- und Produktionssystemen - Maschinennahe Simulation*. Berlin: Beuth Verlag GmbH

[12] Deutsches Institut für Normung; EN; International Standardization Organization. DIN EN ISO 10218 - 2, *Industrieroboter – Sicherheitsanforderungen – Teil 2: Robotersysteme und Integration*. Berlin: Beuth Verlag GmbH

[13] Deutsches Institut für Normung; International Standardization Organization. DIN ISO/TS 15066, *Roboter und Robotikgeräte - Kollaborierende Roboter (ISO/TS 15066:2016)*. Berlin: Beuth Verlag GmbH

[14] Deutscher Bundestag. *Produktsicherheitsgesetz. ProdSG*, 8. November 2011

[15] Deutscher Bundestag. *Neunte Verordnung zum Produktsicherheitsgesetz(Maschinenverordnung). 9. ProdSV*, 12. Mai 1993

[16] Europäisches Parlament; Rat der Europäischen Union. *Richtlinie 2006/42/EG des Europäischen Parlaments und des Rates. 2006/42/EG*, 17. Mai 2006

[17] Deutsches Institut für Normung. DIN EN ISO12100:2011-03, *DIN EN ISO 12100:2011-03, Sicherheit von Maschinen_- Allgemeine Gestaltungsleitsätze_- Risikobeurteilung und Risikominderung (ISO_12100:2010); Deutsche Fassung EN_ISO_12100:2010*. Berlin: Beuth Verlag GmbH

[18] Deutsches Institut für Normung. DIN EN ISO 13849-1:2016-06, *DIN EN ISO 13849-1:2016-06, Sicherheit von Maschinen_- Sicherheitsbezogene Teile von Steuerungen_- Teil_1: Allgemeine Gestaltungsleitsätze (ISO_13849-1:2015); Deutsche Fassung EN_ISO_13849-1:2015*. Berlin: Beuth Verlag GmbH

[19] Deutsches Institut für Normung; EN; International Standardization Organization. DIN EN ISO 13855:2010 -10, *Sicherheit von Maschinen - Anordnung von Schutzeinrichtungen im Hinblick auf Annäherungsgeschwindigkeiten von Körperteilen*. Berlin: Beuth Verlag GmbH

[20] Deutsches Institut für Normung. DIN EN ISO 13857:2020-04, *DIN EN ISO 13857:2020-04, Sicherheit von Maschinen_- Sicherheitsabstände gegen das Erreichen von Gefährdungsbereichen mit den oberen und unteren Gliedmaßen (ISO_13857:2019); Deutsche Fassung EN_ISO_13857:2019*. Berlin: Beuth Verlag GmbH

[21] Deutsches Institut für Normung. DIN EN ISO 13854:2020-01, *DIN EN ISO 13854:2020-01, Sicherheit von Maschinen_- Mindestabstände zur Vermeidung des Quetschens von Körperteilen (ISO_13854:2017); Deutsche Fassung EN_ISO_13854:2019*. Berlin: Beuth Verlag GmbH

[22] VERBAND DEUTSCHER MASCHINEN- UND ANLAGENBAU E. V. *Sicherheit bei der Mensch-Roboter-Kollaboration. VMDA-Positionspapier*, 05-2016

[23] WEBER, M.-A. und S. STOWASSER. Ergonomische Arbeitsplatzgestaltung unter Einsatz kollaborierender Robotersysteme: Eine praxisorientierte Einführung [online]. *Zeitschrift für Arbeitswissenschaft*, 2018, **72**(4), 229-238. ISSN 0340-2444. Verfügbar unter: doi:10.1007/s41449-018-0129-4

[24] Deutscher Bundestag. *Verordnung über Sicherheit und Gesundheitsschutz bei der Verwendung von Arbeitsmitteln. BetrSichV*, 3. Februar 2015

[25] LUCA, A. de, A. ALBU-SCHAFFER, S. HADDADIN und G. HIRZINGER. Collision Detection and Safe Reaction with the DLR-III Lightweight Manipulator Arm. In: *2006 IEEE/RSJ International Conference on Intelligent Robots and Systems:* IEEE, 9. Oktober 2006 - 15. Oktober 2006, S. 1623-1630. ISBN 1-4244-0258-1

[26] R. BISCHOFF, J. KURTH, G. SCHREIBER, R. KOEPPE, A. ALBU-SCHAEFFER, A. BEYER, O. EIBERGER, S. HADDADIN, A. STEMMER, G. GRUNWALD und G. HIRZINGER. The KUKA-DLR Lightweight Robot arm - a new reference platform for robotics research and manufacturing. In: *ISR 2010 (41st International Symposium on Robotics) and ROBOTIK 2010 (6th German Conference on Robotics)*, 2010, S. 1-8

[27] ALBU-SCHÄFFER, A., S. HADDADIN, C. OTT, A. STEMMER, T. WIMBÖCK und G. HIRZINGER. The DLR lightweight robot: design and control concepts for robots in human environments [online]. *Industrial Robot: An International Journal*, 2007, **34**(5),

376-385. ISSN 0143-991X. Verfügbar unter: doi:10.1108/01439910710774386

[28] ISHIKAWA, K. *Introduction to quality control.* [S l.]: Chapman-Hall; 3a corporation, 1989. ISBN 9780139524417

[29] VDI Verein Deutscher Ingenieure e.V. VDI 2206, *Entwicklungsmethodik für mechatronische Systeme.* Berlin: Beuth Verlag GmbH

[30] VDI Verein Deutscher Ingenieure e.V. VDI 3633 Blatt 1, *Simulation von Logistik-, Materialfluss- und Produktionssystemen - Grundlagen.* Berlin: Beuth Verlag GmbH

[31] RABE, M., S. SPIECKERMANN und S. WENZEL. *Verifikation und Validierung für die Simulation in Produktion und Logistik.* Berlin, Heidelberg: Springer Berlin Heidelberg, 2008. ISBN 978-3-540-35281-5

[32] WIENDAHL, H.-P., M. HEGENSCHEIDT und H. WINKLER. Anlaufrobuste Produktionssysteme. *wt Werkstattstechnik online,* 2002, **92**(11/12), 650-655

[33] WÜNSCH, G. *Methoden für die virtuelle Inbetriebnahme automatisierter Produktionssysteme.* München: Utz, 2008. IWB-Forschungsberichte. 215. ISBN 978-3-8316-0795-2

[34] GOODFELLOW, I., Y. BENGIO und A. COURVILLE. *Deep Learning.* Cambridge, Mass.: MIT Press Ltd, 2017. Adaptive Computation and Machine Learning Series. ISBN 978-0262035613

[35] LECUN, Y., B. BOSER, J.S. DENKER, D. HENDERSON, R.E. HOWARD, W. HUBBARD und L.D. JACKEL. Backpropagation Applied to Handwritten Zip Code Recognition [online]. *Neural Computation,* 1989, **1**(4), 541-551. ISSN 0899-7667. Verfügbar unter: doi:10.1162/neco.1989.1.4.541

[36] ROJAS, R. *Neural networks. A systematic introduction.* Berlin: Springer, 2000. ISBN 3-540-60505-3

[37] WESTKÄMPER, E., H.-J. BULLINGER, P. HORVÁTH und E. ZAHN. *Montageplanung — effizient und marktgerecht.* Berlin, Heidelberg: Springer Berlin Heidelberg, 2001. ISBN 978-3-642-63072-9

[38] LINSINGER, M., M. SUDHOFF, I. SAFONOV, C. GROßMANN, A. SCHREIBER und B. KUHLENKOETTER. Optimization of a

multi-component assembly workstation. In: T. SCHÜPPSTUHL, K. TRACHT und J. ROßMANN, Hg. *Tagungsband des 4. Kongresses Montage Handhabung Industrieroboter.* Berlin: Springer Berlin; Springer Vieweg, 2019, S. 1-12. ISBN 978-3-662-59316-5

[39] WARD, A.C. und D.K. SOBEK II. *Lean product and process development:* Lean Enterprise Institute, 2014

[40] BÖNIG, J., C. FISCHER, M. BROSSOG, M. BITTNER, M. FUCHS, H. WECKEND und J. FRANKE. Virtual Validation of the Manual Assembly of a Power Electronic Unit via Motion Capturing Connected with a Simulation Tool Using a Human Model. In: M. ABRAMOVICI und R. STARK, Hg. *Smart Product Engineering: Proceedings of the 23rd CIRP Design Conference, Bochum, Germany, March 11th - 13th, 2013.* Berlin, Heidelberg: Springer Berlin Heidelberg, 2013, S. 463-472. ISBN 978-3-642-30817-8

[41] BÖNIG, J., C. FISCHER, H. WECKEND, F. DÖBEREINER und J. FRANKE. Accuracy and Immersion Improvement of Hybrid Motion Capture based Real Time Virtual Validation [online]. *Procedia CIRP,* 2014, **21**, 294-299. ISSN 22128271. Verfügbar unter: doi:10.1016/j.procir.2014.03.191

[42] BÖNIG, J., J. PERRET, C. FISCHER, H. WECKEND, F. DÖBEREINER und J. FRANKE. Creating realistic human model motion by hybrid motion capturing interfaced with the digital environment. In: *International FAIM Conference,* 20. Mai 2014, S. 317-324

[43] BACKSTRAND, G., D. HOGBERG, L.J. de VIN, K. CASE und P. PIAMONTE. Ergonomics analysis in a virtual environment [online]. *International Journal of Manufacturing Research,* 2007, **2**(2), 198. ISSN 1750-0591. Verfügbar unter: doi:10.1504/IJMR.2007.014645

[44] DOMBROWSKI, U. *Lean Development.* Berlin, Heidelberg: Springer Berlin Heidelberg, 2015. ISBN 978-3-662-47420-4

[45] MATTHIAS, B., H. DING und V. MIEGEL. Die Zukunft der Mensch-Roboter Kollaboration in der industriellen Montage. In: , 2013

[46] FRINGS, S. und F. MÜLLER. *Biologie der Sinne.* Berlin, Heidelberg: Springer Berlin Heidelberg, 2019. ISBN 978-3-662-58349-4

[47] LOTTER, B. Manuelle Montage von Kleingeräten. In: B. LOTTER und H.-P. WIENDAHL, Hg. *Montage in der industriellen Produktion. Ein Handbuch für die Praxis.* 2. Aufl. 2013. Berlin, Heidelberg: Springer Berlin Heidelberg; Imprint; Springer, 2012, S. 127-171. ISBN 3642290612

[48] TRÄNKLER, H.-R. und L. REINDL, Hg. *Sensortechnik: Handbuch für Praxis und Wissenschaft.* Berlin, Heidelberg: Springer Berlin Heidelberg, 2014. ISBN 978-3-642-29942-1

[49] ELKOURA, G. und K. SINGH. Handrix: animating the human hand. In: *Proceedings of the 2003 ACM SIGGRAPH/Eurographics symposium on Computer animation,* 2003, S. 110-119

[50] BICCHI, A. und D. PRATTICHIZZO. Analysis and optimization of tendinous actuation for biomorphically designed robotic systems [online]. *Robotica,* 2000, **18**(1), 23-31. ISSN 0263-5747. Verfügbar unter: doi:10.1017/S0263574799002428

[51] SHIRAFUJI, S., S. IKEMOTO und K. HOSODA. Development of a tendon-driven robotic finger for an anthropomorphic robotic hand. *The International Journal of Robotics Research,* 2014, **33**(5), 677-693

[52] INOUYE, J.M. und F.J. VALERO-CUEVAS. Anthropomorphic tendon-driven robotic hands can exceed human grasping capabilities following optimization [online]. *The International Journal of Robotics Research,* 2014, **33**(5), 694-705. Verfügbar unter: doi:10.1177/0278364913504247

[53] LEGGIERI, S., C. CANALI, A. PISTONE, C. GLORIANI, R. GAGLIARDI, F. CANNELLA, N. RAHMAN und D.G. CALDWELL. Dexterous Gripper for In-Hand Manipulation with Embedded Object Localization Algorithm [online]. *Procedia Manufacturing,* 2019, **38**, 1354-1361. ISSN 23519789. Verfügbar unter: doi:10.1016/j.promfg.2020.01.153

[54] POGUNTKE, M. Greifer. In: K. FELDMANN, V. SCHÖPPNER und G. SPUR, Hg. *Handbuch Fügen, Handhaben und Montieren.* München: Carl Hanser Verlag GmbH & Co. KG, 2013, S. 337-432. ISBN 978-3-446-42827-0

[55] DREYFUS, H.L. *What computers can't do. The limits of artificial intelligence.* Rev. ed. New York u.a.: Harper & Row, 1984. Harper colophon books. ISBN 0-06-090613-8

[56] SEARLE, J.R. Minds, brains, and programs [online]. *Behavioral and Brain Sciences*, 1980, **3**(3), 417-424. ISSN 0140-525X. Verfügbar unter: doi:10.1017/S0140525X00005756

[57] BUCHHOLZ, D. *Bin-Picking. New Approaches for a Classical Problem*. Cham: Springer International Publishing, 2016. Studies in Systems, Decision and Control. 44. ISBN 9783319264981

[58] WIRTH, S., H. MANN und OTTO R. *Layoutplanung betrieblicher Funktionseinheiten. Leitfaden*. Wissenschaftliche Schriftenreiche des Institutes für Betriebswissenschaften und Fabriksysteme. 25

[59] SCHENK, M., S. WIRTH und E. MÜLLER. *Fabrikplanung und Fabrikbetrieb. Methoden für die wandlungsfähige, vernetzte und ressourceneffiziente Fabrik*. 2., vollständig überarbeitete und erweiterte Auflage 2014. Berlin: Springer Vieweg, 2014. ISBN 9783642054587

[60] SEẞNER, J. und C. RAMER. Sensortechnik. Optische Sensoren. In: RAINER MÜLLER, JÖRG FRANKE, DOMINIK HENRICH, BERND KUHLENKÖTTER, ANNIKA RAATZ und ALEXANDER VERL, Hg. *Handbuch Mensch-Roboter-Kollaboration:* Carl Hanser Verlag GmbH & Co. KG, 2019, S. 71-115. ISBN 978-3-446-45016-5

[61] SINGH, Y., R. TOLDO, L. MAGRI, S. FANTONI und A. FUSIELLO. Method for 3D modelling based on structure from motion processing of sparse 2D images, 2019

[62] SIEMENS PRODUCT LIFECYCLE MANAGEMENT SOFTWARE INC. *3D-Punktwolkendarstellung* [online], 2020 [Zugriff am: 21. Oktober 2020]. Verfügbar unter: https://docs.plm.automation.siemens.com/tdoc/tecnomatix/15.1.2/tecnomatix_eMS#uid:index_xid1015765:Modeling_Menu:xid1134146:xid1009527

[63] LI, R. und H. QIAO. A Survey of Methods and Strategies for High-Precision Robotic Grasping and Assembly Tasks—Some New Trends [online]. *IEEE/ASME Transactions on Mechatronics*, 2019, **24**(6), 2718-2732. ISSN 1083-4435. Verfügbar unter: doi:10.1109/TMECH.2019.2945135

[64] WHITNEY, D.E. und J.L. NEVINS. *What is the Remote Center Compliance (RCC) and what Can it Do?:* Charles Stark Draper Laboratory, 1978. P.: Charles Stark Draper Laboratory

[65] WOLF, S., G. GRIOLI, O. EIBERGER, W. FRIEDL, M. GREBENSTEIN, H. HÖPPNER, E. BURDET, D.G. CALDWELL, R. CARLONI, M.G. CATALANO und OTHERS. Variable stiffness actuators: Review on design and components. *IEEE/ASME Transactions on Mechatronics,* 2015, **21**(5), 2418-2430

[66] QIAO, H. Attractive regions in the environment [motion planning]. In: *Proceedings 2000 ICRA. Millennium Conference. IEEE International Conference on Robotics and Automation. Symposia Proceedings (Cat. No. 00CH37065),* 2000, S. 1420-1427

[67] WIRNSHOFER, F., P.S. SCHMITT, W. FEITEN, G.v. WICHERT und W. BURGARD. *Robust, Compliant Assembly via Optimal Belief Space Planning,* 9. November 2018

[68] VASCHIERI, V., M. GADALETA, P. BILANCIA, G. BERSELLI und R. RAZZOLI. Virtual Prototyping of a Flexure-based RCC Device for Automated Assembly [online]. *Procedia Manufacturing,* 2017, **11**, 380-388. ISSN 23519789. Verfügbar unter: doi:10.1016/j.promfg.2017.07.121

[69] BUSCHHAUS, A., A. BLANK, C. ZIEGLER und J. FRANKE. Highly Efficient Control System Enabling Robot Accuracy Improvement [online]. *Procedia CIRP,* 2014, **23**, 200-205. ISSN 22128271. Verfügbar unter: doi:10.1016/j.procir.2014.03.200

[70] BUSCHHAUS, A., A. BLANK und J. FRANKE. Vector based closed-loop control methodology for industrial robots. In: S. KALKAN und U. SARANLI, Hg. *Proceedings of the 17th International Conference on Advanced Robotics (ICAR). 27-31 July, 2015, Istanbul, Turkey.* Piscataway, NJ: IEEE, 2015, S. 452-458. ISBN 978-1-4673-7509-2

[71] JASIM, I.F., P.W. PLAPPER und H. VOOS. Position Identification in Force-Guided Robotic Peg-in-Hole Assembly Tasks [online]. *Procedia CIRP,* 2014, **23**, 217-222. ISSN 22128271. Verfügbar unter: doi:10.1016/j.procir.2014.10.077

[72] ZHANG, K., M. SHI, J. XU, F. LIU und K. CHEN. Force control for a rigid dual peg-in-hole assembly [online]. *Assembly Automation,* 2017, **37**(2), 200-207. ISSN 0144-5154. Verfügbar unter: doi:10.1108/AA-09-2016-120

[73] ZHANG, X., Y. ZHENG, J. OTA und Y. HUANG. Peg-in-Hole Assembly Based on Two-phase Scheme and F/T Sensor for Dual-

arm Robot [online]. *Sensors (Basel, Switzerland)*, 2017, **17**(9). Verfügbar unter: doi:10.3390/s17092004

[74] ABDULLAH, M.W., H. ROTH, M. WEYRICH und J. WAHRBURG. An Approach for Peg-in-Hole Assembling using Intuitive Search Algorithm based on Human Behavior and Carried by Sensors Guided Industrial Robot [online]. *IFAC-PapersOnLine*, 2015, **48**(3), 1476-1481. ISSN 24058963. Verfügbar unter: doi:10.1016/j.ifacol.2015.06.295

[75] EHLERS, D., M. SUOMALAINEN, J. LUNDELL und V. KYRKI. Imitating Human Search Strategies for Assembly. In: *2019 International Conference on Robotics and Automation (ICRA):* IEEE, 20. Mai 2019, S. 7821-7827. ISBN 978-1-5386-6027-0

[76] NÄGELE, F., L. HALT, P. TENBROCK und A. POTT. Composition and Incremental Refinement of Skill Models for Robotic Assembly Tasks. In: *The Third IEEE International Conference on Robotic Computing. IRC 2019 : proceedings : 25-27 February 2019, Naples, Italy.* Piscataway, NJ: IEEE, 2019, S. 177-182. ISBN 978-1-5386-9245-5

[77] DRAG AND BOT GMBH. *Drag & Bot* [online]. *Industrieroboter wie ein Smartphone bedienen* [Zugriff am: 24. Juli 2020]. Verfügbar unter: https://www.dragandbot.com/de/

[78] ARTIMINDS ROBOTICS GMBH. *Artiminds Robot Programming Suite* [online] [Zugriff am: 24. Juli 2020]. Verfügbar unter: https://www.artiminds.com/de/

[79] HODAŇ, T., F. MICHEL, E. BRACHMANN, W. KEHL, A.G. BUCH, D. KRAFT, B. DROST, J. VIDAL, S. IHRKE, X. ZABULIS, C. SAHIN, F. MANHARDT, F. TOMBARI, T.-K. KIM, J. MATAS und C. ROTHER. BOP: Benchmark for 6D Object Pose Estimation. In: V. FERRARI, Hg. *Computer Vision - ECCV 2018. 15th European Conference, Munich, Germany, September 8-14, 2018 : proceedings.* Cham, Switzerland: Springer, 2018, S. 19-35. ISBN 978-3-030-01248-9

[80] DIETRICH, V., B. KAST, S. ALBRECHT und M. BEETZ. Data-Driven Synthesis of Perception Pipelines via Hierarchical Planning. In: S. ZEGHLOUL, M.A. LARIBI und J.S. SANDOVAL AREVALO, Hg. *Advances in Service and Industrial Robotics.* Cham: Springer International Publishing, 2020, S. 516-524. ISBN 978-3-030-48988-5

[81] DIETRICH, V. *Automated design synthesis of perception systems for industrial applications:* Universität Bremen, 2021

[82] HINTERSTOISSER, S., V. LEPETIT, S. ILIC, S. HOLZER, G. BRADSKI, K. KONOLIGE und N. NAVAB. Model based training, detection and pose estimation of texture-less 3d objects in heavily cluttered scenes. In: *Asian conference on computer vision,* 2012, S. 548-562

[83] RAD, M. und V. LEPETIT. BB8: A Scalable, Accurate, Robust to Partial Occlusion Method for Predicting the 3D Poses of Challenging Objects without Using Depth. In: *2017 IEEE International Conference on Computer Vision (ICCV):* IEEE, 22. Oktober 2017 - 29. Oktober 2017, S. 3848-3856. ISBN 978-1-5386-1032-9

[84] TEKIN, B., S.N. SINHA und P. FUA. Real-Time Seamless Single Shot 6D Object Pose Prediction. In: *2018 IEEE/CVF Conference on Computer Vision and Pattern Recognition:* IEEE, 2018, S. 292-301. ISBN 978-1-5386-6420-9

[85] LI, Y., G. WANG, X. JI, Y. XIANG und D. FOX. *DeepIM: Deep Iterative Matching for 6D Pose Estimation,* 31. März 2018

[86] PENG, S., Y. LIU, Q. HUANG, X. ZHOU und H. BAO. PVNet: Pixel-Wise Voting Network for 6DoF Pose Estimation. In: *2019 IEEE/CVF Conference on Computer Vision and Pattern Recognition (CVPR):* IEEE, 15. Juni 2019 - 20. Juni 2019, S. 4556-4565. ISBN 978-1-7281-3293-8

[87] CHEN, B., A. PARRA, J. CAO, N. LI und T.-J. CHIN. End-to-End Learnable Geometric Vision by Backpropagating PnP Optimization. In: *Proceedings of the IEEE/CVF Conference on Computer Vision and Pattern Recognition,* 2020, S. 8100-8109

[88] PAPERSWITHCODE. *6D Pose Estimation using RGB on Line-MOD* [online] [Zugriff am: 11. September 2020]. Verfügbar unter: https://paperswithcode.com/sota/6d-pose-estimation-on-linemod

[89] BANKO, M. und E. BRILL. Scaling to very very large corpora for natural language disambiguation. In: B.L. WEBBER, Hg. *Proceedings of the 39th Annual Meeting on Association for Computational Linguistics - ACL '01.* Morristown, NJ, USA: Association for Computational Linguistics, 2001, S. 26-33

[90] HALEVY, A., P. NORVIG und F. PEREIRA. The Unreasonable Effectiveness of Data [online]. *IEEE Intelligent Systems*, 2009, **24**(2), 8-12. ISSN 1541-1672. Verfügbar unter: doi:10.1109/MIS.2009.36

[91] HAYS, J. und A.A. EFROS. Scene completion using millions of photographs [online]. *ACM Transactions on Graphics*, 2007, **26**(3), 4. ISSN 0730-0301. Verfügbar unter: doi:10.1145/1276377.1276382

[92] TOBIN, J., R. FONG, A. RAY, J. SCHNEIDER, W. ZAREMBA und P. ABBEEL. *Domain Randomization for Transferring Deep Neural Networks from Simulation to the Real World*, 20. März 2017

[93] TO, T., J. TREMBLAY, D. MCKAY, Y. YAMAGUCHI, K. LEUNG, A. BALANON, J. CHENG, W. HODGE und S. BIRCHFIELD. NDDS: NVIDIA Deep Learning Dataset Synthesizer, 2018

[94] BOUSMALIS, K., A. IRPAN, P. WOHLHART, Y. BAI, M. KELCEY, M. KALAKRISHNAN, L. DOWNS, J. IBARZ, P. PASTOR, K. KONOLIGE, S. LEVINE und V. VANHOUCKE. Using Simulation and Domain Adaptation to Improve Efficiency of Deep Robotic Grasping. In: K. LYNCH und I.I.C.o.R.a. AUTOMATION, Hg. *2018 IEEE International Conference on Robotics and Automation (ICRA). 21-25 May 2018.* [Piscataway, NJ]: IEEE, 2018, S. 4243-4250. ISBN 978-1-5386-3081-5

[95] KIM, T., M. CHA, H. KIM, J.K. LEE und J. KIM. *Learning to Discover Cross-Domain Relations with Generative Adversarial Networks*, 2017

[96] SU, H., C.R. QI, Y. LI und L.J. GUIBAS. Render for CNN: Viewpoint Estimation in Images Using CNNs Trained with Rendered 3D Model Views. In: I.I.C.o.C. VISION, Hg. *2015 IEEE International Conference on Computer Vision. 11-18 December 2015, Santiago, Chile : proceedings.* Piscataway, NJ: IEEE, 2015, S. 2686-2694. ISBN 978-1-4673-8391-2

[97] DOSOVITSKIY, A., P. FISCHER, E. ILG, P. HAUSSER, C. HAZIRBAS, V. GOLKOV, P. VAN DER SMAGT, D. CREMERS und T. BROX. FlowNet: Learning Optical Flow with Convolutional Networks. In: I.I.C.o.C. VISION, Hg. *2015 IEEE International Conference on Computer Vision. 11-18 December 2015, Santiago, Chile : proceedings.* Piscataway, NJ: IEEE, 2015, S. 2758-2766. ISBN 978-1-4673-8391-2

[98] HINTERSTOISSER, S., V. LEPETIT, P. WOHLHART und K. KONOLIGE. On Pre-trained Image Features and Synthetic Images for Deep Learning. In: L. LEAL-TAIXÉ und S. ROTH, Hg. *Computer vision - ECCV 2018 workshops. Munich, Germany, September 8-14, 2018 : proceedings.* Cham: Springer, 2019, S. 682-697. ISBN 978-3-030-11008-6

[99] HODAŇ, T., V. VINEET, R. GAL, E. SHALEV, J. HANZELKA, T. CONNELL, P. URBINA, S. SINHA und B. GUENTER. Photorealistic Image Synthesis for Object Instance Detection. *IEEE International Conference on Image Processing (ICIP),* 2019

[100] SCHYJA, A. und B. KUHLENKÖTTER. Realistic Simulation of Industrial Bin-Picking Systems [online]. 17 - 19 Feb. 2015, Queenstown, New Zealand, 2015. Verfügbar unter: http://ieeexplore.ieee.org/servlet/opac?punumber=7066220

[101] SCHYJA, A. *Systemarchitektur zur virtuellen Planung industrieller Bin-Picking Lösungen.* Dissertation, 2015. Schriftenreihe industrielle Robotik und Produktionsautomatisierung. Band 4. ISBN 9783844036169

[102] FUR, S., C. SCHEIFELE, A. POTT und A. VERL. HiL-Simulator für den industriellen "Griff in die Kiste [online]. *wt Werkstattstechnik online,* 2017, **107**(10), 767-772. Verfügbar unter: http://www.werkstattstechnik.de/wt/get_article.php?data[article_id]=88481

[103] FUR, S., A. VERL und A. POTT. Simulation of Industrial Bin Picking: An Application of Laser Range Finder Simulation. In: *2018 IEEE International Conference on Computational Intelligence and Virtual Environments for Measurement Systems and Applications (CIVEMSA):* IEEE, 12. Juni 2018 - 13. Juni 2018, S. 1-6. ISBN 978-1-5386-4618-2

[104] FUR, S., B. BOUGHATTAS, A. VERL und A. POTT. Prediction of the configuration of objects in a bin based on synthetic sensor data [online]. *Procedia CIRP,* 2020, **88**, 54-59. ISSN 22128271. Verfügbar unter: doi:10.1016/j.procir.2020.05.010

[105] SONG, K.-T., C.-H. WU und S.-Y. JIANG. CAD-based Pose Estimation Design for Random Bin Picking using a RGB-D Camera [online]. *Journal of Intelligent & Robotic Systems,* 2017, **87**(3-4), 455-470. Verfügbar unter: doi:10.1007/s10846-017-0501-1

[106] WU, C.-H., S.-Y. JIANG und K.-T. SONG. CAD-based pose estimation for random bin-picking of multiple objects using a RGB-D camera. In: *ICCAS. 2015 15th International Conference on Control, Automation and Systems : 13-16 October 2015*. New York: IEEE, 2015, S. 1645-1649. ISBN 978-8-9932-1508-3

[107] BENDER, M., M. BRAUN, P. RALLY und O. SCHOLTZ. *Leichtbauroboter in der manuellen Montage - einfach einfach anfangen. Erste Erfahrungen von Anwenderunternehmen*. Stuttgart, 2016

[108] BUSCH, F. *Ein Konzept zur Abbildung des Menschen in der Offline-Programmierung und Simulation von Mensch-Roboter-Kollaborationen*. Herzogenrath: Shaker, 2016. Schriftenreihe Industrial Engineering. 17. ISBN 3844044337

[109] BUSCH, F. und J. DEUSE. *rorarob - Schweißaufgabenassistenz für Rohr- und Rahmenkonstruktionen durch ein Robotersystem - Teilvorhaben: Ergonomische, arbeitsorganisatorische und sicherheitstechnische Gestaltung der Fertigungs- und Anlagenkonzepte:* Technische Universität Dortmund, 2014

[110] BUSCH, F., S. WISCHNIEWSKI und J. DEUSE. Application of a character animation SDK to design ergonomic human-robot-collaboration. In: *Proceedings of the 2nd International Symposium on Digital Human Modeling (DHM)*, 2013, S. 1-7

[111] BONIN, D., L. STANKIEWICZ, C. THOMAS, J. DEUSE, B. KUHLENKÖTTER und S. WISCHNIEWSKI. Digital Assessment of Anthropometric and Kinematic Parameters for the Individualization of Direct Human-Robot Collaborations. In: N. D'APUZZO, Hg. *Proceedings of the 7th International Conference on 3D Body Scanning Technologies, Lugano, Switzerland, 30 Nov.-1 Dec. 2016*. Ascona: Hometrica Consulting, 2016, S. 171-181. ISBN 9783033059818

[112] ORE, F., B.R. VEMULA, L. HANSON und M. WIKTORSSON. Human – Industrial Robot Collaboration: Application of Simulation Software for Workstation Optimisation [online]. *26th CIRP Design Conference*, 2016, 44, 181-186. ISSN 2212-8271. Verfügbar unter: doi:10.1016/j.procir.2016.02.002

[113] ORE, F. *Human- industrial robot collaboration: Simulation, visualisation and optimisation of future assembly workstations*. Dissertation, 2015

[114] HEINZE, F., M. KLÖCKNER, N. WANTIA, J. ROSSMANN, B. KUHLENKÖTTER und J. DEUSE. Combining Planning and Simulation to Create Human Robot Cooperative Processes with Industrial Service Robots [online]. *Applied Mechanics and Materials,* 2016, **840**, 91-98. Verfügbar unter: doi:10.4028/www.scientific.net/AMM.840.91

[115] GLOGOWSKI, P., K. LEMMERZ, L. SCHULTE, A. BARTHELMEY, A. HYPKI, B. KUHLENKÖTTER und J. DEUSE. Task-Based Simulation Tool for Human-Robot Collaboration within Assembly Systems. In: T. SCHÜPPSTUHL, K. TRACHT und J. FRANKE, Hg. *Tagungsband des 3. Kongresses Montage Handhabung Industrieroboter.* Berlin: Springer Vieweg, 2018, S. 151-159. ISBN 978-3-662-56713-5

[116] LEMMERZ, K., P. GLOGOWSKI, A. HYPKI und B. KUHLENKÖTTER. *Functional Integration of a Robotics Software Framework into a Human Simulation System,* 2018. 50th International Symposium on Robotics (ISR)

[117] GIORGIO, A. de, M. ROMERO, M. ONORI und L. WANG. Human-machine Collaboration in Virtual Reality for Adaptive Production Engineering [online]. *Procedia Manufacturing,* 2017, **11**, 1279-1287. ISSN 23519789. Verfügbar unter: doi:10.1016/j.promfg.2017.07.255

[118] KIM, J., S. YOU, S. LEE, V. KAMAT und L. ROBERT. Evaluation of Human Robot Collaboration in Masonry Work Using Immersive Virtual Environments. *International Conference on Construction Applications of Virtual Reality,* 2015

[119] MATSAS, E. und G.-C. VOSNIAKOS. Design of a virtual reality training system for human–robot collaboration in manufacturing tasks [online]. *International Journal on Interactive Design and Manufacturing (IJIDeM),* 2017, **11**(2), 139-153. ISSN 1955-2513. Verfügbar unter: doi:10.1007/s12008-015-0259-2

[120] MATSAS, E., G.-C. VOSNIAKOS und D. BATRAS. Effectiveness and acceptability of a virtual environment for assessing human–robot collaboration in manufacturing [online]. *The International Journal of Advanced Manufacturing Technology,* 2017, **92**(9-12), 3903-3917. ISSN 0268-3768. Verfügbar unter: doi:10.1007/s00170-017-0428-5

[121] MATSAS, E., G.-C. VOSNIAKOS und D. BATRAS. Prototyping proactive and adaptive techniques for human-robot collaboration in manufacturing using virtual reality [online]. *Robotics and Computer-Integrated Manufacturing,* 2017. ISSN 07365845. Verfügbar unter: doi:10.1016/j.rcim.2017.09.005

[122] GAMMIERI, L., M. SCHUMANN, L. PELLICCIA, G. DI GIRONIMO und P. KLIMANT. Coupling of a Redundant Manipulator with a Virtual Reality Environment to Enhance Human-robot Cooperation [online]. *Procedia CIRP,* 2017, **62**, 618-623. ISSN 22128271. Verfügbar unter: doi:10.1016/j.procir.2016.06.056

[123] DAHL, M., A. ALBO, J. ERIKSSON, J. PETTERSSON und P. FALKMAN. Virtual reality commissioning in production systems preparation. In: *2017 22nd IEEE International Conference on Emerging Technologies and Factory Automation. September 12-15, 2017, Limassol, Cyprus.* Piscataway, NJ: IEEE, 2017, S. 1-7. ISBN 978-1-5090-6505-9

[124] GOMBOLAY, M.C., R.A. GUTIERREZ, S.G. CLARKE, G.F. STURLA und J.A. SHAH. Decision-making authority, team efficiency and human worker satisfaction in mixed human–robot teams [online]. *Autonomous Robots,* 2015, **39**(3), 293-312. ISSN 0929-5593. Verfügbar unter: doi:10.1007/s10514-015-9457-9

[125] BESL, P.J. und N.D. MCKAY. A method for registration of 3-D shapes [online]. *IEEE Transactions on Pattern Analysis and Machine Intelligence,* 1992, **14**(2), 239-256. ISSN 0162-8828. Verfügbar unter: doi:10.1109/34.121791

[126] DURRANT-WHYTE, H. und T. BAILEY. Simultaneous localization and mapping: part I [online]. *IEEE Robotics & Automation Magazine,* 2006, **13**(2), 99-110. ISSN 1070-9932. Verfügbar unter: doi:10.1109/MRA.2006.1638022

[127] BAILEY, T. und H. DURRANT-WHYTE. Simultaneous localization and mapping (SLAM): part II [online]. *IEEE Robotics & Automation Magazine,* 2006, **13**(3), 108-117. ISSN 1070-9932. Verfügbar unter: doi:10.1109/MRA.2006.1678144

[128] DING, Y., X. ZHENG, Y. ZHOU, H. XIONG und a.J. GONG. Low-Cost and Efficient Indoor 3D Reconstruction Through Annotated Hierarchical Structure-from-Motion [online]. *Remote Sensing,* 2019, **11**(1), 58. Verfügbar unter: doi:10.3390/rs11010058

[129] LOWE, D.G. Distinctive Image Features from Scale-Invariant Keypoints [online]. *International Journal of Computer Vision,* 2004, **60**(2), 91-110. ISSN 0920-5691. Verfügbar unter: doi:10.1023/B:VISI.0000029664.99615.94

[130] REY OTERO, I. und M. DELBRACIO. Anatomy of the SIFT Method [online]. *Image Processing On Line,* 2014, **4**, 370-396. Verfügbar unter: doi:10.5201/ipol.2014.82

[131] NISTER, D. und H. STEWENIUS. Scalable Recognition with a Vocabulary Tree. In: *CVPRW '06. 2006 Conference on Computer Vision and Pattern Recognition Workshop : 17-22 June 2006.* New York: IEEE, 2006, S. 2161-2168. ISBN 0-7695-2597-0

[132] FARENZENA, M., A. FUSIELLO und R. GHERARDI. Structure-and-motion pipeline on a hierarchical cluster tree. In: *2009 IEEE 12th International Conference on Computer Vision Workshops, ICCV Workshops,* 2009, S. 1489-1496

[133] GHERARDI, R., M. FARENZENA und A. FUSIELLO. Improving the efficiency of hierarchical structure-and-motion. In: *2010 IEEE Computer Society Conference on Computer Vision and Pattern Recognition:* IEEE, 13. Juni 2010, S. 1594-1600. ISBN 978-1-4244-6984-0

[134] GHERARDI, R. und A. FUSIELLO. Practical Autocalibration. In: D. HUTCHISON, T. KANADE, J. KITTLER, J.M. KLEINBERG, F. MATTERN, J.C. MITCHELL, M. NAOR, O. NIERSTRASZ, C. PANDU RANGAN, B. STEFFEN, M. SUDAN, D. TERZOPOULOS, D. TYGAR, M.Y. VARDI, G. WEIKUM, K. DANIILIDIS, P. MARAGOS und N. PARAGIOS, Hg. *Computer Vision – ECCV 2010.* Berlin, Heidelberg: Springer Berlin Heidelberg, 2010, S. 790-801. ISBN 978-3-642-15548-2

[135] TOLDO, R., R. GHERARDI, M. FARENZENA und A. FUSIELLO. Hierarchical structure-and-motion recovery from uncalibrated images [online]. *Computer Vision and Image Understanding,* 2015, **140**, 127-143. ISSN 10773142. Verfügbar unter: doi:10.1016/j.cviu.2015.05.011

[136] BIRDAL, T. *Geometric Methods for 3D Reconstruction from Large Point Clouds*

[137] HIRSCHMULLER, H. Accurate and Efficient Stereo Processing by Semi-Global Matching and Mutual Information. In: C. SCHMID,

S. SOATTO und C. TOMASI, Hg. *CVPR 2005. Proceedings, 2005 IEEE Computer Society Conference on Computer Vision and Pattern Recognition : [20-25 June 2005, San Diego, CA].* Los Alamitos, Calif.: IEEE Computer Society, 2005, S. 807-814. ISBN 0-7695-2372-2

[138] HIRSCHMÜLLER, H. Stereo processing by semiglobal matching and mutual information [online]. *IEEE Transactions on Pattern Analysis and Machine Intelligence,* 2008, **30**(2), 328-341. ISSN 0162-8828. Verfügbar unter: doi:10.1109/TPAMI.2007.1166

[139] TOLDO, R., F. FANTINI, L. GIONA, S. FANTONI und A. FUSIELLO. Accurate Multiview Stereo Reconstruction with fast visibility integration and tight disparity bounding [online]. *ISPRS - International Archives of the Photogrammetry, Remote Sensing and Spatial Information Sciences,* 2013, **XL-5/W1**, 243-249. Verfügbar unter: doi:10.5194/isprsarchives-XL-5-W1-243-2013

[140] TOLDO, R. Towards automatic acquisition of high-level 3D models from images. *Universita degli Studi di Verona, Verona,* 2013

[141] SCHÖNBERGER, J.L. und J.-M. FRAHM. Structure-from-Motion Revisited. In: *Conference on Computer Vision and Pattern Recognition (CVPR),* 2016

[142] SCHÖNBERGER, J.L., E. ZHENG, M. POLLEFEYS und J.-M. FRAHM. Pixelwise View Selection for Unstructured Multi-View Stereo. In: *European Conference on Computer Vision (ECCV),* 2016

[143] STAMMINGER, M. und G. DRETTAKIS. Interactive sampling and rendering for complex and procedural geometry. In: *Rendering Techniques 2001:* Springer, 2001, S. 151-162

[144] HOLZ, D., A.E. ICHIM, F. TOMBARI, R.B. RUSU und S. BEHNKE. Registration with the Point Cloud Library: A Modular Framework for Aligning in 3-D [online]. *IEEE Robotics & Automation Magazine,* 2015, **22**(4), 110-124. ISSN 1070-9932. Verfügbar unter: doi:10.1109/MRA.2015.2432331

[145] ARUN, K.S., T.S. HUANG und S.D. BLOSTEIN. Least-squares fitting of two 3-d point sets [online]. *IEEE Transactions on Pattern Analysis and Machine Intelligence,* 1987, **9**(5), 698-700. ISSN 0162-8828. Verfügbar unter: doi:10.1109/tpami.1987.4767965

[146] FISCHLER, M.A. und R.C. BOLLES. Random sample consensus: a paradigm for model fitting with applications to image analysis and automated cartography [online]. *Communications of the ACM,* 1981, **24**(6), 381-395. ISSN 00010782. Verfügbar unter: doi:10.1145/358669.358692

[147] SCHNABEL, R., R. WAHL und R. KLEIN. Efficient RANSAC for Point-Cloud Shape Detection. *Computer Graphics Forum,* 2007, **26**(2), 214-226

[148] HOPPE, H., T. DEROSE, T. DUCHAMP, J. MCDONALD und W. STUETZLE. Surface reconstruction from unorganized points. In: J.J. THOMAS, Hg. *Proceedings of the 19th annual conference on Computer graphics and interactive techniques.* New York, NY: ACM, 1992, S. 71-78. ISBN 0897914791

[149] KAZHDAN, M., M. BOLITHO und H. HOPPE. Poisson surface reconstruction. In: *Proceedings of the fourth Eurographics symposium on Geometry processing,* 2006

[150] KAZHDAN, M. und H. HOPPE. Screened poisson surface reconstruction. *ACM Transactions on Graphics (ToG),* 2013, **32**(3), 1-13

[151] KAZHDAN, M. und H. HOPPE. An Adaptive Multi-Grid Solver for Applications in Computer Graphics [online]. *Computer Graphics Forum,* 2019, **38**(1), 138-150. Verfügbar unter: doi:10.1111/cgf.13449

[152] KAZHDAN, M., M. CHUANG, S. RUSINKIEWICZ und H. HOPPE. Poisson Surface Reconstruction with Envelope Constraints [online]. *Computer Graphics Forum,* 2020, **39**(5), 173-182. Verfügbar unter: doi:10.1111/cgf.14077

[153] AGARWALA, A. Efficient gradient-domain compositing using quadtrees [online]. *ACM Transactions on Graphics,* 2007, **26**(3), 94. ISSN 0730-0301. Verfügbar unter: doi:10.1145/1276377.1276495

[154] CRANE, K., C. WEISCHEDEL und M. WARDETZKY. The heat method for distance computation [online]. *Communications of the ACM,* 2017, **60**(11), 90-99. ISSN 00010782. Verfügbar unter: doi:10.1145/3131280

[155] CALAKLI, F. und G. TAUBIN. SSD: Smooth Signed Distance Surface Reconstruction [online]. *Computer Graphics Forum,* 2011, **30**(7), 1993-2002. Verfügbar unter: doi:10.1111/j.1467-8659.2011.02058.x

[156] TOLDO, R., S. FANTONI, J. BØRLUM und F. GARATTONI. System for acquiring a 3d digital representation of a physical object, 2020

[157] LOTTER, B. und H.-P. WIENDAHL, Hg. *Montage in der industriellen Produktion. Ein Handbuch für die Praxis.* 2. Aufl. 2013. Berlin, Heidelberg: Springer Berlin Heidelberg; Imprint; Springer, 2012. VDI-Buch. ISBN 3642290612

[158] WELCH, B. The generalisation of student's problems when several different population variances are involved [online]. *Biometrika,* 1947, **34**(1-2), 28-35. ISSN 0006-3444. Verfügbar unter: doi:10.1093/biomet/34.1-2.28

[159] EBERLY, D.H. *Game physics.* Amsterdam: Elsevier; Morgan Kaufmann, 2004. The Morgan Kaufmann series in interactive 3D technology. ISBN 9781558607408

[160] SCHREER, O. *Stereoanalyse und Bildsynthese.* Berlin/Heidelberg: Springer-Verlag, 2005. ISBN 3-540-23439-X

[161] TSAI, R. A versatile camera calibration technique for high-accuracy 3D machine vision metrology using off-the-shelf TV cameras and lenses [online]. *IEEE Journal on Robotics and Automation,* 1987, **3**(4), 323-344. ISSN 0882-4967. Verfügbar unter: doi:10.1109/JRA.1987.1087109

[162] QUIGLEY, M., B. GERKEY, K. CONLEY, J. FAUST, T. FOOTE, J. LEIBS, E. BERGER, R. WHEELER und A. NG. ROS: an open-source Robot Operating System. In: *Proc. of the IEEE Intl. Conf. on Robotics and Automation (ICRA) Workshop on Open Source Robotics.* Kobe, Japan, 2009

[163] CHAPELLE, O., B. SCHOLKOPF und A. ZIEN. Semi-supervised learning. *IEEE Transactions on Neural Networks,* 2009, **20**(3), 542

[164] D. LEE. Pseudo-Label : The Simple and Efficient Semi-Supervised Learning Method for Deep Neural Networks. In: , 2013

[165] HEIZMANN, M., M. KRUSE, F. PUENTE LEÓN, K. SCHILLING, H. ROTH und W. WOLF. Signalverarbeitung bei Multisensoren. In: H.-R. TRÄNKLER und L. REINDL, Hg. *Sensortechnik: Handbuch für Praxis und Wissenschaft.* Berlin, Heidelberg: Springer Berlin Heidelberg, 2014, S. 1205-1322. ISBN 978-3-642-29942-1

[166] MUNARO, M., A. HORN, R. ILLUM, J. BURKE und R.B. RUSU. OpenPTrack: people tracking for heterogeneous networks of color-depth cameras. In: *IAS-13 Workshop Proceedings: 1st Intl. Workshop on 3D Robot Perception with Point Cloud Library*, 2014, S. 235-247

[167] MUNARO, M. und E. MENEGATTI. Fast RGB-D people tracking for service robots. *Autonomous Robots*, 2014, **37**(3), 227-242

[168] CARRARO, M., M. MUNARO, J. BURKE und E. MENEGATTI. *Real-time marker-less multi-person 3D pose estimation in RGB-Depth camera networks*, 17. Oktober 2017

[169] ZHAO, Y., M. CARRARO, M. MUNARO und E. MENEGATTI. Robust multiple object tracking in RGB-D camera networks. In: *2017 IEEE/RSJ International Conference on Intelligent Robots and Systems (IROS)*, 2017, S. 6625-6632

[170] Deutsches Institut für Normung. DIN 33402-1:2008-03, *DIN 33402-1:2008-03, Ergonomie_- Körpermaße des Menschen_- Teil_1: Begriffe, Messverfahren*. Berlin: Beuth Verlag GmbH

[171] Deutsches Institut für Normung, *DIN 33402-2:2005-12, Ergonomie_- Körpermaße des Menschen_- Teil_2: Werte*. Berlin: Beuth Verlag GmbH

[172] BERNHARDT, R., G. SCHRECK und C. WILLNOW. Virtual robot controller (VRC) interface. In: VDI VEREIN DEUTSCHER INGENIEURE E.V., Hg. *Robotik 2000. Leistungsstand, Anwendungen, Visionen, Trends : Tagung Berlin, 29. und 30. Juni 2000*. Düsseldorf: VDI, 2000, S. 115-120. ISBN 3180915528

[173] BERNHARDT, R., G. SCHRECK und C. WILLNOW. Von realistischer roboter simulation zu virtuellen steuerungen. *ZWF, Zeitschrift fur wirtschaftlichen Fabrikbetrieb*, 2000, 2-4

[174] BEUMELBURG, K. *Fähigkeitsorientierte Montageablaufplanung in der direkten Mensch-Roboter-Kooperation*. Zugl.: Stuttgart, Univ., Diss, 2005. Heimsheim: Jost-Jetter, 2005. IPA-IAO-Forschung und -Praxis. 413. ISBN 3-936947-52-X

[175] FARO EUROPE GMBH & CO KG. *8-Axis QuantumS FaroArm® / ScanArm V2 TechSheet*, 06-2020

[176] GIRARDEA-MONTAUT, D. *Distance Computation* [online]. *Cloud-cloud distances,* 2015. 11 August 2020, 12:00. Verfügbar unter: https://www.cloudcompare.org/doc/wiki/index.php?title=Distances_Computation

[177] GIRARDEA-MONTAUT, D. und OPEN SOURCE. Cloud Compare; http://www.cloudcompare.org/ [Software]. Version 2.10.2, 2019 [Zugriff am: 7. September 2020]. Verfügbar unter: http://www.cloudcompare.org/

[178] MARSAGLIA, G. und T.A. BRAY. A Convenient Method for Generating Normal Variables [online]. SIAM Review, 6(3), 260-264, 1964. Verfügbar unter: doi:10.1137/1006063

[179] HE, K., X. ZHANG, S. REN und J. SUN. Deep Residual Learning for Image Recognition. In: *2016 IEEE Conference on Computer Vision and Pattern Recognition (CVPR).* [Place of publication not identified]: IEEE, 2016, S. 770-778. ISBN 978-1-4673-8851-1

[180] LIN, T.-Y., M. MAIRE, S. BELONGIE, J. HAYS, P. PERONA, D. RAMANAN, P. DOLLÁR und C.L. ZITNICK. Microsoft COCO: Common Objects in Context. In: D. FLEET, T. PAJDLA, B. SCHIELE und T. TUYTELAARS, Hg. *Computer Vision -- Eccv 2014. 13th European Conference, Zurich, Switzerland, September 6-12, 2014, Proceedings, Part V.* Cham: Springer International Publishing AG, 2014, S. 740-755. ISBN 978-3-319-10601-4

[181] JACCARD, P. *Lois de distribution florale dans la zone alpine,* 1902

[182] LIERET, M., V. KOGAN, C. HOFMANN und J. FRANKE. Automated Exploration, Capture And Photogrammetric Reconstruction Of Interiors Using An Autonomous Unmanned Aircraft. In: *2021 IEEE International Conference on Mechatronics and Automation (ICMA):* IEEE, 8. August 2021 - 11. August 2021, S. 301-306. ISBN 978-1-6654-4101-8

Verzeichnis promotionsbezogener, eigener Publikationen

[P1] LECHLER, T., E. FISCHER, M. METZNER, A. MAYR und J. FRANKE. Virtual Commissioning – Scientific review and exploratory use cases in advanced production systems [online]. *Procedia CIRP,* 2019, **81**, 1125-1130. ISSN 22128271. Verfügbar unter: doi:10.1016/j.procir.2019.03.278

[P2] MAYR, A., D. KIßKALT, M. MEINERS, B. LUTZ, F. SCHÄFER, R. SEIDEL, A. SELMAIER, J. FUCHS, M. METZNER, A. BLANK und J. FRANKE. Machine Learning in Production – Potentials, Challenges and Exemplary Applications [online]. *Procedia CIRP,* 2019, **86**, 49-54. ISSN 22128271. Verfügbar unter: doi:10.1016/j.procir.2020.01.035

[P3] MAYR, A., J. SEEFRIED, M. ZIEGLER, M. MASUCH, A. MAHR, J.v. LINDENFELS, M. MEINERS, D. KISSKALT, M. METZNER und J. FRANKE. Machine Learning in Electric Motor Production - Potentials, Challenges and Exemplary Applications. In: *2019 9th International Electric Drives Production Conference (EDPC). Proceedings : 3 and 4 December 2019, Esslingen, Germany.* [Piscataway, New Jersey]: IEEE, 2019, S. 1-10. ISBN 978-1-7281-4319-4

[P4] METZNER, M., D. FIEBAG, A. MAYR und J. FRANKE. Automated Optical Inspection of Soldering Connections in Power Electronics Production Using Convolutional Neural Networks. In: *2019 9th International Electric Drives Production Conference (EDPC). Proceedings : 3 and 4 December 2019, Esslingen, Germany.* [Piscataway, New Jersey]: IEEE, 2019, S. 1-6. ISBN 978-1-7281-4319-4

[P5] METZNER, M., P. HEINLEIN, B. WYTOFIL, T. DONHAUSER und J. FRANKE. Evaluation der virtuellen Absicherung hybrider Montagesysteme mittels Kinematik- und Ergonomiesimulationswerkzeugen. In: M. PUTZ und A. SCHLEGEL, Hg. *Simulation in Produktion und Logistik 2019.* Auerbach: Verlag Wissenschaftliche Scripten, 2019, S. 203-212. ISBN 978-3-95735-114-2

[P6] METZNER, M. Flexible Automatisierung in der Elektronikmontage mithilfe von MRK-Systemen. In: R. MÜLLER, J. FRANKE, D. HENRICH, B. KUHLENKÖTTER, A. RAATZ und A. VERL, Hg. *Handbuch Mensch-Roboter-Kollaboration.* München: Hanser, 2018, S. 377-385. ISBN 9783446450165

[P7] SCHÄFFER, E., A. BECK, J. EBERLE, M. METZNER, A. BLANK, J. SEẞNER und J. FRANKE. Analyzing the Impact of Object Distances, Surface Textures and Interferences on the Image Quality of Low-Cost RGB-D Consumer Cameras for the Use in Industrial Applications. In: G. SCHUH und R. SCHMITT, Hg. *7. WGP-Jahreskongress*. Aachen: Apprimus Verlag, 2017, S. 215-221. ISBN 978-3-86359-555-5

[P8] BLANK, A., J. SEẞNER, I.S. YOO, M. METZNER, F. DEICHSEL, T. DIERCKS, D. EBERLEIN, D. FELDEN, A. LESER und J. FRANKE. Bag Bin-Picking Based on an Adjustable, Sensor-Integrated Suction Gripper. In: T. SCHÜPPSTUHL, K. TRACHT und J. FRANKE, Hg. *Tagungsband des 3. Kongresses Montage Handhabung Industrieroboter*. Berlin: Springer Vieweg, 2018. ISBN 978-3-662-56713-5

[P9] BLANK, A., M. HILLER, S. ZHANG, A. LESER, M. METZNER, M. LIERET, J. THIELECKE und J. FRANKE. 6DoF Pose-Estimation Pipeline for Texture-less Industrial Components in Bin Picking Applications. In: *2019 European Conference on Mobile Robots (ECMR):* IEEE, 2019, S. 1-7. ISBN 978-1-7281-3605-9

[P10] METZNER, M., D. UTSCH, M. WALTER, C. HOFSTETTER, C. RAMER, A. BLANK und J. FRANKE. A system for human-in-the-loop simulation of industrial collaborative robot applications *. In: *2020 IEEE 16th International Conference on Automation Science and Engineering (CASE):* IEEE, 20. August 2020 - 21. August 2020, S. 1520-1525. ISBN 978-1-7281-6904-0

[P11] METZNER, M., S. SCHIEẞEL, L. GRÜNHÖFER und J. FRANKE. Investigation and evaluation of 3D recording methods for use cases in production planning. In: J. FRANKE und P. SCHUDERER, Hg. *Simulation in Produktion und Logistik 2021.* zgl. Tagungsband 19. ASIM-Fachtagung Simulation in Produktion und Logistik. Göttingen: Cuvillier Verlag, 2021, S. 619-628. ISBN 978-3-7369-7479-1

[P12] METZNER, M., S. WEISSERT, E. KARLIDAG, F. ALBRECHT, A. BLANK, A. MAYR und J. FRANKE. Virtual Commissioning of 6 DoF Pose Estimation and Robotic Bin Picking Systems for Industrial Parts [online]. *IFAC-PapersOnLine,* 2019, **52**(10), 160-164. ISSN 24058963. Verfügbar unter: doi:10.1016/j.ifacol.2019.10.040

[P13] SIEMENS AG. Computerimplementiertes Verfahren zum Erzeugen, automatisierten Annotieren und zum Bereitstellen von Trainingsdaten-Bildern. Erfinder: M. FIEGERT, M. METZNER, F. ALBRECHT UND S. VENKATARAMAN. Anmeldung: 30. August 2021. Deutschland

[P14] METZNER, M., J. BÖNIG, A. BLANK, E. SCHÄFFER und J. FRANKE. "Human-In-The-Loop"- Virtual Commissioning of Human-Robot Collaboration Systems. In: T. SCHÜPPSTUHL, K. TRACHT und J. FRANKE, Hg. *Tagungsband des 3. Kongresses Montage Handhabung Industrieroboter.* Berlin: Springer Vieweg, 2018, S. 131-138. ISBN 978-3-662-56713-5

[P15] METZNER, M., L. KRIEG, D. KRÜGER, T. KÖDEL und J. FRANKE. Intuitive, VR- and Gesture-based Physical Interaction with Virtual Commissioning Simulation Models. In: T. SCHÜPPSTUHL, K. TRACHT und D. HENRICH, Hg. *Annals of Scientific Society for Assembly, Handling and Industrial Robotics.* Berlin: Springer Berlin; Springer Vieweg, 2020, S. 11-20. ISBN 3662617544

[P16] METZNER, M., S. LEURER, A. HANDWERKER, E. KARLIDAG, A. BLANK, F. HEFNER und J. FRANKE. High-precision assembly of electronic devices with lightweight robots through sensor-guided insertion [online]. *26th CIRP Design Conference,* 2021, **97**, 337–341. ISSN 2212-8271. Verfügbar unter: doi:10.1016/j.procir.2020.05.247

[P17] METZNER, M., L. KRIEG, J. MERHOF, T. KÖDEL und J. FRANKE. Intuitive Interaction with Virtual Commissioning of Production Systems for Design Validation [online]. *Procedia CIRP,* 2019, **84**, 892-895. ISSN 22128271. Verfügbar unter: doi:10.1016/j.procir.2019.08.004

[P18] METZNER, M., F. BARTH, J. BÖNIG und J. FRANKE. Methodology for digital planning and virtual validation of retroactively automated assembly systems. In: T. SCHÜPPSTUHL, K. TRACHT und J. ROßMANN, Hg. *Tagungsband des 4. Kongresses Montage Handhabung Industrieroboter.* Berlin: Springer Berlin; Springer Vieweg, 2019, S. 148-157. ISBN 978-3-662-59316-5

[P19] METZNER, M., D. REISINGER, J.-N. ORTMANN, L. GRÜNHÖFER, A. HANDWERKER, A. BLANK und J. FRANKE. An approach for direct offline programming of high precision assembly tasks on 3D scans using tactile control and automatic program adaption. In: T. SCHÜPPSTUHL, K. TRACHT und A. RAATZ, Hg. *Annals of Scientific Society for Assembly, Handling and Industrial Robotics 2021*. Cham: Springer, 2022, S. 215-225. ISBN 978-3-030-74031-3

Verzeichnis promotionsbezogener studentischer Arbeiten

[S1] WEISSERT, S. *Entwicklung und Evaluation eines Systems zur virtuellen Absicherung industrieller Bin Picking Prozesse durch Simulation einer Stereokamera.* Projektarbeit. Erlangen-Nürnberg, 2019

[S2] KRIEG, L. *Virtuelle Inbetriebnahme: Implementierung der Interaktion von Mensch und virtueller Maschine in Siemens NX MCD.* Projektarbeit im Studiengang Maschinenbau. Erlangen-Nürnberg, 15. November 2018

[S3] UTSCH, D. *System zur virtuellen Inbetriebnahme von MRK-Applikationen durch Menschintegrationmittels Trackingdatenfusion zur Laufzeit.* Masterarbeit im Studiengang Maschinenbau. Erlangen-Nürnberg, 30. September 2019

[S4] WALTER, M. *Methodik zur Absicherung hybriderMontage-systeme durch Simulation unterBerücksichti-gung nicht-deterministischen Verhaltens.* Masterarbeit im Studiengang Maschinenbau. Erlangen-Nürnberg, 3. Februar 2020

[S5] KRIEG, L. *Virtuelle Inbetriebnahme mechatronischer Systeme mit Motion Capturing und immersiver VR-Integration.* Masterarbeit im Studiengang Maschinenbau. Erlangen-Nürnberg, 8. November 2019

[S6] WYTOPIL, B. *Methodik zur Absicherung von MRK-Systemen auf Basis einer Überlagerung von realer und virtueller Welt mit Motion Capturing.* Projektarbeit im Studiengang Maschinenbau. Erlangen-Nürnberg, 1. April 2018

[S7] HEINLEIN, P. *Methodik zur Absicherung von MRK-Systemen auf Basis virtuelle Menschmodelle in Process Simulate.* Bachelorarbeit im Studiengang International Production Engineering and Management (IPEM). Erlangen-Nürnberg, 15. März 2018

[S8] MÜLLER, M. *Conceptual Design and Implementation of a Robust, Optical Tracking System for Human and Object Integration in the Augmented Virtuality Commissioning of HRC Systems.* Masterarbeit im Studiengang Maschinenbau. Erlangen-Nürnberg, 8. Juni 2020

[S9] MARTIN, S. *Weiterentwicklung und Evaluierung skalierbarer,KI-basierter Bin Picking-Systeme im industriellen Kontext.* Masterarbeit im Studiengang Mechatronik. Erlangen-Nürnberg, 20. Juli 2020

[S10] WEISSERT, S. *Entwicklung und Evaluation eines Frameworks zur CAD-basierten Generierung synthetischer Trainingsdaten für Deep Learning Applikationen zur Bildverarbeitung.* Masterarbeit im Studiengang Maschinenbau. Erlangen-Nürnberg, 2019

[S11] HOFSTETTER, C. *Weiterentwicklung eines Hardware-in-the-Loop Inbetriebnahmemodells automatisierter Handhabungssysteme.* Masterarbeit im Studiengang Maschinenbau. Erlangen-Nürnberg, 15. März 2019

Reihenübersicht

Koordination der Reihe (Stand 2022):
Geschäftsstelle Maschinenbau, Dr.-Ing. Oliver Kreis, www.mb.fau.de/diss/

Im Rahmen der Reihe sind bisher die nachfolgenden Bände erschienen.

Band 1 – 52
Fertigungstechnik – Erlangen
ISSN 1431-6226
Carl Hanser Verlag, München

Band 53 – 307
Fertigungstechnik – Erlangen
ISSN 1431-6226
Meisenbach Verlag, Bamberg

ab Band 308
FAU Studien aus dem Maschinenbau
ISSN 2625-9974
FAU University Press, Erlangen

Die Zugehörigkeit zu den jeweiligen Lehrstühlen ist wie folgt gekennzeichnet:

Lehrstühle:

FAPS	Lehrstuhl für Fertigungsautomatisierung und Produktionssystematik
FMT	Lehrstuhl für Fertigungsmesstechnik
KTmfk	Lehrstuhl für Konstruktionstechnik
LFT	Lehrstuhl für Fertigungstechnologie
LGT	Lehrstuhl für Gießereitechnik
LPT	Lehrstuhl für Photonische Technologien
REP	Lehrstuhl für Ressourcen- und Energieeffiziente Produktionsmaschinen

Band 1: Andreas Hemberger
Innovationspotentiale in der rechnerintegrierten Produktion durch wissensbasierte Systeme
FAPS, 208 Seiten, 107 Bilder. 1988.
ISBN 3-446-15234-2.

Band 2: Detlef Classe
Beitrag zur Steigerung der Flexibilität automatisierter Montagesysteme durch Sensorintegration und erweiterte Steuerungskonzepte
FAPS, 194 Seiten, 70 Bilder. 1988.
ISBN 3-446-15529-5.

Band 3: Friedrich-Wilhelm Nolting
Projektierung von Montagesystemen
FAPS, 201 Seiten, 107 Bilder, 1 Tab. 1989.ISBN 3-446-15541-4.

Band 4: Karsten Schlüter
Nutzungsgradsteigerung von Montagesystemen durch den Einsatz der Simulationstechnik
FAPS, 177 Seiten, 97 Bilder. 1989.
ISBN 3-446-15542-2.

Band 5: Shir-Kuan Lin
Aufbau von Modellen zur Lageregelung von Industrierobotern
FAPS, 168 Seiten, 46 Bilder. 1989.
ISBN 3-446-15546-5.

Band 6: Rudolf Nuss
Untersuchungen zur Bearbeitungsqualität im Fertigungssystem Laserstrahlschneiden
LFT, 206 Seiten, 115 Bilder, 6 Tab. 1989. ISBN 3-446-15783-2.

Band 7: Wolfgang Scholz
Modell zur datenbankgestützten Planung automatisierter Montageanlagen
FAPS, 194 Seiten, 89 Bilder. 1989.
ISBN 3-446-15825-1.

Band 8: Hans-Jürgen Wißmeier
Beitrag zur Beurteilung des Bruchverhaltens von Hartmetall-Fließpreßmatrizen
LFT, 179 Seiten, 99 Bilder, 9 Tab. 1989. ISBN 3-446-15921-5.

Band 9: Rainer Eisele
Konzeption und Wirtschaftlichkeit von Planungssystemen in der Produktion
FAPS, 183 Seiten, 86 Bilder. 1990.
ISBN 3-446-16107-4.

Band 10: Rolf Pfeiffer
Technologisch orientierte Montageplanung am Beispiel der Schraubtechnik
FAPS, 216 Seiten, 102 Bilder, 16 Tab. 1990. ISBN 3-446-16161-9.

Band 11: Herbert Fischer
Verteilte Planungssysteme zur Flexibilitätssteigerung der rechnerintegrierten Teilefertigung
FAPS, 201 Seiten, 82 Bilder. 1990.
ISBN 3-446-16105-8.

Band 12: Gerhard Kleineidam
CAD/CAP: Rechnergestützte Montagefeinplanung
FAPS, 203 Seiten, 107 Bilder. 1990.
ISBN 3-446-16112-0.

Band 13: Frank Vollertsen
Pulvermetallurgische Verarbeitung eines übereutektoiden verschleißfesten Stahls
LFT, XIII u. 217 Seiten, 67 Bilder, 34 Tab. 1990.
ISBN 3-446-16133-3.

Band 14: Stephan Biermann
Untersuchungen zur Anlagen- und Prozeßdiagnostik für das Schneiden mit CO2-Hochleistungslasern
LFT, VIII u. 170 Seiten, 93 Bilder, 4 Tab. 1991. ISBN 3-446-16269-0.

Band 15: Uwe Geißler
Material- und Datenfluß in einer flexiblen Blechbearbeitungszelle
LFT, 124 Seiten, 41 Bilder, 7 Tab. 1991. ISBN 3-446-16358-1.

Band 16: Frank Oswald Hake
Entwicklung eines rechnergestützten Diagnosesystems für automatisierte Montagezellen
FAPS, XIV u. 166 Seiten, 77 Bilder. 1991. ISBN 3-446-16428-6.

Band 17: Herbert Reichel
Optimierung der Werkzeugbereitstellung durch rechnergestützte Arbeitsfolgenbestimmung
FAPS, 198 Seiten, 73 Bilder, 2 Tab. 1991. ISBN 3-446-16453-7.

Band 18: Josef Scheller
Modellierung und Einsatz von Softwaresystemen für rechnergeführte Montagezellen
FAPS, 198 Seiten, 65 Bilder. 1991.
ISBN 3-446-16454-5.

Band 19: Arnold vom Ende
Untersuchungen zum Biegeumforme mit elastischer Matrize
LFT, 166 Seiten, 55 Bilder, 13 Tab. 1991. ISBN 3-446-16493-6.

Band 20: Joachim Schmid
Beitrag zum automatisierten Bearbeiten von Keramikguß mit Industrierobotern
FAPS, XIV u. 176 Seiten, 111 Bilder, 6 Tab. 1991.
ISBN 3-446-16560-6.

Band 21: Egon Sommer
Multiprozessorsteuerung für kooperierende Industrieroboter in Montagezellen
FAPS, 188 Seiten, 102 Bilder. 1991.
ISBN 3-446-17062-6.

Band 22: Georg Geyer
Entwicklung problemspezifischer Verfahrensketten in der Montage
FAPS, 192 Seiten, 112 Bilder. 1991.
ISBN 3-446-16552-5.

Band 23: Rainer Flohr
Beitrag zur optimalen Verbindungstechnik in der Oberflächenmontage (SMT)
FAPS, 186 Seiten, 79 Bilder. 1991.
ISBN 3-446-16568-1.

Band 24: Alfons Rief
Untersuchungen zur Verfahrensfolge Laserstrahlschneiden und -schweißen in der Rohkarosseriefertigung
LFT, VI u. 145 Seiten, 58 Bilder, 5 Tab. 1991. ISBN 3-446-16593-2.

Band 25: Christoph Thim
Rechnerunterstützte Optimierung von Materialflußstrukturen in der Elektronikmontage durch Simulation
FAPS, 188 Seiten, 74 Bilder. 1992.
ISBN 3-446-17118-5.

Band 26: Roland Müller
CO2 -Laserstrahlschneiden von kurzglasverstärkten Verbundwerkstoffen
LFT, 141 Seiten, 107 Bilder, 4 Tab. 1992. ISBN 3-446-17104-5.

Band 27: Günther Schäfer
Integrierte Informationsverarbeitung bei der Montageplanung
FAPS, 195 Seiten, 76 Bilder. 1992.
ISBN 3-446-17117-7.

Band 28: Martin Hoffmann
Entwicklung einerCAD/CAM-Prozeßkette für die Herstellung von Blechbiegeteilen
LFT, 149 Seiten, 89 Bilder. 1992.
ISBN 3-446-17154-1.

Band 29: Peter Hoffmann
Verfahrensfolge Laserstrahlschneiden und -schweißen: Prozeßführung und Systemtechnik in der 3D-Laserstrahlbearbeitung von Blechformteilen
LFT, 186 Seiten, 92 Bilder, 10 Tab.
1992. ISBN 3-446-17153-3.

Band 30: Olaf Schrödel
Flexible Werkstattsteuerung mit objektorientierten Softwarestrukturen
FAPS, 180 Seiten, 84 Bilder. 1992.
ISBN 3-446-17242-4.

Band 31: Hubert Reinisch
Planungs- und Steuerungswerkzeuge zur impliziten Geräteprogrammierung in Roboterzellen
FAPS, XI u. 212 Seiten, 112 Bilder.
1992. ISBN 3-446-17380-3.

Band 32: Brigitte Bärnreuther
Ein Beitrag zur Bewertung des Kommunikationsverhaltens von Automatisierungsgeräten in flexiblen Produktionszellen
FAPS, XI u. 179 Seiten, 71 Bilder.
1992. ISBN 3-446-17451-6.

Band 33: Joachim Hutfless
Laserstrahlregelung und Optikdiagnostik in der Strahlführung einer CO2-Hochleistungslaseranlage
LFT, 175 Seiten, 70 Bilder, 17 Tab.
1993. ISBN 3-446-17532-6.

Band 34: Uwe Günzel
Entwicklung und Einsatz eines Simula-tionsverfahrens für operative undstrategische Probleme der Produktionsplanung und -steuerung
FAPS, XIV u. 170 Seiten, 66 Bilder,
5 Tab. 1993. ISBN 3-446-17604-7.

Band 35: Bertram Ehmann
Operatives Fertigungscontrolling durch Optimierung auftragsbezogener Bearbeitungsabläufe in der Elektronikfertigung
FAPS, XV u. 167 Seiten, 114 Bilder.
1993. ISBN 3-446-17658-6.

Band 36: Harald Kolléra
Entwicklung eines benutzerorientierten Werkstattprogrammiersystems für das Laserstrahlschneiden
LFT, 129 Seiten, 66 Bilder, 1 Tab.
1993. ISBN 3-446-17719-1.

Band 37: Stephanie Abels
Modellierung und Optimierung von Montageanlagen in einem integrierten Simulationssystem
FAPS, 188 Seiten, 88 Bilder. 1993.
ISBN 3-446-17731-0.

Band 38: Robert Schmidt-Hebbel
Laserstrahlbohren durchflußbestimmender Durchgangslöcher
LFT, 145 Seiten, 63 Bilder, 11 Tab.
1993. ISBN 3-446-17778-7.

Band 39: Norbert Lutz
Oberflächenfeinbearbeitung keramischer Werkstoffe mit XeCl-Excimerlaserstrahlung
LFT, 187 Seiten, 98 Bilder, 29 Tab.
1994. ISBN 3-446-17970-4.

Band 40: Konrad Grampp
Rechnerunterstützung bei Test und Schulung an Steuerungssoftware von SMD-Bestücklinien
FAPS, 178 Seiten, 88 Bilder. 1995.
ISBN 3-446-18173-3.

Band 41: Martin Koch
Wissensbasierte Unterstützung derAngebotsbearbeitung in der Investitionsgüterindustrie
FAPS, 169 Seiten, 68 Bilder. 1995.
ISBN 3-446-18174-1.

Band 42: Armin Gropp
Anlagen- und Prozeßdiagnostik beim Schneiden mit einem gepulsten Nd:YAG-Laser
LFT, 160 Seiten, 88 Bilder, 7 Tab.
1995. ISBN 3-446-18241-1.

Band 43: Werner Heckel
Optische 3D-Konturerfassung und on-line Biegewinkelmessung mit dem Lichtschnittverfahren
LFT, 149 Seiten, 43 Bilder, 11 Tab.
1995. ISBN 3-446-18243-8.

Band 44: Armin Rothhaupt
Modulares Planungssystem zur Optimierung der Elektronikfertigung
FAPS, 180 Seiten, 101 Bilder. 1995.
ISBN 3-446-18307-8.

Band 45: Bernd Zöllner
Adaptive Diagnose in der Elektronikproduktion
FAPS, 195 Seiten, 74 Bilder, 3 Tab.
1995. ISBN 3-446-18308-6.

Band 46: Bodo Vormann
Beitrag zur automatisierten Handhabungsplanung komplexer Blechbiegeteile
LFT, 126 Seiten, 89 Bilder, 3 Tab.
1995. ISBN 3-446-18345-0.

Band 47: Peter Schnepf
Zielkostenorientierte Montageplanung
FAPS, 144 Seiten, 75 Bilder. 1995.
ISBN 3-446-18397-3.

Band 48: Rainer Klotzbücher
Konzept zur rechnerintegrierten Materialversorgung in flexiblen Fertigungssystemen
FAPS, 156 Seiten, 62 Bilder. 1995.
ISBN 3-446-18412-0.

Band 49: Wolfgang Greska
Wissensbasierte Analyse undKlassifizierung von Blechteilen
LFT, 144 Seiten, 96 Bilder. 1995.
ISBN 3-446-18462-7.

Band 50: Jörg Franke
Integrierte Entwicklung neuer Produkt- und Produktionstechnologien für räumliche spritzgegossene Schaltungsträger (3-D MID)
FAPS, 196 Seiten, 86 Bilder, 4 Tab.
1995. ISBN 3-446-18448-1.

Band 51: Franz-Josef Zeller
Sensorplanung und schnelle Sensorregelung für Industrieroboter
FAPS, 190 Seiten, 102 Bilder, 9 Tab.
1995. ISBN 3-446-18601-8.

Band 52: Michael Solvie
Zeitbehandlung und Multimedia-Unterstützung in Feldkommunikationssystemen
FAPS, 200 Seiten, 87 Bilder, 35
Tab. 1996. ISBN 3-446-18607-7.

Band 53: Robert Hopperdietzel
Reengineering in der Elektro- und Elektronikindustrie
FAPS, 180 Seiten, 109 Bilder, 1 Tab.
1996. ISBN 3-87525-070-2.

Band 54: Thomas Rebhahn
Beitrag zur Mikromaterialbearbeitung mit Excimerlasern - Systemkomponenten und Verfahrensoptimierungen
LFT, 148 Seiten, 61 Bilder, 10 Tab.
1996. ISBN 3-87525-075-3.

Band 55: Henning Hanebuth
Laserstrahlhartlöten mit Zweistrahltechnik
LFT, 157 Seiten, 58 Bilder, 11 Tab.
1996. ISBN 3-87525-074-5.

Band 56: Uwe Schönherr
Steuerung und Sensordatenintegration für flexible Fertigungszellen mitkooperierenden Robotern
FAPS, 188 Seiten, 116 Bilder, 3 Tab.
1996. ISBN 3-87525-076-1.

Band 57: Stefan Holzer
Berührungslose Formgebung mit-Laserstrahlung
LFT, 162 Seiten, 69 Bilder, 11 Tab.
1996. ISBN 3-87525-079-6.

Band 58: Markus Schultz
Fertigungsqualität beim 3D-Laserstrahlschweißen vonBlechformteilen
LFT, 165 Seiten, 88 Bilder, 9 Tab.
1997. ISBN 3-87525-080-X.

Band 59: Thomas Krebs
Integration elektromechanischer CA-Anwendungen über einem STEP-Produktmodell
FAPS, 198 Seiten, 58 Bilder, 8 Tab.
1997. ISBN 3-87525-081-8.

Band 60: Jürgen Sturm
Prozeßintegrierte Qualitätssicherung in der Elektronikproduktion
FAPS, 167 Seiten, 112 Bilder, 5 Tab.
1997. ISBN 3-87525-082-6.

Band 61: Andreas Brand
Prozesse und Systeme zur Bestückung räumlicher elektronischer Baugruppen (3D-MID)
FAPS, 182 Seiten, 100 Bilder. 1997.
ISBN 3-87525-087-7.

Band 62: Michael Kauf
Regelung der Laserstrahlleistung und der Fokusparameter einer CO2-Hochleistungslaseranlage
LFT, 140 Seiten, 70 Bilder, 5 Tab.
1997. ISBN 3-87525-083-4.

Band 63: Peter Steinwasser
Modulares Informationsmanagement in der integrierten Produkt- und Prozeßplanung
FAPS, 190 Seiten, 87 Bilder. 1997.
ISBN 3-87525-084-2.

Band 64: Georg Liedl
Integriertes Automatisierungskonzept für den flexiblen Materialfluß in der Elektronikproduktion
FAPS, 196 Seiten, 96 Bilder, 3 Tab.
1997. ISBN 3-87525-086-9.

Band 65: Andreas Otto
Transiente Prozesse beim Laserstrahlschweißen
LFT, 132 Seiten, 62 Bilder, 1 Tab.
1997. ISBN 3-87525-089-3.

Band 66: Wolfgang Blöchl
Erweiterte Informationsbereitstellung an offenen CNC-Steuerungen zur Prozeß- und Programmoptimierung
FAPS, 168 Seiten, 96 Bilder. 1997.
ISBN 3-87525-091-5.

Band 67: Klaus-Uwe Wolf
Verbesserte Prozeßführung und Prozeßplanung zur Leistungs- und Qualitätssteigerung beim Spulenwickeln
FAPS, 186 Seiten, 125 Bilder. 1997.
ISBN 3-87525-092-3.

Band 68: Frank Backes
Technologieorientierte Bahnplanung für die 3D-Laserstrahlbearbeitung
LFT, 138 Seiten, 71 Bilder, 2 Tab.
1997. ISBN 3-87525-093-1.

Band 69: Jürgen Kraus
Laserstrahlumformen von Profilen
LFT, 137 Seiten, 72 Bilder, 8 Tab.
1997. ISBN 3-87525-094-X.

Band 70: Norbert Neubauer
Adaptive Strahlführungen für CO2-Laseranlagen
LFT, 120 Seiten, 50 Bilder, 3 Tab.
1997. ISBN 3-87525-095-8.

Band 71: Michael Steber
Prozeßoptimierter Betrieb flexibler Schraubstationen in der automatisierten Montage
FAPS, 168 Seiten, 78 Bilder, 3 Tab.
1997. ISBN 3-87525-096-6.

Band 72: Markus Pfestorf
Funktionale 3D-Oberflächenkenngrößen in der Umformtechnik
LFT, 162 Seiten, 84 Bilder, 15 Tab.
1997. ISBN 3-87525-097-4.

Band 73: Volker Franke
Integrierte Planung und Konstruktion von Werkzeugen für die Biegebearbeitung
LFT, 143 Seiten, 81 Bilder. 1998.
ISBN 3-87525-098-2.

Band 74: Herbert Scheller
Automatisierte Demontagesysteme und recyclinggerechte Produktgestaltung elektronischer Baugruppen
FAPS, 184 Seiten, 104 Bilder, 17 Tab. 1998. ISBN 3-87525-099-0.

Band 75: Arthur Meßner
Kaltmassivumformung metallischer Kleinstteile – Werkstoffverhalten, Wirkflächenreibung, Prozeßauslegung
LFT, 164 Seiten, 92 Bilder, 14 Tab.
1998. ISBN 3-87525-100-8.

Band 76: Mathias Glasmacher
Prozeß- und Systemtechnik zum Laserstrahl-Mikroschweißen
LFT, 184 Seiten, 104 Bilder, 12 Tab.
1998. ISBN 3-87525-101-6.

Band 77: Michael Schwind
Zerstörungsfreie Ermittlung mechanischer Eigenschaften von Feinblechen mit dem Wirbelstromverfahren
LFT, 124 Seiten, 68 Bilder, 8 Tab.
1998. ISBN 3-87525-102-4.

Band 78: Manfred Gerhard
Qualitätssteigerung in der Elektronikproduktion durch Optimierung der Prozeßführung beim Löten komplexer Baugruppen
FAPS, 179 Seiten, 113 Bilder, 7 Tab.
1998. ISBN 3-87525-103-2.

Band 79: Elke Rauh
Methodische Einbindung der Simulation in die betrieblichen Planungs- und Entscheidungsabläufe
FAPS, 192 Seiten, 114 Bilder, 4 Tab.
1998. ISBN 3-87525-104-0.

Band 80: Sorin Niederkorn
Meßeinrichtung zur Untersuchung der Wirkflächenreibung bei umformtechnischen Prozessen
LFT, 99 Seiten, 46 Bilder, 6 Tab. 1998. ISBN 3-87525-105-9.

Band 81: Stefan Schuberth
Regelung der Fokuslage beim Schweißen mit CO2-Hochleistungslasern unter Einsatz von adaptiven Optiken
LFT, 140 Seiten, 64 Bilder, 3 Tab. 1998. ISBN 3-87525-106-7.

Band 82: Armando Walter Colombo
Development and Implementation of Hierarchical Control Structures of Flexible Production Systems Using High Level Petri Nets
FAPS, 216 Seiten, 86 Bilder. 1998. ISBN 3-87525-109-1.

Band 83: Otto Meedt
Effizienzsteigerung bei Demontage und Recycling durch flexible Demontagetechnologien und optimierte Produktgestaltung
FAPS, 186 Seiten, 103 Bilder. 1998. ISBN 3-87525-108-3.

Band 84: Knuth Götz
Modelle und effiziente Modellbildung zur Qualitätssicherung in der Elektronikproduktion
FAPS, 212 Seiten, 129 Bilder, 24 Tab. 1998. ISBN 3-87525-112-1.

Band 85: Ralf Luchs
Einsatzmöglichkeiten leitender Klebstoffe zur zuverlässigen Kontaktierung elektronischer Bauelemente in der SMT
FAPS, 176 Seiten, 126 Bilder, 30 Tab. 1998. ISBN 3-87525-113-7.

Band 86: Frank Pöhlau
Entscheidungsgrundlagen zur Einführung räumlicher spritzgegossener Schaltungsträger (3-D MID)
FAPS, 144 Seiten, 99 Bilder. 1999. ISBN 3-87525-114-8.

Band 87: Roland T. A. Kals
Fundamentals on the miniaturization of sheet metal working processes
LFT, 128 Seiten, 58 Bilder, 11 Tab. 1999. ISBN 3-87525-115-6.

Band 88: Gerhard Luhn
Implizites Wissen und technisches Handeln am Beispiel der Elektronikproduktion
FAPS, 252 Seiten, 61 Bilder, 1 Tab. 1999. ISBN 3-87525-116-4.

Band 89: Axel Sprenger
Adaptives Streckbiegen von Aluminium-Strangpreßprofilen
LFT, 114 Seiten, 63 Bilder, 4 Tab. 1999. ISBN 3-87525-117-2.

Band 90: Hans-Jörg Pucher
Untersuchungen zur Prozeßfolge Umformen, Bestücken und Laserstrahllöten von Mikrokontakten
LFT, 158 Seiten, 69 Bilder, 9 Tab. 1999. ISBN 3-87525-119-9.

Band 91: Horst Arnet
Profilbiegen mit kinematischer Gestalterzeugung
LFT, 128 Seiten, 67 Bilder, 7 Tab. 1999. ISBN 3-87525-120-2.

Band 92: Doris Schubart
Prozeßmodellierung und Technologieentwicklung beim Abtragen mit CO2-Laserstrahlung
LFT, 133 Seiten, 57 Bilder, 13 Tab. 1999. ISBN 3-87525-122-9.

Band 93: Adrianus L. P. Coremans
Laserstrahlsintern von Metallpulver - Prozeßmodellierung, Systemtechnik, Eigenschaften laserstrahlgesinterter Metallkörper
LFT, 184 Seiten, 108 Bilder, 12 Tab. 1999. ISBN 3-87525-124-5.

Band 94: Hans-Martin Biehler
Optimierungskonzepte für Qualitätsdatenverarbeitung und Informationsbereitstellung in der Elektronikfertigung
FAPS, 194 Seiten, 105 Bilder. 1999. ISBN 3-87525-126-1.

Band 95: Wolfgang Becker
Oberflächenausbildung und tribologische Eigenschaften excimerlaserstrahlbearbeiteter Hochleistungskeramiken
LFT, 175 Seiten, 71 Bilder, 3 Tab. 1999. ISBN 3-87525-127-X.

Band 96: Philipp Hein
Innenhochdruck-Umformen von Blechpaaren: Modellierung, Prozeßauslegung und Prozeßführung
LFT, 129 Seiten, 57 Bilder, 7 Tab. 1999. ISBN 3-87525-128-8.

Band 97: Gunter Beitinger
Herstellungs- und Prüfverfahren für thermoplastische Schaltungsträger
FAPS, 169 Seiten, 92 Bilder, 20 Tab. 1999. ISBN 3-87525-129-6.

Band 98: Jürgen Knoblach
Beitrag zur rechnerunterstützten verursachungsgerechten Angebotskalkulation von Blechteilen mit Hilfe wissensbasierter Methoden
LFT, 155 Seiten, 53 Bilder, 26 Tab. 1999. ISBN 3-87525-130-X.

Band 99: Frank Breitenbach
Bildverarbeitungssystem zur Erfassung der Anschlußgeometrie elektronischer SMT-Bauelemente
LFT, 147 Seiten, 92 Bilder, 12 Tab. 2000. ISBN 3-87525-131-8.

Band 100: Bernd Falk
Simulationsbasierte Lebensdauervorhersage für Werkzeuge der Kaltmassivumformung
LFT, 134 Seiten, 44 Bilder, 15 Tab. 2000. ISBN 3-87525-136-9.

Band 101: Wolfgang Schlögl
Integriertes Simulationsdaten-Management für Maschinenentwicklung und Anlagenplanung
FAPS, 169 Seiten, 101 Bilder, 20 Tab. 2000. ISBN 3-87525-137-7.

Band 102: Christian Hinsel
Ermüdungsbruchversagen hartstoffbeschichteter Werkzeugstähle in der Kaltmassivumformung
LFT, 130 Seiten, 80 Bilder, 14 Tab. 2000. ISBN 3-87525-138-5.

Band 103: Stefan Bobbert
Simulationsgestützte Prozessauslegung für das Innenhochdruck-Umformen von Blechpaaren
LFT, 123 Seiten, 77 Bilder. 2000. ISBN 3-87525-145-8.

Band 104: Harald Rottbauer
Modulares Planungswerkzeug zum Produktionsmanagement in der Elektronikproduktion
FAPS, 166 Seiten, 106 Bilder. 2001.
ISBN 3-87525-139-3.

Band 105: Thomas Hennige
Flexible Formgebung von Blechen durch Laserstrahlumformen
LFT, 119 Seiten, 50 Bilder. 2001.
ISBN 3-87525-140-7.

Band 106: Thomas Menzel
Wissensbasierte Methoden für die rechnergestützte Charakterisierung und Bewertung innovativer Fertigungsprozesse
LFT, 152 Seiten, 71 Bilder. 2001.
ISBN 3-87525-142-3.

Band 107: Thomas Stöckel
Kommunikationstechnische Integration der Prozeßebene in Produktionssysteme durch Middleware-Frameworks
FAPS, 147 Seiten, 65 Bilder, 5 Tab. 2001. ISBN 3-87525-143-1.

Band 108: Frank Pitter
Verfügbarkeitssteigerung von Werkzeugmaschinen durch Einsatz mechatronischer Sensorlösungen
FAPS, 158 Seiten, 131 Bilder, 8 Tab. 2001. ISBN 3-87525-144-X.

Band 109: Markus Korneli
Integration lokaler CAP-Systeme in einen globalen Fertigungsdatenverbund
FAPS, 121 Seiten, 53 Bilder, 11 Tab. 2001. ISBN 3-87525-146-6.

Band 110: Burkhard Müller
Laserstrahljustieren mit Excimer-Lasern - Prozeßparameter und Modelle zur Aktorkonstruktion
LFT, 128 Seiten, 36 Bilder, 9 Tab. 2001. ISBN 3-87525-159-8.

Band 111: Jürgen Göhringer
Integrierte Telediagnose via Internet zum effizienten Service von Produktionssystemen
FAPS, 178 Seiten, 98 Bilder, 5 Tab. 2001. ISBN 3-87525-147-4.

Band 112: Robert Feuerstein
Qualitäts- und kosteneffiziente Integration neuer Bauelementetechnologien in die Flachbaugruppenfertigung
FAPS, 161 Seiten, 99 Bilder, 10 Tab. 2001. ISBN 3-87525-151-2.

Band 113: Marcus Reichenberger
Eigenschaften und Einsatzmöglichkeiten alternativer Elektroniklote in der Oberflächenmontage (SMT)
FAPS, 165 Seiten, 97 Bilder, 18 Tab. 2001. ISBN 3-87525-152-0.

Band 114: Alexander Huber
Justieren vormontierter Systeme mit dem Nd:YAG-Laser unter Einsatz von Aktoren
LFT, 122 Seiten, 58 Bilder, 5 Tab. 2001. ISBN 3-87525-153-9.

Band 115: Sami Krimi
Analyse und Optimierung von Montagesystemen in der Elektronikproduktion
FAPS, 155 Seiten, 88 Bilder, 3 Tab. 2001. ISBN 3-87525-157-1.

Band 116: Marion Merklein
Laserstrahlumformen von Aluminiumwerkstoffen - Beeinflussung der Mikrostruktur und der mechanischen Eigenschaften
LFT, 122 Seiten, 65 Bilder, 15 Tab. 2001. ISBN 3-87525-156-3.

Band 117: Thomas Collisi
Ein informationslogistisches Architekturkonzept zur Akquisition simulationsrelevanter Daten
FAPS, 181 Seiten, 105 Bilder, 7 Tab. 2002. ISBN 3-87525-164-4.

Band 118: Markus Koch
Rationalisierung und ergonomische Optimierung im Innenausbau durch den Einsatz moderner Automatisierungstechnik
FAPS, 176 Seiten, 98 Bilder, 9 Tab. 2002. ISBN 3-87525-165-2.

Band 119: Michael Schmidt
Prozeßregelung für das Laserstrahl-Punktschweißen in der Elektronikproduktion
LFT, 152 Seiten, 71 Bilder, 3 Tab. 2002. ISBN 3-87525-166-0.

Band 120: Nicolas Tiesler
Grundlegende Untersuchungen zum Fließpressen metallischer Kleinstteile
LFT, 126 Seiten, 78 Bilder, 12 Tab. 2002. ISBN 3-87525-175-X.

Band 121: Lars Pursche
Methoden zur technologieorientierten Programmierung für die 3D-Lasermikrobearbeitung
LFT, 111 Seiten, 39 Bilder, 0 Tab. 2002. ISBN 3-87525-183-0.

Band 122: Jan-Oliver Brassel
Prozeßkontrolle beim Laserstrahl-Mikroschweißen
LFT, 148 Seiten, 72 Bilder, 12 Tab. 2002. ISBN 3-87525-181-4.

Band 123: Mark Geisel
Prozeßkontrolle und -steuerung beim Laserstrahlschweißen mit den Methoden der nichtlinearen Dynamik
LFT, 135 Seiten, 46 Bilder, 2 Tab. 2002. ISBN 3-87525-180-6.

Band 124: Gerd Eßer
Laserstrahlunterstützte Erzeugung metallischer Leiterstrukturen auf Thermoplastsubstraten für die MID-Technik
LFT, 148 Seiten, 60 Bilder, 6 Tab. 2002. ISBN 3-87525-171-7.

Band 125: Marc Fleckenstein
Qualität laserstrahl-gefügter Mikroverbindungen elektronischer Kontakte
LFT, 159 Seiten, 77 Bilder, 7 Tab. 2002. ISBN 3-87525-170-9.

Band 126: Stefan Kaufmann
Grundlegende Untersuchungen zum Nd:YAG- Laserstrahlfügen von Silizium für Komponenten der Optoelektronik
LFT, 159 Seiten, 100 Bilder, 6 Tab. 2002. ISBN 3-87525-172-5.

Band 127: Thomas Fröhlich
Simultanes Löten von Anschlußkontakten elektronischer Bauelemente mit Diodenlaserstrahlung
LFT, 143 Seiten, 75 Bilder, 6 Tab. 2002. ISBN 3-87525-186-5.

Band 128: Achim Hofmann
Erweiterung der Formgebungsgrenzen beim Umformen von Aluminiumwerkstoffen durch den Einsatz prozessangepasster Platinen
LFT, 113 Seiten, 58 Bilder, 4 Tab. 2002. ISBN 3-87525-182-2.

Band 129: Ingo Kriebitzsch
3 - D MID Technologie in der Automobilelektronik
FAPS, 129 Seiten, 102 Bilder, 10 Tab. 2002. ISBN 3-87525-169-5.

Band 130: Thomas Pohl
Fertigungsqualität und Umformbarkeit laserstrahlgeschweißter Formplatinen aus Aluminiumlegierungen
LFT, 133 Seiten, 93 Bilder, 12 Tab. 2002. ISBN 3-87525-173-3.

Band 131: Matthias Wenk
Entwicklung eines konfigurierbaren Steuerungssystems für die flexible Sensorführung von Industrierobotern
FAPS, 167 Seiten, 85 Bilder, 1 Tab. 2002. ISBN 3-87525-174-1.

Band 132: Matthias Negendanck
Neue Sensorik und Aktorik für Bearbeitungsköpfe zum Laserstrahlschweißen
LFT, 116 Seiten, 60 Bilder, 14 Tab. 2002. ISBN 3-87525-184-9.

Band 133: Oliver Kreis
Integrierte Fertigung - Verfahrensintegration durch Innenhochdruck-Umformen, Trennen und Laserstrahlschweißen in einem Werkzeug sowie ihre tele- und multimediale Präsentation
LFT, 167 Seiten, 90 Bilder, 43 Tab. 2002. ISBN 3-87525-176-8.

Band 134: Stefan Trautner
Technische Umsetzung produktbezogener Instrumente der Umweltpolitik bei Elektro- und Elektronikgeräten
FAPS, 179 Seiten, 92 Bilder, 11 Tab. 2002. ISBN 3-87525-177-6.

Band 135: Roland Meier
Strategien für einen produktorientierten Einsatz räumlicher spritzgegossener Schaltungsträger (3-D MID)
FAPS, 155 Seiten, 88 Bilder, 14 Tab. 2002. ISBN 3-87525-178-4.

Band 136: Jürgen Wunderlich
Kostensimulation - Simulationsbasierte Wirtschaftlichkeitsregelung komplexer Produktionssysteme
FAPS, 202 Seiten, 119 Bilder, 17 Tab. 2002. ISBN 3-87525-179-2.

Band 137: Stefan Novotny
Innenhochdruck-Umformen von Blechen aus Aluminium- und Magnesiumlegierungen bei erhöhter Temperatur
LFT, 132 Seiten, 82 Bilder, 6 Tab. 2002. ISBN 3-87525-185-7.

Band 138: Andreas Licha
Flexible Montageautomatisierung zur Komplettmontage flächenhafter Produktstrukturen durch kooperierende Industrieroboter
FAPS, 158 Seiten, 87 Bilder, 8 Tab. 2003. ISBN 3-87525-189-X.

Band 139: Michael Eisenbarth
Beitrag zur Optimierung der Aufbau- und Verbindungstechnik für mechatronische Baugruppen
FAPS, 207 Seiten, 141 Bilder, 9 Tab. 2003. ISBN 3-87525-190-3.

Band 140: Frank Christoph
Durchgängige simulationsgestützte Planung von Fertigungseinrichtungen der Elektronikproduktion
FAPS, 187 Seiten, 107 Bilder, 9 Tab. 2003. ISBN 3-87525-191-1.

Band 141: Hinnerk Hagenah
Simulationsbasierte Bestimmung der zu erwartenden Maßhaltigkeit für das Blechbiegen
LFT, 131 Seiten, 36 Bilder, 26 Tab. 2003. ISBN 3-87525-192-X.

Band 142: Ralf Eckstein
Scherschneiden und Biegen metallischer Kleinstteile - Materialeinfluss und Materialverhalten
LFT, 148 Seiten, 71 Bilder, 19 Tab. 2003. ISBN 3-87525-193-8.

Band 143: Frank H. Meyer-Pittroff
Excimerlaserstrahlbiegen dünner metallischer Folien mit homogener Lichtlinie
LFT, 138 Seiten, 60 Bilder, 16 Tab. 2003. ISBN 3-87525-196-2.

Band 144: Andreas Kach
Rechnergestützte Anpassung von Laserstrahlschneidbahnen an Bauteilabweichungen
LFT, 139 Seiten, 69 Bilder, 11 Tab. 2004. ISBN 3-87525-197-0.

Band 145: Stefan Hierl
System- und Prozeßtechnik für das simultane Löten mit Diodenlaserstrahlung von elektronischen Bauelementen
LFT, 124 Seiten, 66 Bilder, 4 Tab. 2004. ISBN 3-87525-198-9.

Band 146: Thomas Neudecker
Tribologische Eigenschaften keramischer Blechumformwerkzeuge-Einfluss einer Oberflächenendbearbeitung mittels Excimerlaserstrahlung
LFT, 166 Seiten, 75 Bilder, 26 Tab. 2004. ISBN 3-87525-200-4.

Band 147: Ulrich Wenger
Prozessoptimierung in der Wickeltechnik durch innovative maschinenbauliche und regelungstechnische Ansätze
FAPS, 132 Seiten, 88 Bilder, 0 Tab. 2004. ISBN 3-87525-203-9.

Band 148: Stefan Slama
Effizienzsteigerung in der Montage durch marktorientierte Montagestrukturen und erweiterte Mitarbeiterkompetenz
FAPS, 188 Seiten, 125 Bilder, 0 Tab. 2004. ISBN 3-87525-204-7.

Band 149: Thomas Wurm
Laserstrahljustieren mittels Aktoren-Entwicklung von Konzepten und Methoden für die rechnerunterstützte Modellierung und Optimierung von komplexen Aktorsystemen in der Mikrotechnik
LFT, 122 Seiten, 51 Bilder, 9 Tab. 2004. ISBN 3-87525-206-3.

Band 150: Martino Celeghini
Wirkmedienbasierte Blechumformung: Grundlagenuntersuchungen zum Einfluss von Werkstoff und Bauteilgeometrie
LFT, 146 Seiten, 77 Bilder, 6 Tab.
2004. ISBN 3-87525-207-1.

Band 151: Ralph Hohenstein
Entwurf hochdynamischer Sensor- und Regelsysteme für die adaptiveLaserbearbeitung
LFT, 282 Seiten, 63 Bilder, 16 Tab.
2004. ISBN 3-87525-210-1.

Band 152: Angelika Hutterer
Entwicklung prozessüberwachender Regelkreise für flexible Formgebungsprozesse
LFT, 149 Seiten, 57 Bilder, 2 Tab.
2005. ISBN 3-87525-212-8.

Band 153: Emil Egerer
Massivumformen metallischer Kleinstteile bei erhöhter Prozesstemperatur
LFT, 158 Seiten, 87 Bilder, 10 Tab.
2005. ISBN 3-87525-213-6.

Band 154: Rüdiger Holzmann
Strategien zur nachhaltigen Optimierung von Qualität und Zuverlässigkeit in der Fertigung hochintegrierter Flachbaugruppen
FAPS, 186 Seiten, 99 Bilder, 19 Tab.
2005. ISBN 3-87525-217-9.

Band 155: Marco Nock
Biegeumformen mit Elastomerwerkzeugen Modellierung, Prozessauslegung und Abgrenzung des Verfahrens am Beispiel des Rohrbiegens
LFT, 164 Seiten, 85 Bilder, 13 Tab.
2005. ISBN 3-87525-218-7.

Band 156: Frank Niebling
Qualifizierung einer Prozesskette zum Laserstrahlsintern metallischer Bauteile
LFT, 148 Seiten, 89 Bilder, 3 Tab.
2005. ISBN 3-87525-219-5.

Band 157: Markus Meiler
Großserientauglichkeit trockenschmierstoffbeschichteter Aluminiumbleche im Presswerk Grundlegende Untersuchungen zur Tribologie, zum Umformverhalten und Bauteilversuche
LFT, 104 Seiten, 57 Bilder, 21 Tab.
2005. ISBN 3-87525-221-7.

Band 158: Agus Sutanto
Solution Approaches for Planning of Assembly Systems in Three-Dimensional Virtual Environments
FAPS, 169 Seiten, 98 Bilder, 3 Tab.
2005. ISBN 3-87525-220-9.

Band 159: Matthias Boiger
Hochleistungssysteme für die Fertigung elektronischer Baugruppen auf der Basis flexibler Schaltungsträger
FAPS, 175 Seiten, 111 Bilder, 8 Tab.
2005. ISBN 3-87525-222-5.

Band 160: Matthias Pitz
Laserunterstütztes Biegen höchstfester Mehrphasenstähle
LFT, 120 Seiten, 73 Bilder, 11 Tab.
2005. ISBN 3-87525-223-3.

Band 161: Meik Vahl
Beitrag zur gezielten Beeinflussung des Werkstoffflusses beim Innenhochdruck-Umformen von Blechen
LFT, 165 Seiten, 94 Bilder, 15 Tab.
2005. ISBN 3-87525-224-1.

Band 162: Peter K. Kraus
Plattformstrategien - Realisierung einer varianz- und kostenoptimierten Wertschöpfung
FAPS, 181 Seiten, 95 Bilder, 0 Tab.
2005. ISBN 3-87525-226-8.

Band 163: Adrienn Cser
Laserstrahlschmelzabtrag - Prozessanalyse und -modellierung
LFT, 146 Seiten, 79 Bilder, 3 Tab.
2005. ISBN 3-87525-227-6.

Band 164: Markus C. Hahn
Grundlegende Untersuchungen zur Herstellung von Leichtbauverbundstrukturen mit Aluminiumschaumkern
LFT, 143 Seiten, 60 Bilder, 16 Tab.
2005. ISBN 3-87525-228-4.

Band 165: Gordana Michos
Mechatronische Ansätze zur Optimierung von Vorschubachsen
FAPS, 146 Seiten, 87 Bilder, 17 Tab.
2005. ISBN 3-87525-230-6.

Band 166: Markus Stark
Auslegung und Fertigung hochpräziser Faser-Kollimator-Arrays
LFT, 158 Seiten, 115 Bilder, 11 Tab.
2005. ISBN 3-87525-231-4.

Band 167: Yurong Zhou
Kollaboratives Engineering Management in der integrierten virtuellen Entwicklung der Anlagen für die Elektronikproduktion
FAPS, 156 Seiten, 84 Bilder, 6 Tab.
2005. ISBN 3-87525-232-2.

Band 168: Werner Enser
Neue Formen permanenter und lösbarer elektrischer Kontaktierungen für mechatronische Baugruppen
FAPS, 190 Seiten, 112 Bilder, 5 Tab.
2005. ISBN 3-87525-233-0.

Band 169: Katrin Melzer
Integrierte Produktpolitik bei elektrischen und elektronischen Geräten zur Optimierung des Product-Life-Cycle
FAPS, 155 Seiten, 91 Bilder, 17 Tab.
2005. ISBN 3-87525-234-9.

Band 170: Alexander Putz
Grundlegende Untersuchungen zur Erfassung der realen Vorspannung von armierten Kaltfließpresswerkzeugen mittels Ultraschall
LFT, 137 Seiten, 71 Bilder, 15 Tab.
2006. ISBN 3-87525-237-3.

Band 171: Martin Prechtl
Automatisiertes Schichtverfahren für metallische Folien - System- und Prozesstechnik
LFT, 154 Seiten, 45 Bilder, 7 Tab.
2006. ISBN 3-87525-238-1.

Band 172: Markus Meidert
Beitrag zur deterministischen Lebensdauerabschätzung von Werkzeugen der Kaltmassivumformung
LFT, 131 Seiten, 78 Bilder, 9 Tab.
2006. ISBN 3-87525-239-X.

Band 173: Bernd Müller
Robuste, automatisierte Montagesysteme durch adaptive Prozessführung und montageübergreifende Fehlerprävention am Beispiel flächiger Leichtbauteile
FAPS, 147 Seiten, 77 Bilder, 0 Tab.
2006. ISBN 3-87525-240-3.

Band 174: Alexander Hofmann
Hybrides Laserdurchstrahlschweißen von Kunststoffen
LFT, 136 Seiten, 72 Bilder, 4 Tab.
2006. ISBN 978-3-87525-243-9.

Band 175: Peter Wölflick
Innovative Substrate und Prozesse mit feinsten Strukturen für bleifreie Mechatronik-Anwendungen
FAPS, 177 Seiten, 148 Bilder, 24 Tab. 2006.
ISBN 978-3-87525-246-0.

Band 176: Attila Komlodi
Detection and Prevention of Hot Cracks during Laser Welding of Aluminium Alloys Using Advanced Simulation Methods
LFT, 155 Seiten, 89 Bilder, 14 Tab. 2006. ISBN 978-3-87525-248-4.

Band 177: Uwe Popp
Grundlegende Untersuchungen zum Laserstrahlstrukturieren von Kaltmassivumformwerkzeugen
LFT, 140 Seiten, 67 Bilder, 16 Tab. 2006. ISBN 978-3-87525-249-1.

Band 178: Veit Rückel
Rechnergestützte Ablaufplanung und Bahngenerierung Für kooperierende Industrieroboter
FAPS, 148 Seiten, 75 Bilder, 7 Tab. 2006. ISBN 978-3-87525-250-7.

Band 179: Manfred Dirscherl
Nicht-thermische Mikrojustiertechnik mittels ultrakurzer Laserpulse
LFT, 154 Seiten, 69 Bilder, 10 Tab. 2007. ISBN 978-3-87525-251-4.

Band 180: Yong Zhuo
Entwurf eines rechnergestützten integrierten Systems für Konstruktion und Fertigungsplanung räumlicher spritzgegossener Schaltungsträger (3D-MID)
FAPS, 181 Seiten, 95 Bilder, 5 Tab. 2007. ISBN 978-3-87525-253-8.

Band 181: Stefan Lang
Durchgängige Mitarbeiterinformation zur Steigerung von Effizienz und Prozesssicherheit in der Produktion
FAPS, 172 Seiten, 93 Bilder. 2007.
ISBN 978-3-87525-257-6.

Band 182: Hans-Joachim Krauß
Laserstrahlinduzierte Pyrolyse präkeramischer Polymere
LFT, 171 Seiten, 100 Bilder. 2007.
ISBN 978-3-87525-258-3.

Band 183: Stefan Junker
Technologien und Systemlösungen für die flexibel automatisierte Bestückung permanent erregter Läufer mit oberflächenmontierten Dauermagneten
FAPS, 173 Seiten, 75 Bilder. 2007.
ISBN 978-3-87525-259-0.

Band 184: Rainer Kohlbauer
Wissensbasierte Methoden für die simulationsgestützte Auslegung wirkmedienbasierter Blechumformprozesse
LFT, 135 Seiten, 50 Bilder. 2007.
ISBN 978-3-87525-260-6.

Band 185: Klaus Lamprecht
Wirkmedienbasierte Umformung tiefgezogener Vorformen unter besonderer Berücksichtigung maßgeschneiderter Halbzeuge
LFT, 137 Seiten, 81 Bilder. 2007.
ISBN 978-3-87525-265-1.

Band 186: Bernd Zolleiß
Optimierte Prozesse und Systeme für die Bestückung mechatronischerBaugruppen
FAPS, 180 Seiten, 117 Bilder. 2007.
ISBN 978-3-87525-266-8.

Band 187: Michael Kerausch
Simulationsgestützte Prozessauslegung für das Umformen lokal wärmebehandelter Aluminiumplatinen
LFT, 146 Seiten, 76 Bilder, 7 Tab. 2007. ISBN 978-3-87525-267-5.

Band 188: Matthias Weber
Unterstützung der Wandlungsfähigkeit von Produktionsanlagen durch innovative Softwaresysteme
FAPS, 183 Seiten, 122 Bilder, 3 Tab. 2007. ISBN 978-3-87525-269-9.

Band 189: Thomas Frick
Untersuchung der prozessbestimmenden Strahl-Stoff-Wechselwirkungen beim Laserstrahlschweißen von Kunststoffen
LFT, 104 Seiten, 62 Bilder, 8 Tab. 2007. ISBN 978-3-87525-268-2.

Band 190: Joachim Hecht
Werkstoffcharakterisierung und Prozessauslegung für die wirkmedienbasierte Doppelblech-Umformung von Magnesiumlegierungen
LFT, 107 Seiten, 91 Bilder, 2 Tab. 2007. ISBN 978-3-87525-270-5.

Band 191: Ralf Völkl
Stochastische Simulation zur Werkzeuglebensdaueroptimierung und Präzisionsfertigung in der Kaltmassivumformung
LFT, 178 Seiten, 75 Bilder, 12 Tab. 2008. ISBN 978-3-87525-272-9.

Band 192: Massimo Tolazzi
Innenhochdruck-Umformen verstärkter Blech-Rahmenstrukturen
LFT, 164 Seiten, 85 Bilder, 7 Tab. 2008. ISBN 978-3-87525-273-6.

Band 193: Cornelia Hoff
Untersuchung der Prozesseinflussgrößen beim Presshärten des höchstfesten Vergütungsstahls 22MnB5
LFT, 133 Seiten, 92 Bilder, 5 Tab. 2008. ISBN 978-3-87525-275-0.

Band 194: Christian Alvarez
Simulationsgestützte Methoden zur effizienten Gestaltung von Lötprozessen in der Elektronikproduktion
FAPS, 149 Seiten, 86 Bilder, 8 Tab. 2008. ISBN 978-3-87525-277-4.

Band 195: Andreas Kunze
Automatisierte Montage von makromechatronischen Modulen zur flexiblen Integration in hybride Pkw-Bordnetzsysteme
FAPS, 160 Seiten, 90 Bilder, 14 Tab. 2008.
ISBN 978-3-87525-278-1.

Band 196: Wolfgang Hußnätter
Grundlegende Untersuchungen zur experimentellen Ermittlung und zur Modellierung von Fließortkurven bei erhöhten Temperaturen
LFT, 152 Seiten, 73 Bilder, 21 Tab. 2008. ISBN 978-3-87525-279-8.

Band 197: Thomas Bigl
Entwicklung, angepasste Herstellungsverfahren und erweiterte Qualitätssicherung von einsatzgerechten elektronischen Baugruppen
FAPS, 175 Seiten, 107 Bilder, 14 Tab. 2008.
ISBN 978-3-87525-280-4.

Band 198: Stephan Roth
Grundlegende Untersuchungen zum Excimerlaserstrahl-Abtragen unter Flüssigkeitsfilmen
LFT, 113 Seiten, 47 Bilder, 14 Tab. 2008. ISBN 978-3-87525-281-1.

Band 199: Artur Giera
Prozesstechnische Untersuchungen zum Rührreibschweißen metallischer Werkstoffe
LFT, 179 Seiten, 104 Bilder, 36 Tab. 2008. ISBN 978-3-87525-282-8.

Band 200: Jürgen Lechler
Beschreibung und Modellierung des Werkstoffverhaltens von presshärtbaren Bor-Manganstählen
LFT, 154 Seiten, 75 Bilder, 12 Tab. 2009. ISBN 978-3-87525-286-6.

Band 201: Andreas Blankl
Untersuchungen zur Erhöhung der Prozessrobustheit bei der Innenhochdruck-Umformung von flächigen Halbzeugen mit vor- bzw. nachgeschalteten Laserstrahlfügeoperationen
LFT, 120 Seiten, 68 Bilder, 9 Tab. 2009. ISBN 978-3-87525-287-3.

Band 202: Andreas Schaller
Modellierung eines nachfrageorientierten Produktionskonzeptes für mobile Telekommunikationsgeräte
FAPS, 120 Seiten, 79 Bilder, 0 Tab. 2009. ISBN 978-3-87525-289-7.

Band 203: Claudius Schimpf
Optimierung von Zuverlässigkeitsuntersuchungen, Prüfabläufen und Nacharbeitsprozessen in der Elektronikproduktion
FAPS, 162 Seiten, 90 Bilder, 14 Tab. 2009.
ISBN 978-3-87525-290-3.

Band 204: Simon Dietrich
Sensoriken zur Schwerpunktslagebestimmung der optischen Prozessemissionen beim Laserstrahltiefschweißen
LFT, 138 Seiten, 70 Bilder, 5 Tab. 2009. ISBN 978-3-87525-292-7.

Band 205: Wolfgang Wolf
Entwicklung eines agentenbasierten Steuerungssystems zur Materialflussorganisation im wandelbaren Produktionsumfeld
FAPS, 167 Seiten, 98 Bilder. 2009. ISBN 978-3-87525-293-4.

Band 206: Steffen Polster
Laserdurchstrahlschweißen transparenter Polymerbauteile
LFT, 160 Seiten, 92 Bilder, 13 Tab. 2009. ISBN 978-3-87525-294-1.

Band 207: Stephan Manuel Dörfler
Rührreibschweißen von walzplattiertem Halbzeug und Aluminiumblech zur Herstellung flächiger Aluminiumschaum-Sandwich-Verbundstrukturen
LFT, 190 Seiten, 98 Bilder, 5 Tab. 2009. ISBN 978-3-87525-295-8.

Band 208: Uwe Vogt
Seriennahe Auslegung von Aluminium Tailored Heat Treated Blanks
LFT, 151 Seiten, 68 Bilder, 26 Tab. 2009. ISBN 978-3-87525-296-5.

Band 209: Till Laumann
Qualitative und quantitative Bewertung der Crashtauglichkeit von höchstfesten Stählen
LFT, 117 Seiten, 69 Bilder, 7 Tab. 2009. ISBN 978-3-87525-299-6.

Band 210: Alexander Diehl
Größeneffekte bei Biegeprozessen-Entwicklung einer Methodik zur Identifikation und Quantifizierung
LFT, 180 Seiten, 92 Bilder, 12 Tab. 2010. ISBN 978-3-87525-302-3.

Band 211: Detlev Staud
Effiziente Prozesskettenauslegung für das Umformen lokal wärmebehandelter und geschweißter Aluminiumbleche
LFT, 164 Seiten, 72 Bilder, 12 Tab. 2010. ISBN 978-3-87525-303-0.

Band 212: Jens Ackermann
Prozesssicherung beim Laserdurchstrahlschweißen thermoplastischer Kunststoffe
LPT, 129 Seiten, 74 Bilder, 13 Tab. 2010. ISBN 978-3-87525-305-4.

Band 213: Stephan Weidel
Grundlegende Untersuchungen zum Kontaktzustand zwischen Werkstück und Werkzeug bei umformtechnischen Prozessen unter tribologischen Gesichtspunkten
LFT, 144 Seiten, 67 Bilder, 11 Tab. 2010. ISBN 978-3-87525-307-8.

Band 214: Stefan Geißdörfer
Entwicklung eines mesoskopischen Modells zur Abbildung von Größeneffekten in der Kaltmassivumformung mit Methoden der FE-Simulation
LFT, 133 Seiten, 83 Bilder, 11 Tab. 2010. ISBN 978-3-87525-308-5.

Band 215: Christian Matzner
Konzeption produktspezifischer Lösungen zur Robustheitssteigerung elektronischer Systeme gegen die Einwirkung von Betauung im Automobil
FAPS, 165 Seiten, 93 Bilder, 14 Tab. 2010. ISBN 978-3-87525-309-2.

Band 216: Florian Schüßler
Verbindungs- und Systemtechnik für thermisch hochbeanspruchte und miniaturisierte elektronische Baugruppen
FAPS, 184 Seiten, 93 Bilder, 18 Tab. 2010.
ISBN 978-3-87525-310-8.

Band 217: Massimo Cojutti
Strategien zur Erweiterung der Prozessgrenzen bei der Innhochdruck-Umformung von Rohren und Blechpaaren
LFT, 125 Seiten, 56 Bilder, 9 Tab. 2010. ISBN 978-3-87525-312-2.

Band 218: Raoul Plettke
Mehrkriterielle Optimierung komplexer Aktorsysteme für das Laserstrahljustieren
LFT, 152 Seiten, 25 Bilder, 3 Tab. 2010. ISBN 978-3-87525-315-3.

Band 219: Andreas Dobroschke
Flexible Automatisierungslösungen für die Fertigung wickeltechnischer Produkte
FAPS, 184 Seiten, 109 Bilder, 18 Tab. 2011.
ISBN 978-3-87525-317-7.

Band 220: Azhar Zam
Optical Tissue Differentiation for Sensor-Controlled Tissue-Specific Laser Surgery
LPT, 99 Seiten, 45 Bilder, 8 Tab. 2011. ISBN 978-3-87525-318-4.

Band 221: Michael Rösch
Potenziale und Strategien zur Optimierung des Schablonendruckprozesses in der Elektronikproduktion
FAPS, 192 Seiten, 127 Bilder, 19 Tab. 2011.
ISBN 978-3-87525-319-1.

Band 222: Thomas Rechtenwald
Quasi-isothermes Laserstrahlsintern von Hochtemperatur-Thermoplasten - Eine Betrachtung werkstoff-prozessspezifischer Aspekte am Beispiel PEEK
LPT, 150 Seiten, 62 Bilder, 8 Tab. 2011. ISBN 978-3-87525-320-7.

Band 223: Daniel Craiovan
Prozesse und Systemlösungen für die SMT-Montage optischer Bauelemente auf Substrate mit integrierten Lichtwellenleitern
FAPS, 165 Seiten, 85 Bilder, 8 Tab. 2011. ISBN 978-3-87525-324-5.

Band 224: Kay Wagner
Beanspruchungsangepasste Kaltmassivumformwerkzeuge durch lokal optimierte Werkzeugoberflächen
LFT, 147 Seiten, 103 Bilder, 17 Tab. 2011. ISBN 978-3-87525-325-2.

Band 225: Martin Brandhuber
Verbesserung der Prognosegüte des Versagens von Punktschweißverbindungen bei höchstfesten Stahlgüten
LFT, 155 Seiten, 91 Bilder, 19 Tab. 2011. ISBN 978-3-87525-327-6.

Band 226: Peter Sebastian Feuser
Ein Ansatz zur Herstellung von pressgehärteten Karosseriekomponenten mit maßgeschneiderten mechanischen Eigenschaften: Temperierte Umformwerkzeuge. Prozessfenster, Prozesssimuation und funktionale Untersuchung
LFT, 195 Seiten, 97 Bilder, 60 Tab. 2012. ISBN 978-3-87525-328-3.

Band 227: Murat Arbak
Material Adapted Design of Cold Forging Tools Exemplified by Powder Metallurgical Tool Steels and Ceramics
LFT, 109 Seiten, 56 Bilder, 8 Tab. 2012. ISBN 978-3-87525-330-6.

Band 228: Indra Pitz
Beschleunigte Simulation des Laserstrahlumformens von Aluminiumblechen
LPT, 137 Seiten, 45 Bilder, 27 Tab. 2012. ISBN 978-3-87525-333-7.

Band 229: Alexander Grimm
Prozessanalyse und -überwachung des Laserstrahlhartlötens mittels optischer Sensorik
LPT, 125 Seiten, 61 Bilder, 5 Tab. 2012. ISBN 978-3-87525-334-4.

Band 230: Markus Kaupper
Biegen von höhenfesten Stahlblechwerkstoffen - Umformverhalten und Grenzen der Biegbarkeit
LFT, 160 Seiten, 57 Bilder, 10 Tab. 2012. ISBN 978-3-87525-339-9.

Band 231: Thomas Kroiß
Modellbasierte Prozessauslegung für die Kaltmassivumformung unter Brücksichtigung der Werkzeug- und Pressenauffederung
LFT, 169 Seiten, 50 Bilder, 19 Tab. 2012. ISBN 978-3-87525-341-2.

Band 232: Christian Goth
Analyse und Optimierung der Entwicklung und Zuverlässigkeit räumlicher Schaltungsträger (3D-MID)
FAPS, 176 Seiten, 102 Bilder, 22 Tab. 2012.
ISBN 978-3-87525-340-5.

Band 233: Christian Ziegler
Ganzheitliche Automatisierung mechatronischer Systeme in der Medizin am Beispiel Strahlentherapie
FAPS, 170 Seiten, 71 Bilder, 19 Tab. 2012. ISBN 978-3-87525-342-9.

Band 234: Florian Albert
Automatisiertes Laserstrahllöten und -reparaturlöten elektronischer Baugruppen
LPT, 127 Seiten, 78 Bilder, 11 Tab. 2012. ISBN 978-3-87525-344-3.

Band 235: Thomas Stöhr
Analyse und Beschreibung des mechanischen Werkstoffverhaltens von presshärtbaren Bor-Manganstählen
LFT, 118 Seiten, 74 Bilder, 18 Tab. 2013. ISBN 978-3-87525-346-7.

Band 236: Christian Kägeler
Prozessdynamik beim Laserstrahlschweißen verzinkter Stahlbleche im Überlappstoß
LPT, 145 Seiten, 80 Bilder, 3 Tab. 2013. ISBN 978-3-87525-347-4.

Band 237: Andreas Sulzberger
Seriennahe Auslegung der Prozesskette zur wärmeunterstützten Umformung von Aluminiumblechwerkstoffen
LFT, 153 Seiten, 87 Bilder, 17 Tab. 2013. ISBN 978-3-87525-349-8.

Band 238: Simon Opel
Herstellung prozessangepasster Halbzeuge mit variabler Blechdicke durch die Anwendung von Verfahren der Blechmassivumformung
LFT, 165 Seiten, 108 Bilder, 27 Tab. 2013. ISBN 978-3-87525-350-4.

Band 239: Rajesh Kanawade
In-vivo Monitoring of Epithelium Vessel and Capillary Density for the Application of Detection of Clinical Shock and Early Signs of Cancer Development
LPT, 124 Seiten, 58 Bilder, 15 Tab. 2013. ISBN 978-3-87525-351-1.

Band 240: Stephan Busse
Entwicklung und Qualifizierung eines Schneidclinchverfahrens
LFT, 119 Seiten, 86 Bilder, 20 Tab. 2013. ISBN 978-3-87525-352-8.

Band 241: Karl-Heinz Leitz
Mikro- und Nanostrukturierung mit kurz und ultrakurz gepulster Laserstrahlung
LPT, 154 Seiten, 71 Bilder, 9 Tab. 2013. ISBN 978-3-87525-355-9.

Band 242: Markus Michl
Webbasierte Ansätze zur ganzheitlichen technischen Diagnose
FAPS, 182 Seiten, 62 Bilder, 20 Tab. 2013.
ISBN 978-3-87525-356-6.

Band 243: Vera Sturm
Einfluss von Chargenschwankungen auf die Verarbeitungsgrenzen von Stahlwerkstoffen
LFT, 113 Seiten, 58 Bilder, 9 Tab. 2013. ISBN 978-3-87525-357-3.

Band 244: Christian Neudel
Mikrostrukturelle und mechanisch-technologische Eigenschaften widerstandspunktgeschweißter Aluminium-Stahl-Verbindungen für den Fahrzeugbau
LFT, 178 Seiten, 171 Bilder, 31 Tab. 2014. ISBN 978-3-87525-358-0.

Band 245: Anja Neumann
Konzept zur Beherrschung der Prozessschwankungen im Presswerk
LFT, 162 Seiten, 68 Bilder, 15 Tab. 2014. ISBN 978-3-87525-360-3.

Band 246: Ulf-Hermann Quentin
Laserbasierte Nanostrukturierung mit optisch positionierten Mikrolinsen
LPT, 137 Seiten, 89 Bilder, 6 Tab. 2014. ISBN 978-3-87525-361-0.

Band 247: Erik Lamprecht
Der Einfluss der Fertigungsverfahren auf die Wirbelstromverluste von Stator-Einzelzahnblechpaketen für den Einsatz in Hybrid- und Elektrofahrzeugen
FAPS, 148 Seiten, 138 Bilder, 4 Tab. 2014. ISBN 978-3-87525-362-7.

Band 248: Sebastian Rösel
Wirkmedienbasierte Umformung von Blechhalbzeugen unter Anwendung magnetorheologischer Flüssigkeiten als kombiniertes Wirk- und Dichtmedium
LFT, 148 Seiten, 61 Bilder, 12 Tab. 2014. ISBN 978-3-87525-363-4.

Band 249: Paul Hippchen
Simulative Prognose der Geometrie indirekt pressgehärteter Karosseriebauteile für die industrielle Anwendung
LFT, 163 Seiten, 89 Bilder, 12 Tab. 2014. ISBN 978-3-87525-364-1.

Band 250: Martin Zubeil
Versagensprognose bei der Prozesssimulation von Biegeumform- und Falzverfahren
LFT, 171 Seiten, 90 Bilder, 5 Tab. 2014. ISBN 978-3-87525-365-8.

Band 251: Alexander Kühl
Flexible Automatisierung der Statorenmontage mit Hilfe einer universellen ambidexteren Kinematik
FAPS, 142 Seiten, 60 Bilder, 26 Tab. 2014.
ISBN 978-3-87525-367-2.

Band 252: Thomas Albrecht
Optimierte Fertigungstechnologien für Rotoren getriebeintegrierter PM-Synchronmotoren von Hybridfahrzeugen
FAPS, 198 Seiten, 130 Bilder, 38 Tab. 2014.
ISBN 978-3-87525-368-9.

Band 253: Florian Risch
Planning and Production Concepts for Contactless Power Transfer Systems for Electric Vehicles
FAPS, 185 Seiten, 125 Bilder, 13 Tab. 2014.
ISBN 978-3-87525-369-6.

Band 254: Markus Weigl
Laserstrahlschweißen von Mischverbindungen aus austenitischen und ferritischen korrosionsbeständigen Stahlwerkstoffen
LPT, 184 Seiten, 110 Bilder, 6 Tab. 2014. ISBN 978-3-87525-370-2.

Band 255: Johannes Noneder
Beanspruchungserfassung für die Validierung von FE-Modellen zur Auslegung von Massivumformwerkzeugen
LFT, 161 Seiten, 65 Bilder, 14 Tab. 2014. ISBN 978-3-87525-371-9.

Band 256: Andreas Reinhardt
Ressourceneffiziente Prozess- und Produktionstechnologie für flexible Schaltungsträger
FAPS, 123 Seiten, 69 Bilder, 19 Tab. 2014. ISBN 978-3-87525-373-3.

Band 257: Tobias Schmuck
Ein Beitrag zur effizienten Gestaltung globaler Produktions- und Logistiknetzwerke mittels Simulation
FAPS, 151 Seiten, 74 Bilder. 2014.
ISBN 978-3-87525-374-0.

Band 258: Bernd Eichenhüller
Untersuchungen der Effekte und Wechselwirkungen charakteristischer Einflussgrößen auf das Umformverhalten bei Mikroumformprozessen
LFT, 127 Seiten, 29 Bilder, 9 Tab. 2014. ISBN 978-3-87525-375-7.

Band 259: Felix Lütteke
Vielseitiges autonomes Transportsystem basierend auf Weltmodellerstellung mittels Datenfusion von Deckenkameras und Fahrzeugsensoren
FAPS, 152 Seiten, 54 Bilder, 20 Tab. 2014.
ISBN 978-3-87525-376-4.

Band 260: Martin Grüner
Hochdruck-Blechumformung mit formlos festen Stoffen als Wirkmedium
LFT, 144 Seiten, 66 Bilder, 29 Tab. 2014. ISBN 978-3-87525-379-5.

Band 261: Christian Brock
Analyse und Regelung des Laserstrahltiefschweißprozesses durch Detektion der Metalldampffackelposition
LPT, 126 Seiten, 65 Bilder, 3 Tab. 2015. ISBN 978-3-87525-380-1.

Band 262: Peter Vatter
Sensitivitätsanalyse des 3-Rollen-Schubbiegens auf Basis der Finite Elemente Methode
LFT, 145 Seiten, 57 Bilder, 26 Tab. 2015. ISBN 978-3-87525-381-8.

Band 263: Florian Klämpfl
Planung von Laserbestrahlungen durch simulationsbasierte Optimierung
LPT, 169 Seiten, 78 Bilder, 32 Tab. 2015. ISBN 978-3-87525-384-9.

Band 264: Matthias Domke
Transiente physikalische Mechanismen bei der Laserablation von dünnen Metallschichten
LPT, 133 Seiten, 43 Bilder, 3 Tab.
2015. ISBN 978-3-87525-385-6.

Band 265: Johannes Götz
Community-basierte Optimierung des Anlagenengineerings
FAPS, 177 Seiten, 80 Bilder, 30 Tab.
2015.
ISBN 978-3-87525-386-3.

Band 266: Hung Nguyen
Qualifizierung des Potentials von Verfestigungseffekten zur Erweiterung des Umformvermögens aushärtbarer Aluminiumlegierungen
LFT, 137 Seiten, 57 Bilder, 16 Tab.
2015. ISBN 978-3-87525-387-0.

Band 267: Andreas Kuppert
Erweiterung und Verbesserung von Versuchs- und Auswertetechniken für die Bestimmung von Grenzformänderungskurven
LFT, 138 Seiten, 82 Bilder, 2 Tab.
2015. ISBN 978-3-87525-388-7.

Band 268: Kathleen Klaus
Erstellung eines Werkstofforientierten Fertigungsprozessfensters zur Steigerung des Formgebungsvermögens von Alumi-niumlegierungen unter Anwendung einer zwischengeschalteten Wärmebehandlung
LFT, 154 Seiten, 70 Bilder, 8 Tab.
2015. ISBN 978-3-87525-391-7.

Band 269: Thomas Svec
Untersuchungen zur Herstellung von funktionsoptimierten Bauteilen im partiellen Presshärtprozess mittels lokal unterschiedlich temperierter Werkzeuge
LFT, 166 Seiten, 87 Bilder, 15 Tab.
2015. ISBN 978-3-87525-392-4.

Band 270: Tobias Schrader
Grundlegende Untersuchungen zur Verschleißcharakterisierung beschichteter Kaltmassivumformwerkzeuge
LFT, 164 Seiten, 55 Bilder, 11 Tab.
2015. ISBN 978-3-87525-393-1.

Band 271: Matthäus Brela
Untersuchung von Magnetfeld-Messmethoden zur ganzheitlichen Wertschöpfungsoptimierung und Fehlerdetektion an magnetischen Aktoren
FAPS, 170 Seiten, 97 Bilder, 4 Tab.
2015. ISBN 978-3-87525-394-8.

Band 272: Michael Wieland
Entwicklung einer Methode zur Prognose adhäsiven Verschleißes an Werkzeugen für das direkte Presshärten
LFT, 156 Seiten, 84 Bilder, 9 Tab.
2015. ISBN 978-3-87525-395-5.

Band 273: René Schramm
Strukturierte additive Metallisierung durch kaltaktives Atmosphärendruckplasma
FAPS, 136 Seiten, 62 Bilder, 15 Tab.
2015. ISBN 978-3-87525-396-2.

Band 274: Michael Lechner
Herstellung beanspruchungsangepasster Aluminiumblechhalbzeuge durch eine maßgeschneiderte Variation der Abkühlgeschwindigkeit nach Lösungsglühen
LFT, 136 Seiten, 62 Bilder, 15 Tab.
2015. ISBN 978-3-87525-397-9.

Band 275: Kolja Andreas
Einfluss der Oberflächenbeschaffenheit auf das Werkzeugeinsatzverhalten beim Kaltfließpressen
LFT, 169 Seiten, 76 Bilder, 4 Tab.
2015. ISBN 978-3-87525-398-6.

Band 276: Marcus Baum
Laser Consolidation of ITO Nanoparticles for the Generation of Thin Conductive Layers on Transparent Substrates
LPT, 158 Seiten, 75 Bilder, 3 Tab.
2015. ISBN 978-3-87525-399-3.

Band 277: Thomas Schneider
Umformtechnische Herstellung dünnwandiger Funktionsbauteile aus Feinblech durch Verfahren der Blechmassivumformung
LFT, 188 Seiten, 95 Bilder, 7 Tab.
2015. ISBN 978-3-87525-401-3.

Band 278: Jochen Merhof
Sematische Modellierung automatisierter Produktionssysteme zur Verbesserung der IT-Integration zwischen Anlagen-Engineering und Steuerungsebene
FAPS, 157 Seiten, 88 Bilder, 8 Tab.
2015. ISBN 978-3-87525-402-0.

Band 279: Fabian Zöller
Erarbeitung von Grundlagen zur Abbildung des tribologischen Systems in der Umformsimulation
LFT, 126 Seiten, 51 Bilder, 3 Tab.
2016. ISBN 978-3-87525-403-7.

Band 280: Christian Hezler
Einsatz technologischer Versuche zur Erweiterung der Versagensvorhersage bei Karosseriebauteilen aus höchstfesten Stählen
LFT, 147 Seiten, 63 Bilder, 44 Tab.
2016. ISBN 978-3-87525-404-4.

Band 281: Jochen Bönig
Integration des Systemverhaltens von Automobil-Hochvoltleitungen in die virtuelle Absicherung durch strukturmechanische Simulation
FAPS, 177 Seiten, 107 Bilder, 17 Tab.
2016.
ISBN 978-3-87525-405-1.

Band 282: Johannes Kohl
Automatisierte Datenerfassung für diskret ereignisorientierte Simulationen in der energieflexibelen Fabrik
FAPS, 160 Seiten, 80 Bilder, 27 Tab.
2016.
ISBN 978-3-87525-406-8.

Band 283: Peter Bechtold
Mikroschockwellenumformung mittels ultrakurzer Laserpulse
LPT, 155 Seiten, 59 Bilder, 10 Tab.
2016. ISBN 978-3-87525-407-5.

Band 284: Stefan Berger
Laserstrahlschweißen thermoplastischer Kohlenstofffaserverbundwerkstoffe mit spezifischem Zusatzdraht
LPT, 118 Seiten, 68 Bilder, 9 Tab.
2016. ISBN 978-3-87525-408-2.

Band 285: Martin Bornschlegl
Methods-Energy Measurement - Eine Methode zur Energieplanung für Fügeverfahren im Karosseriebau
FAPS, 136 Seiten, 72 Bilder, 46 Tab. 2016.
ISBN 978-3-87525-409-9.

Band 286: Tobias Rackow
Erweiterung des Unternehmenscontrollings um die Dimension Energie
FAPS, 164 Seiten, 82 Bilder, 29 Tab. 2016.
ISBN 978-3-87525-410-5.

Band 287: Johannes Koch
Grundlegende Untersuchungen zur Herstellung zyklisch-symmetrischer Bauteile mit Nebenformelementen durch Blechmassivumformung
LFT, 125 Seiten, 49 Bilder, 17 Tab. 2016. ISBN 978-3-87525-411-2.

Band 288: Hans Ulrich Vierzigmann
Beitrag zur Untersuchung der tribologischen Bedingungen in der Blechmassivumformung - Bereitstellung von tribologischen Modellversuchen und Realisierung von Tailored Surfaces
LFT, 174 Seiten, 102 Bilder, 34 Tab. 2016. ISBN 978-3-87525-412-9.

Band 289: Thomas Senner
Methodik zur virtuellen Absicherung der formgebenden Operation des Nasspressprozesses von Gelege-Mehrschichtverbunden
LFT, 156 Seiten, 96 Bilder, 21 Tab. 2016. ISBN 978-3-87525-414-3.

Band 290: Sven Kreitlein
Der grundoperationsspezifische Mindestenergiebedarf als Referenzwert zur Bewertung der Energieeffizienz in der Produktion
FAPS, 185 Seiten, 64 Bilder, 30 Tab. 2016.
ISBN 978-3-87525-415-0.

Band 291: Christian Roos
Remote-Laserstrahlschweißen verzinkter Stahlbleche in Kehlnahtgeometrie
LPT, 123 Seiten, 52 Bilder, 0 Tab. 2016. ISBN 978-3-87525-416-7.

Band 292: Alexander Kahrimanidis
Thermisch unterstützte Umformung von Aluminiumblechen
LFT, 165 Seiten, 103 Bilder, 18 Tab. 2016. ISBN 978-3-87525-417-4.

Band 293: Jan Tremel
Flexible Systems for Permanent Magnet Assembly and Magnetic Rotor Measurement / Flexible Systeme zur Montage von Permanentmagneten und zur Messung magnetischer Rotoren
FAPS, 152 Seiten, 91 Bilder, 12 Tab. 2016. ISBN 978-3-87525-419-8.

Band 294: Ioannis Tsoupis
Schädigungs- und Versagensverhalten hochfester Leichtbauwerkstoffe unter Biegebeanspruchung
LFT, 176 Seiten, 51 Bilder, 6 Tab. 2017. ISBN 978-3-87525-420-4.

Band 295: Sven Hildering
Grundlegende Untersuchungen zum Prozessverhalten von Silizium als Werkzeugwerkstoff für das Mikroscherschneiden metallischer Folien
LFT, 177 Seiten, 74 Bilder, 17 Tab. 2017. ISBN 978-3-87525-422-8.

Band 296: Sasia Mareike Hertweck
Zeitliche Pulsformung in der Lasermikromaterialbearbeitung – Grundlegende Untersuchungen und Anwendungen
LPT, 146 Seiten, 67 Bilder, 5 Tab. 2017. ISBN 978-3-87525-423-5.

Band 297: Paryanto
Mechatronic Simulation Approach for the Process Planning of Energy-Efficient Handling Systems
FAPS, 162 Seiten, 86 Bilder, 13 Tab. 2017. ISBN 978-3-87525-424-2.

Band 298: Peer Stenzel
Großserientaugliche Nadelwickeltechnik für verteilte Wicklungen im Anwendungsfall der E-Traktionsantriebe
FAPS, 239 Seiten, 147 Bilder, 20 Tab. 2017.
ISBN 978-3-87525-425-9.

Band 299: Mario Lušić
Ein Vorgehensmodell zur Erstellung montageführender Werkerinformationssysteme simultan zum Produktentstehungsprozess
FAPS, 174 Seiten, 79 Bilder, 22 Tab. 2017.
ISBN 978-3-87525-426-6.

Band 300: Arnd Buschhaus
Hochpräzise adaptive Steuerung und Regelung robotergeführter Prozesse
FAPS, 202 Seiten, 96 Bilder, 4 Tab. 2017. ISBN 978-3-87525-427-3.

Band 301: Tobias Laumer
Erzeugung von thermoplastischen Werkstoffverbunden mittels simultanem, intensitätsselektivem Laserstrahlschmelzen
LPT, 140 Seiten, 82 Bilder, 0 Tab. 2017. ISBN 978-3-87525-428-0.

Band 302: Nora Unger
Untersuchung einer thermisch unterstützten Fertigungskette zur Herstellung umgeformter Bauteile aus der höherfesten Aluminiumlegierung EN AW-7020
LFT, 142 Seiten, 53 Bilder, 8 Tab. 2017. ISBN 978-3-87525-429-7.

Band 303: Tommaso Stellin
Design of Manufacturing Processes for the Cold Bulk Forming of Small Metal Components from Metal Strip
LFT, 146 Seiten, 67 Bilder, 7 Tab. 2017. ISBN 978-3-87525-430-3.

Band 304: Bassim Bachy
Experimental Investigation, Modeling, Simulation and Optimization of Molded Interconnect Devices (MID) Based on Laser Direct Structuring (LDS) / Experimentelle Untersuchung, Modellierung, Simulation und Optimierung von Molded Interconnect Devices (MID) basierend auf Laser Direktstrukturierung (LDS)
FAPS, 168 Seiten, 120 Bilder, 26 Tab. 2017.
ISBN 978-3-87525-431-0.

Band 305: Michael Spahr
Automatisierte Kontaktierungsverfahren für flachleiterbasierte Pkw-Bordnetzsysteme
FAPS, 197 Seiten, 98 Bilder, 17 Tab. 2017. ISBN 978-3-87525-432-7.

Band 306: Sebastian Suttner
Charakterisierung und Modellierung des spannungszustandsabhängigen Werkstoffverhaltens der Magnesiumlegierung AZ31B für die numerische Prozessauslegung
LFT, 150 Seiten, 84 Bilder, 19 Tab. 2017. ISBN 978-3-87525-433-4.

Band 307: Bhargav Potdar
A reliable methodology to deduce thermo-mechanical flow behaviour of hot stamping steels
LFT, 203 Seiten, 98 Bilder, 27 Tab. 2017. ISBN 978-3-87525-436-5.

Band 308: Maria Löffler
Steuerung von Blechmassivumformprozessen durch maßgeschneiderte tribologische Systeme
LFT, viii u. 166 Seiten, 90 Bilder, 5 Tab. 2018. ISBN 978-3-96147-133-1.

Band 309: Martin Müller
Untersuchung des kombinierten Trenn- und Umformprozesses beim Fügen artungleicher Werkstoffe mittels Schneidclinchverfahren
LFT, xi u. 149 Seiten, 89 Bilder, 6 Tab. 2018.
ISBN: 978-3-96147-135-5.

Band 310: Christopher Kästle
Qualifizierung der Kupfer-Drahtbondtechnologie für integrierte Leistungsmodule in harschen Umgebungsbedingungen
FAPS, xii u. 167 Seiten, 70 Bilder, 18 Tab. 2018.
ISBN 978-3-96147-145-4.

Band 311: Daniel Vipavc
Eine Simulationsmethode für das 3-Rollen-Schubbiegen
LFT, xiii u. 121 Seiten, 56 Bilder, 17 Tab. 2018. ISBN 978-3-96147-147-8.

Band 312: Christina Ramer
Arbeitsraumüberwachung und autonome Bahnplanung für ein sicheres und flexibles Roboter-Assistenzsystem in der Fertigung
FAPS, xiv u. 188 Seiten, 57 Bilder, 9 Tab. 2018.
ISBN 978-3-96147-153-9.

Band 313: Miriam Rauer
Der Einfluss von Poren auf die Zuverlässigkeit der Lötverbindungen von Hochleistungs-Leuchtdioden
FAPS, xii u. 209 Seiten, 108 Bilder, 21 Tab. 2018.
ISBN 978-3-96147-157-7.

Band 314: Felix Tenner
Kamerabasierte Untersuchungen der Schmelze und Gasströmungen beim Laserstrahlschweißen verzinkter Stahlbleche
LPT, xxiii u. 184 Seiten, 94 Bilder, 7 Tab. 2018.
ISBN 978-3-96147-160-7.

Band 315: Aarief Syed-Khaja
Diffusion Soldering for High-temperature Packaging of Power Electronics
FAPS, x u. 202 Seiten, 144 Bilder, 32 Tab. 2018.
ISBN 978-3-87525-162-1.

Band 316: Adam Schaub
Grundlagenwissenschaftliche Untersuchung der kombinierten Prozesskette aus Umformen und Additive Fertigung
LFT, xi u. 192 Seiten, 72 Bilder, 27 Tab. 2019.
ISBN 978-3-96147-166-9.

Band 317: Daniel Gröbel
Herstellung von Nebenformelementen unterschiedlicher Geometrie an Blechen mittels Fließpressverfahren der Blechmassivumformung
LFT, x u. 165 Seiten, 96 Bilder, 13 Tab. 2019. ISBN 978-3-96147-168-3.

Band 318: Philipp Hildenbrand
Entwicklung einer Methodik zur Herstellung von Tailored Blanks mit definierten Halbzeugeigenschaften durch einen Taumelprozess
LFT, ix u. 153 Seiten, 77 Bilder, 4 Tab. 2019. ISBN 978-3-96147-174-4.

Band 319: Tobias Konrad
Simulative Auslegung der Spann- und Fixierkonzepte im Karosserierohbau: Bewertung der Baugruppenmaßhaltigkeit unter Berücksichtigung schwankender Einflussgrößen
LFT, x u. 203 Seiten, 134 Bilder, 32 Tab. 2019.
ISBN 978-3-96147-176-8.

Band 320: David Meinel
Architektur applikationsspezifischer Multi-Physics-Simulationskonfiguratoren am Beispiel modularer Triebzüge
FAPS, xii u. 166 Seiten, 82 Bilder, 25 Tab. 2019.
ISBN 978-3-96147-184-3.

Band 321: Andrea Zimmermann
Grundlegende Untersuchungen zum Einfluss fertigungsbedingter Eigenschaften auf die Ermüdungsfestigkeit kaltmassivumgeformter Bauteile
LFT, ix u. 160 Seiten, 66 Bilder, 5 Tab. 2019.
ISBN 978-3-96147-190-4.

Band 322: Christoph Amann
Simulative Prognose der Geometrie nassgepresster Karosseriebauteile aus Gelege-Mehrschichtverbunden
LFT, xvi u. 169 Seiten, 80 Bilder, 13 Tab. 2019.
ISBN 978-3-96147-194-2.

Band 323: Jennifer Tenner
Realisierung schmierstofffreier Tiefziehprozesse durch maßgeschneiderte Werkzeugoberflächen
LFT, x u. 187 Seiten, 68 Bilder, 13 Tab. 2019.
ISBN 978-3-96147-196-6.

Band 324: Susan Zöller
Mapping Individual Subjective Values to Product Design
KTmfk, xi u. 223 Seiten, 81 Bilder, 25 Tab. 2019.
ISBN 978-3-96147-202-4.

Band 325: Stefan Lutz
Erarbeitung einer Methodik zur semiempirischen Ermittlung der Umwandlungskinetik durchhärtender Wälzlagerstähle für die Wärmebehandlungssimulation
LFT, xiv u. 189 Seiten, 75 Bilder, 32 Tab. 2019.
ISBN 978-3-96147-209-3.

Band 326: Tobias Gnibl
Modellbasierte Prozesskettenabbildung rührreibgeschweißter Aluminiumhalbzeuge zur umformtechnischen Herstellung höchstfester Leichtbau-strukturteile
LFT, xii u. 167 Seiten, 68 Bilder, 17 Tab. 2019.
ISBN 978-3-96147-217-8.

Band 327: Johannes Bürner
Technisch-wirtschaftliche Optionen zur Lastflexibilisierung durch intelligente elektrische Wärmespeicher
FAPS, xiv u. 233 Seiten, 89 Bilder, 27 Tab. 2019.
ISBN 978-3-96147-219-2.

Band 328: Wolfgang Böhm
Verbesserung des Umformverhaltens von mehrlagigen Aluminiumblechwerkstoffen mit ultrafeinkörnigem Gefüge
LFT, ix u. 160 Seiten, 88 Bilder, 14 Tab. 2019.
ISBN 978-3-96147-227-7.

Band 329: Stefan Landkammer
Grundsatzuntersuchungen, mathematische Modellierung und Ableitung einer Auslegungsmethodik für Gelenkantriebe nach dem Spinnenbeinprinzip
LFT, xii u. 200 Seiten, 83 Bilder, 13 Tab. 2019.
ISBN 978-3-96147-229-1.

Band 330: Stephan Rapp
Pump-Probe-Ellipsometrie zur Messung transienter optischer Materialeigen-schaften bei der Ultrakurzpuls-Lasermaterialbearbeitung
LPT, xi u. 143 Seiten, 49 Bilder, 2 Tab. 2019.
ISBN 978-3-96147-235-2.

Band 331: Michael Scholz
Intralogistics Execution System mit integrierten autonomen, servicebasierten Transportentitäten
FAPS, xi u. 195 Seiten, 55 Bilder, 11 Tab. 2019.
ISBN 978-3-96147-237-6.

Band 332: Eva Bogner
Strategien der Produktindividualisierung in der produzierenden Industrie im Kontext der Digitalisierung
FAPS, ix u. 201 Seiten, 55 Bilder, 28 Tab. 2019.
ISBN 978-3-96147-246-8.

Band 333: Daniel Benjamin Krüger
Ein Ansatz zur CAD-integrierten muskuloskelettalen Analyse der Mensch-Maschine-Interaktion
KTmfk, x u. 217 Seiten, 102 Bilder, 7 Tab. 2019.
ISBN 978-3-96147-250-5.

Band 334: Thomas Kuhn
Qualität und Zuverlässigkeit laserdirektstrukturierter mechatronisch integrierter Baugruppen (LDS-MID)
FAPS, ix u. 152 Seiten, 69 Bilder, 12 Tab. 2019.
ISBN: 978-3-96147-252-9.

Band 335: Hans Fleischmann
Modellbasierte Zustands- und Prozessüberwachung auf Basis soziocyber-physischer Systeme
FAPS, xi u. 214 Seiten, 111 Bilder, 18 Tab. 2019.
ISBN: 978-3-96147-256-7.

Band 336: Markus Michalski
Grundlegende Untersuchungen zum Prozess- und Werkstoffverhalten bei schwingungsüberlagerter Umformung
LFT, xii u. 197 Seiten, 93 Bilder, 11 Tab. 2019.
ISBN: 978-3-96147-270-3.

Band 337: Markus Brandmeier
Ganzheitliches ontologiebasiertes Wissensmanagement im Umfeld der industriellen Produktion
FAPS, xi u. 255 Seiten, 77 Bilder, 33 Tab. 2020.
ISBN: 978-3-96147-275-8.

Band 338: Stephan Purr
Datenerfassung für die Anwendung lernender Algorithmen bei der Herstellung von Blechformteilen
LFT, ix u. 165 Seiten, 48 Bilder, 4 Tab. 2020.
ISBN: 978-3-96147-281-9.

Band 339: Christoph Kiener
Kaltfließpressen von gerad- und schrägverzahnten Zahnrädern
LFT, viii u. 151 Seiten, 81 Bilder, 3 Tab. 2020.
ISBN 978-3-96147-287-1.

Band 340: Simon Spreng
Numerische, analytische und empirische Modellierung des Heißcrimpprozesses
FAPS, xix u. 204 Seiten, 91 Bilder, 27 Tab. 2020.
ISBN 978-3-96147-293-2.

Band 341: Patrik Schwingenschlögl
Erarbeitung eines Prozessverständnisses zur Verbesserung der tribologischen Bedingungen beim Presshärten
LFT, x u. 177 Seiten, 81 Bilder, 8 Tab. 2020.
ISBN 978-3-96147-297-0.

Band 342: Emanuela Affronti
Evaluation of failure behaviour of sheet metals
LFT, ix u. 136 Seiten, 57 Bilder, 20 Tab. 2020.
ISBN 978-3-96147-303-8.

Band 343: Julia Degner
Grundlegende Untersuchungen zur Herstellung hochfester Aluminiumblechbauteile in einem kombinierten Umform- und Abschreckprozess
LFT, x u. 172 Seiten, 61 Bilder, 9 Tab. 2020.
ISBN 978-3-96147-307-6.

Band 344: Maximilian Wagner
Automatische Bahnplanung für die Aufteilung von Prozessbewegungen in synchrone Werkstück- und Werkzeugbewegungen mittels Multi-Roboter-Systemen
FAPS, xxi u. 181 Seiten, 111 Bilder, 15 Tab. 2020.
ISBN 978-3-96147-309-0.

Band 345: Stefan Härter
Qualifizierung des Montageprozesses hochminiaturisierter elektronischer Bauelemente
FAPS, ix u. 194 Seiten, 97 Bilder, 28 Tab. 2020.
ISBN 978-3-96147-314-4.

Band 346: Toni Donhauser
Ressourcenorientierte Auftragsregelung in einer hybriden Produktion mittels betriebsbegleitender Simulation
FAPS, xix u. 242 Seiten, 97 Bilder, 17 Tab. 2020.
ISBN 978-3-96147-316-8.

Band 347: Philipp Amend
Laserbasiertes Schmelzkleben von Thermoplasten mit Metallen
LPT, xv u. 154 Seiten, 67 Bilder. 2020. ISBN 978-3-96147-326-7.

Band 348: Matthias Ehlert
Simulationsunterstützte funktionale Grenzlagenabsicherung
KTmfk, xvi u. 300 Seiten, 101 Bilder, 73 Tab. 2020.
ISBN 978-3-96147-328-1.

Band 349: Thomas Sander
Ein Beitrag zur Charakterisierung und Auslegung des Verbundes von Kunststoffsubstraten mit harten Dünnschichten
KTmfk, xiv u. 178 Seiten, 88 Bilder, 21 Tab. 2020.
ISBN 978-3-96147-330-4.

Band 350: Florian Pilz
Fließpressen von Verzahnungselementen an Blechen
LFT, x u. 170 Seiten, 103Bilder, 4 Tab. 2020.
ISBN 978-3-96147-332-8.

Band 351: Sebastian Josef Katona
Evaluation und Aufbereitung von Produktsimulationen mittels abweichungsbehafteter Geometriemodelle
KTmfk, ix u. 147 Seiten, 73 Bilder, 11 Tab. 2020.
ISBN 978-3-96147-336-6.

Band 352: Jürgen Herrmann
Kumulatives Walzplattieren. Bewertung der Umformeigenschaften mehrlagiger Blechwerkstoffe der ausscheidungshärtbaren Legierung AA6014
LFT, x u. 157 Seiten, 64 Bilder, 5 Tab. 2020.
ISBN 978-3-96147-344-1.

Band 353: Christof Küstner
Assistenzsystem zur Unterstützung der datengetriebenen Produktentwicklung
KTmfk, xii u. 219 Seiten, 63 Bilder, 14 Tab. 2020.
ISBN 978-3-96147-348-9.

Band 354: Tobias Gläßel
Prozessketten zum Laserstrahlschweißen von flachleiterbasierten Formspulenwicklungen für automobile Traktionsantriebe
FAPS, xiv u. 206 Seiten, 89 Bilder, 11 Tab. 2020.
ISBN 978-3-96147-356-4.

Band 355: Andreas Meinel
Experimentelle Untersuchung der Auswirkungen von Axialschwingungen auf Reibung und Verschleiß in Zylinderrol-lenlagern
KTmfk, xii u. 162 Seiten, 56 Bilder, 7 Tab. 2020.
ISBN 978-3-96147-358-8.

Band 356: Hannah Riedle
Haptische, generische Modelle weicher anatomischer Strukturen für die chirurgische Simulation
FAPS, xxx u. 179 Seiten, 82 Bilder, 35 Tab. 2020.
ISBN 978-3-96147-367-0.

Band 357: Maximilian Landgraf
Leistungselektronik für den Einsatz dielektrischer Elastomere in aktorischen, sensorischen und integrierten sensomotorischen Systemen
FAPS, xxiii u. 166 Seiten, 71 Bilder, 10 Tab. 2020.
ISBN 978-3-96147-380-9.

Band 358: Alireza Esfandyari
Multi-Objective Process Optimization for Overpressure Reflow Soldering in Electronics Production
FAPS, xviii u. 175 Seiten, 57 Bilder, 23 Tab. 2020.
ISBN 978-3-96147-382-3.

Band 359: Christian Sand
Prozessübergreifende Analyse komplexer Montageprozessketten mittels Data Mining
FAPS, XV u. 168 Seiten, 61 Bilder, 12 Tab. 2021.
ISBN 978-3-96147-398-4.

Band 360: Ralf Merkl
Closed-Loop Control of a Storage-Supported Hybrid Compensation System for Improving the Power Quality in Medium Voltage Networks
FAPS, xxvii u. 200 Seiten, 102 Bilder, 2 Tab. 2021.
ISBN 978-3-96147-402-8.

Band 361: Thomas Reitberger
Additive Fertigung polymerer optischer Wellenleiter im Aerosol-Jet-Verfahren
FAPS, xix u. 141 Seiten, 65 Bilder, 11 Tab. 2021.
ISBN 978-3-96147-400-4.

Band 362: Marius Christian Fechter
Modellierung von Vorentwürfen in der virtuellen Realität mit natürlicher Fingerinteraktion
KTmfk, x u. 188 Seiten, 67 Bilder, 19 Tab. 2021.
ISBN 978-3-96147-404-2.

Band 363: Franziska Neubauer
Oberflächenmodifizierung und Entwicklung einer Auswertemethodik zur Verschleißcharakterisierung im Presshärteprozess
LFT, ix u. 177 Seiten, 42 Bilder, 6 Tab. 2021.
ISBN 978-3-96147-406-6.

Band 364: Eike Wolfram Schäffer
Web- und wissensbasierter Engineering-Konfigurator für roboterzentrierte Automatisierungslösungen
FAPS, xxiv u. 195 Seiten, 108 Bilder, 25 Tab. 2021.
ISBN 978-3-96147-410-3.

Band 365: Daniel Gross
Untersuchungen zur kohlenstoffdioxidbasierten kryogenen Minimalmengenschmierung
REP, xii u. 184 Seiten, 56 Bilder, 18 Tab. 2021.
ISBN 978-3-96147-412-7.

Band 366: Daniel Junker
Qualifizierung laser-additiv gefertigter Komponenten für den Einsatz im Werkzeugbau der Massivumformung
LFT, vii u. 142 Seiten, 62 Bilder, 5 Tab. 2021.
ISBN 978-3-96147-416-5.

Band 367: Tallal Javied
Totally Integrated Ecology Management for Resource Efficient and Eco-Friendly Production
FAPS, xv u. 160 Seiten, 60 Bilder, 13 Tab. 2021.
ISBN 978-3-96147-418-9.

Band 368: David Marco Hochrein
Wälzlager im Beschleunigungsfeld – Eine Analysestrategie zur Bestimmung des Reibungs-, Axialschub- und Temperaturverhaltens von Nadelkränzen –
KTmfk, xiii u. 279 Seiten, 108 Bilder, 39 Tab. 2021.
ISBN 978-3-96147-420-2.

Band 369: Daniel Gräf
Funktionalisierung technischer Oberflächen mittels prozessüberwachter aerosolbasierter Drucktechnologie
FAPS, xxii u. 175 Seiten, 97 Bilder, 6 Tab. 2021.
ISBN 978-3-96147-433-2.

Band 370: Andreas Gröschl
Hochfrequent fokusabstandsmodulierte Konfokalsensoren für die Nanokoordinatenmesstechnik
FMT, x u. 144 Seiten, 98 Bilder, 6 Tab. 2021.
ISBN 978-3-96147-435-6.

Band 371: Johann Tüchsen
Konzeption, Entwicklung und Einführung des Assistenzsystems D-DAS für die Produktentwicklung elektrischer Motoren
KTmfk, xii u. 178 Seiten, 92 Bilder, 12 Tab. 2021.
ISBN 978-3-96147-437-0.

Band 372: Max Marian
Numerische Auslegung von Oberflächenmikrotexturen für geschmierte tribologische Kontakte
KTmfk, xviii u. 276 Seiten, 85 Bilder, 45 Tab. 2021.
ISBN 978-3-96147-439-4.

Band 373: Johannes Strauß
Die akustooptische Strahlformung in der Lasermaterialbearbeitung
LPT, xvi u. 113 Seiten, 48 Bilder. 2021. ISBN 978-3-96147-441-7.

Band 374: Martin Hohmann
Machine learning and hyper spectral imaging: Multi Spectral Endoscopy in the Gastro Intestinal Tract towards Hyper Spectral Endoscopy
LPT, x u. 137 Seiten, 62 Bilder, 29 Tab. 2021.
ISBN 978-3-96147-445-5.

Band 375: Timo Kordaß
Lasergestütztes Verfahren zur selektiven Metallisierung von epoxidharzbasierten Duromeren zur Steigerung der Integrationsdichte für dreidimensionale mechatronische Package-Baugruppen
FAPS, xviii u. 198 Seiten, 92 Bilder, 24 Tab. 2021.
ISBN 978-3-96147-443-1.

Band 376: Philipp Kestel
Assistenzsystem für den wissensbasierten Aufbau konstruktionsbegleitender Finite-Elemente-Analysen
KTmfk, xviii u. 209 Seiten, 57 Bilder, 17 Tab. 2021.
ISBN 978-3-96147-457-8.

Band 377: Martin Lerchen
Messverfahren für die pulverbettbasierte additive Fertigung zur Sicherstellung der Konformität mit geometrischen Produktspezifikationen
FMT, x u. 150 Seiten, 60 Bilder, 9 Tab. 2021.
ISBN 978-3- 96147-463-9.

Band 378: Michael Schneider
Inline-Prüfung der Permeabilität in weichmagnetischen Komponenten
FAPS, xxii u. 189 Seiten, 79 Bilder, 14 Tab. 2021.
ISBN 978-3-96147-465-3.

Band 379: Tobias Sprügel
Sphärische Detektorflächen als Unterstützung der Produktentwicklung zur Datenanalyse im Rahmen des Digital Engineering
KTmfk, xiii u. 213 Seiten, 84 Bilder, 33 Tab. 2021.
ISBN 978-3-96147-475-2.

Band 380: Tom Häfner
Multipulseffekte beim Mikro-Materialabtrag von Stahllegierungen mit Pikosekunden-Laserpulsen
LPT, xxviii u. 159 Seiten, 57 Bilder, 13 Tab. 2021.
ISBN 978-3-96147-479-0.

Band 381: Björn Heling
Einsatz und Validierung virtueller Absicherungsmethoden für abweichungs-behaftete Mechanismen im Kontext des Robust Design
KTmfk, xi u. 169 Seiten, 63 Bilder, 27 Tab. 2021.
ISBN 978-3-96147-487-5.

Band 382: Tobias Kolb
Laserstrahl-Schmelzen von Metallen mit einer Serienanlage – Prozesscharakterisierung und Erweiterung eines Überwachungssystems
LPT, xv u. 170 Seiten, 128 Bilder, 16 Tab. 2021.
ISBN 978-3-96147-491-2.

Band 383: Mario Meinhardt
Widerstandselementschweißen mit gestauchten Hilfsfügeelementen - Umformtechnische Wirkzusammenhänge zur Beeinflussung der Verbindungsfestigkeit
LFT, xii u. 189 Seiten, 87 Bilder, 4 Tab. 2022.
ISBN 978-3-96147-473-8.

Band 384: Felix Bauer
Ein Beitrag zur digitalen Auslegung von Fügeprozessen im Karosseriebau mit Fokus auf das Remote-Laserstrahlschweißen unter Einsatz flexibler Spanntechnik
LFT, xi u. 185 Seiten, 74 Bilder, 12 Tab. 2022.
ISBN 978-3-96147-498-1.

Band 385: Jochen Zeitler
Konzeption eines rechnergestützten Konstruktionssystems für optomechatronische Baugruppen
FAPS, xix u. 172 Seiten, 88 Bilder, 11 Tab. 2022.
ISBN 978-3-96147-499-8.

Band 386: Vincent Mann
Einfluss von Strahloszillation auf das Laserstrahlschweißen hochfester Stähle
LPT, xiii u. 172 Seiten, 103 Bilder, 18 Tab. 2022.
ISBN 978-3-96147-503-2.

Band 387: Chen Chen
Skin-equivalent opto-/elastofluidic in-vitro microphysiological vascular models for translational studies of optical biopsies
LPT, xx u. 126 Seiten, 60 Bilder, 10 Tab. 2022.
ISBN 978-3-96147-505-6.

Band 388: Stefan Stein
Laser drop on demand joining as bonding method for electronics assembly and packaging with high thermal requirements
LPT, x u. 112 Seiten, 54 Bilder, 10 Tab. 2022.
ISBN 978-3-96147-507-0

Band 389: Nikolaus Urban
Untersuchung des Laserstrahlschmelzens von Neodym-Eisen-Bor zur additiven Herstellung von Permanentmagneten
FAPS, x u. 174 Seiten, 88 Bilder, 18 Tab. 2022.
ISBN: 978-3-96147-501-8.

Band 390: Yiting Wu
Großflächige Topographiemessungen mit einem Weißlichtinterferenzmikroskop und einem metrologischen Rasterkraftmikroskop
FMT, xii u. 142 Seiten, 68 Bilder, 11 Tab. 2022.
ISBN: 978-3-96147-513-1.

Band 391: Thomas Papke
Untersuchungen zur Umformbarkeit hybrider Bauteile aus Blechgrundkörper und additiv gefertigter Struktur
LFT, xii u. 194 Seiten, 71 Bilder, 16 Tab. 2022.
ISBN 978-3-96147-515-5.

Band 392: Bastian Zimmermann
Einfluss des Vormaterials auf die mehrstufige Kaltumformung vom Draht
LFT, xi u. 182 Seiten, 36 Bilder, 6 Tab. 2022.
ISBN 978-3-96147-519-3.

Band 393: Harald Völkl
Ein simulationsbasierter Ansatz zur Auslegung additiv gefertigter FLM-Faserverbundstrukturen
KTmfk, xx u. 204 Seiten, 95 Bilder, 22 Tab. 2022.
ISBN 978-3-96147-523-0.

Band 394: Robert Schulte
Auslegung und Anwendung prozessangepasster Halbzeuge für Verfahren der Blechmassivumformung
LFT, x u. 163 Seiten, 93 Bilder, 5 Tab. 2022.
ISBN 978-3-96147-525-4.

Band 395: Philipp Frey
Umformtechnische Strukturierung metallischer Einleger im Folgeverbund für mediendichte Kunststoff-Metall-Hybridbauteile
LFT, ix u. 180 Seiten, 83 Bilder, 7 Tab. 2022.
ISBN 978-3-96147-534-6.

Band 396: Thomas Johann Luft
Komplexitätsmanagement in der Produktentwicklung - Holistische Modellierung, Analyse, Visualisierung und Bewertung komplexer Systeme
KTmfk, xiii u. 510 Seiten, 166 Bilder, 16 Tab. 2022.
ISBN 978-3-96147-540-7.

Band 397: Li Wang
Evaluierung der Einsetzbarkeit des lasergestützten Verfahrens zur selektiven Metallisierung für die Verbesserung passiver Intermodulation in Hochfrequenzanwendungen
FAPS, xxii u.151 Seiten, 72 Bilder, 22 Tab. 2022.
ISBN 978-3-96147-542-1.

Band 398: Sebastian Reitelshöfer
Der Aerosol-Jet-Druck Dielektrischer Elastomere als additives Fertigungsverfahren für elastische mechatronische Komponenten
FAPS, xxv u. 206 Seiten, 87 Bilder, 13 Tab. 2022.
ISBN 978-3-96147-547-6.

Band 399: Alexander Meyer
Selektive Magnetmontage zur Verringerung des Rastmomentes permanenterregter Synchronmotoren
FAPS, xv u. 164 Seiten, 90 Bilder, 18 Tab. 2022.
ISBN 978-3-96147-555-1.

Band 400: Rong Zhao
Design verschleißreduzierender amorpher Kohlenstoffschichtsysteme für trockene tribologische Gleitkontakte
KTmfk, x u. 148 Seiten, 69 Bilder, 14 Tab. 2022.
ISBN 978-3-96147-557-5.

Band 401: Christian P. J. Schwarzer
Kupfersintern als Fügetechnologie für Leistungselektronik
FAPS, xxvii u. 234 Seiten, 125 Bilder, 24 Tab. 2022.
ISBN 978-3-96147-566-7.

Band 402: Alexander Horn
Grundlegende Untersuchungen zur Gradierung der mechanischen Eigenschaften pressgehärteter Bauteile durch eine örtlich begrenzte Aufkohlung
LFT, xii u. 204 Seiten, 58 Bilder, 6 Tab. 2022.
ISBN 978-3-96147-568-1.

Band 403: Artur Klos
Werkstoff- und umformtechnische Bewertung von hochfesten Aluminiumblechwerkstoffen für den Karosseriebau
LFT, x u. 192 Seiten, 73 Bilder, 12 Tab. 2022.
ISBN 978-3-96147-572-8.

Band 404: Harald Schmid
Ganzheitliche Erarbeitung eines Prozessverständnisses von Tiefziehprozessen mit Ziehsicken auf Basis mechanischer und tribologischer Analysen
LFT, xiii u. 211 Seiten, 78 Bilder, 5 Tab. 2022.
ISBN 978-3-96147-577-3.

Band 405: Johannes Henneberg
Blechmassivumformung von Funktionsbauteilen aus Bandmaterial
LFT, viii u. 176 Seiten, 101 Bilder, 2 Tab. 2022.
ISBN 978-3-96147-579-7.

Band 406: Anton Schmailzl
Festigkeits- und zeitoptimierte Prozessführung beim quasi-simultanen Laser-Durchstrahlschweißen
LPT, xiii u. 157 Seiten, 84 Bilder, 7 Tab. 2022.
ISBN 978-3-96147-583-4.

Band 407: Alexander Wolf
Modellierung und Vorhersage menschlichen Interaktionsverhaltens zur Analyse der Mensch-Produkt Interaktion
KTmfk, x u. 207 Seiten, 69 Bilder, 10 Tab. 2022.
ISBN 978-3-96147-585-8.

Band 408: Tim Weikert
Modifikationen amorpher Kohlenstoffschichten zur Anpassung der Reibungsbedingungen und zur Erhöhung des Verschleißschutzes
KTmfk, xvii u. 258 Seiten, 91 Bilder, 9 Tab. 2022.
ISBN 978-3-96147-589-6.

Band 409: Stefan Götz
Frühzeitiges konstruktionsbegleitendes Toleranzmanagement
KTmfk, ix u. 276 Seiten, 127 Bilder, 13 Tab. 2022.
ISBN 978-3-96147-593-3.

Band 410: Markus Hubert
Einsatzpotenziale der Rotationsschneidtechnologie in der Verarbeitung von metallischen Funktionsfolien für mechatronische Produkte
FAPS, xviii u. 139 Seiten, 86 Bilder, 7 Tab. 2022.
ISBN 978-3-96147-603-9.

Band 411: Manfred Vogel
Grundlagenuntersuchungen und Erarbeitung einer Methodik zur Herstellung maßgeschneiderter Halbzeuge auf Basis eines neuartigen flexiblen Walzprozesses
LFT, ix u. 176 Seiten, 61 Bilder, 11 Tab. 2022.
ISBN 978-3-96147-605-3.

Band 412: Michael Weigelt
Multidimensionale Optionenanalyse alternativer Antriebskonzepte für die individuelle Langstreckenmobilität
FAPS, xv u. 222 Seiten, 89 Bilder, 38 Tab. 2022.
ISBN 978-3-96147-607-7.

Band 413: Frank Bodendorf
Machine Learning im Cost Engineering des Supply Managements
FAPS, xiii u. 166 Seiten, 75 Bilder, 13 Tab. 2022.
ISBN 978-3-96147-609-1.

Band 414: Maximilian Metzler
Planung und Simulation taktiler, intelligenter und kollaborativer Roboterfähigkeiten in der Montage
FAPS, xix u. 174 Seiten, 72 Bilder, 3 Tab. 2023.
ISBN 978-3-96147-611-4.

Abstract

The robot-based automation of manual tasks in assembly requires the imitation of human skills by the technical system. Three skills – tactile assembly, defined handling of unsorted material and cooperation between humans and robots –are identified as central enablers of further automation. Although technological equivalents for these capabilities already exist in automation technology, industrial application is not yet widespread. The goal of increasing industrial applicability is pursued in this dissertation by defining and implementing real-world applicable planning and simulation methods. It is shown that these adapted methods allow an efficient implementation and reliable prediction of the later behaviour of such systems. The methods are evaluated on real scenarios from electronics production.